基礎化学コース

分析化学 I

井村久則・鈴木孝治・保母敏行 共著

井上晴夫・北森武彦・小宮山真・高木克彦・平野眞一 編

丸善出版

発刊にあたって

　大学での化学教育は現在大きな変革期を迎えている．細分化と多様化を急速に繰り返す現代技術を背景に，確固たる基礎教育の理念のあり方が問われているのである．また，大学進学率の着実な増加を背景に，より分かりやすい講義が一層求められている一方で，大学院重点化による基礎教育と専門教育の再編成，再構築が行われようとしている．この目的は，学部段階では徹底的な基礎教育を行い，大学院における専門分野を展開可能にする基礎体力を十分に養成しようというものである．基本的な化学教育体系そのものは短期的に変化するものではないが，従来に比べて学部段階でさらにじっくりと時間をかけながら十分な基礎教育を行い，それを専門教育につなげるということである．いい換えれば，知識優先の教育ではなく，基礎概念をいかに把握するかに重点を置いた教育を行おうとしているのである．このような状況を背景にして，今回新たに，"基礎化学コース"として化学領域全般にわたる教科書シリーズを発刊することになった．編集委員会では新しいカリキュラムを先導する内容構成となるよう，シリーズを構成する各巻を選定し，学部教育に熱意ある適任の方々にご執筆をお願いした．

　編集にあたって具体的には特に次の点に留意した．

* 著者の自己満足に陥りがちな微に入り細にわたる説明よりも，基礎的な概念がどうしたら理解されるかに主眼をおいた．
* 知識の羅列や押しつけではなく，共に考えるという姿勢で読者に語りかける口語調の文体とした．
* 図・表・イラスト・囲み記事を多く取り入れ，要点が把握しやすい構成とした．

* 各章の初めにその章で学ぶポイントを整理して掲げた．
* 数式の導入，展開よりも式のもつ物理的・化学的意味を理解させることに比重を置いた説明をした．

　編集委員会としては"基礎化学コース"の特徴を明示すると共に，各巻の構成，内容構成の詳細まで意を尽くしたつもりであるが，最も重要な編集作業は，適任の著者にご執筆をお願いすることであると考えている．その意味で大変充実した執筆陣をそろえる事ができたと自負している．編集委員会の様々な要望を甘受して，貴重な時間を割いてご執筆戴いた著者の方々にこの場を借りて深く感謝する次第である．また，丸善(株)出版事業部の中村俊司氏，小野栄美子氏，中村理氏にはシリーズの企画段階から発刊の具体的作業に至るまで大変お世話になった．心より御礼申し上げる．

　本シリーズの各巻は半期の講義（約13～15回）に使用することを念頭に置いている．基本的には大学学部，化学系の学生が体系的に化学領域全般を学習する際の教科書として位置づけているが，上述のように知識優先ではなく基礎概念の把握に焦点を当てているので，化学系以外の大学学部教科書としても大変意味のあるものになったと自負している．同様の理由で工業系，化学系短期大学，高等専門学校においても教科書として活用して戴くことを期待している．

　平成7年　師走

編集委員一同

はじめに

　本書は分析化学の中でもとりわけ基礎をなす部分を取り扱っている．化学分析は多くの場合，天びんを使って試料をはかりとるところから始まる．本書で最初に扱う重量分析では種々の反応，分離操作を使い分けて試料から目的成分だけをとり出し，再び天びんを使ってはかり，含有量を決定する方法である．次の容量分析法は，目的成分の量を決定するために，各種滴定法を使う方法である．重量分析法と操作が途中まで同じ場合もあるが，滴定のさいに使う試薬の調製には天びんが重要な役割を果たしている．物質の質量（重量）は化学物質を取り扱ううえで重要なよりどころといえる．そこで，これら二つの手法は質量に直接結びつけられる方法として存在意義が大きい．

　さらに，これらの手法では使われる反応が化学式どおり進行することによって定量が行われる．そこで，これを保証するための条件を理解することは数多くある化学反応の基本を理解することに通じる．本書の1章から4章までと，5章の相当部分の重要性は分析化学だけにとどまらないことを強調したい．

　相と相との間における平衡関係に関する知識も物質の存在状態，移動に関しての基礎を知るうえで欠かせない．水溶液と沈殿の平衡関係，イオン交換体と水中イオン種の平衡関係，水–溶媒間に溶解している化学種の平衡関係などである．本書では5章，6章で扱っている．とくに目的成分の分離，濃縮，あるいは妨害成分を除去するなどのさいに考えねばならない重要なことがらである．

　電池やメッキなどに代表される電気化学反応は，化学種の酸化還元，イオン種の移動現象と関連し，広く利用されている．分析化学においてもイオン種の定量を目的として使われているばかりか，応用としていろいろ

な化学種用のセンサーとしても利用されている．電気化学反応を利用する場合，電流，電圧，電気量を情報としてとり出しており，その内容は対象とする化学種のもつ化学エネルギーの一部を電気エネルギーに変換し，二つのエネルギー間の量的関係を分析に利用するというものである．本書では7章から11章にわたり，電気化学反応を分析化学で利用するさいの基礎的事項，手法について説明した．ここで得られる知識も自然現象を理解するうえで広く活用できることである．

クロマトグラフィーの仲間は成分ごとの分離を行うばかりでなく，分離成分を次々に検出できる手法として広く利用されている．他の手法にくらべて分離効率が非常に高いこと，多彩な分離技術が利用できることを特徴とする．そこで，今日，化学物質を扱ううえで欠くことのできない手法となっている．さらにクロマトグラフィーの原理は試料前処理法にも生かされている．本書では12章から16章までクロマトグラフィーの仲間の基礎的分離，検出原理について説明した．

以上，本書の内容は分析化学を学ぶための内容にとどまらず，広く化学を理解，利用するうえで必要となる基礎的事項についてやさしく記述したものである．

本書が化学の入門書として多くの読者に役立つことを願うものである．

1996年　盛　夏

著者を代表して　　保母　敏行

編者・執筆者一覧

編集委員　井上　晴夫　東京都立大学工学部工業化学科
　　　　＊北森　武彦　東京大学大学院工学系研究科応用化学専攻
　　　　　小宮山　真　東京大学大学院工学系研究科化学生命工学専攻
　　　　　高木　克彦　名古屋大学大学院工学研究科物質化学専攻
　　　　　平野　眞一　名古屋大学大学院工学研究科応用化学専攻
　　　　（＊はこの巻の担当編集委員）

執　筆　者　井村　久則　茨城大学理学部地球生命環境科学科
　　　　　　鈴木　孝治　慶應義塾大学理工学部応用化学科
　　　　　　保母　敏行　東京都立大学工学部工業化学科
　　　　　　（執筆順）

(1996年7月現在)

目　次

1章　定量のしくみ ——————————— 1
　1.1　はじめに　1
　1.2　重量分析　2
　　1.2.1　質量の測定　2
　　1.2.2　重量分析の方法　3
　1.3　容量分析　7
　演習問題　11

2章　酸塩基反応と中和滴定 ——————————— 13
　2.1　酸と塩基　13
　2.2　化学平衡と平衡定数　15
　2.3　酸・塩基・塩の溶液　17
　2.4　中和滴定とその応用　25
　演習問題　30

3章　錯形成反応とキレート滴定 ——————————— 33
　3.1　Lewisの酸塩基と錯形成　33
　3.2　錯形成平衡　36
　3.3　キレート滴定とその応用　42
　演習問題　47

4章　酸化還元反応と滴定への応用 ——————————— 49
　4.1　酸化剤と還元剤　49
　4.2　酸化還元平衡　52

4.3　酸化還元滴定とその応用　54
　演習問題　61

5章　固-液平衡とその応用 ── 63
　5.1　沈殿の生成　63
　5.2　沈殿平衡とその応用　66
　5.3　イオン交換とその応用　72
　演習問題　75

6章　溶媒抽出分離 ── 77
　6.1　液-液分配　77
　6.2　金属イオンの溶媒抽出　82
　6.3　抽出平衡と分離の予測　87
　演習問題　90

7章　電気化学分析の特徴と種類 ── 91
　7.1　電気化学反応の特徴と利用　91
　7.2　電気化学測定の方法　95
　演習問題　97

8章　電位差分析法 ── 99
　8.1　電位差の測定　99
　8.2　イオン濃度と電極電位　99
　8.3　イオン電極　104
　8.4　比較電極(参照電極)　105
　8.5　イオン電極法　107
　8.6　電位差滴定　108
　8.7　電位差分析の利用範囲　109

演習問題　*110*

9章　電解分析法─────────────*111*
　9.1　電気分解の利用　*111*
　9.2　電　解　反　応　*112*
　9.3　電解と電気量　*118*
　9.4　電量測定法　*118*
　9.5　電解分析法の利用範囲　*120*
　　演習問題　*121*

10章　ポーラログラフィーとボルタンメトリー─────*123*
　10.1　電解反応の測定と利用　*123*
　10.2　電流-電位曲線　*124*
　10.3　作　用　極　*130*
　10.4　ボルタンメトリーの種類　*130*
　10.5　ボルタンメトリーの利用範囲　*138*
　　演習問題　*138*

11章　電導度分析法─────────────────*139*
　11.1　溶液抵抗と電導度　*139*
　11.2　イオンの電導度　*140*
　11.3　電導度測定　*141*
　11.4　電導度分析法の利用範囲　*142*
　　演習問題　*143*

12章　クロマトグラフィーの仲間──────────*145*
　12.1　は じ め に　*145*
　12.2　クロマトグラフィーの分類　*147*

12.3 分離の原理　*147*
12.4 クロマトグラフ　*149*
12.5 保持値　*150*
12.6 分離の理想と実際　*152*
12.7 段理論と速度論　*152*
　　12.7.1 段理論　*153*
　　12.7.2 速度論　*154*
12.8 分離度　*155*
12.9 定性分析　*156*
　　12.9.1 保持値による定性　*156*
　　12.9.2 選択的検出器の利用　*157*
　　12.9.3 試料の前処理の利用　*157*
　　12.9.4 スペクトルの利用　*157*
12.10 定量分析　*158*
　　12.10.1 ピーク面積の測り方　*158*
　　12.10.2 絶対検量線法　*158*
　　12.10.3 感度あるいは補正係数を用いる方法　*159*
　　12.10.4 内標準法　*159*
　　12.10.5 被検成分追加法　*160*
　　12.10.6 標準添加法　*160*

演習問題　*161*

13章　ガスクロマトグラフィー ─── *163*

13.1 ガスクロマトグラフ(装置)　*163*
13.2 キャリヤーガス　*163*
13.3 試料導入　*165*
13.4 カラム　*166*
　　13.4.1 充填カラム　*166*
　　13.4.2 キャピラリーカラム　*168*
13.5 ガスクロマトグラフィーにおける保持特性　*171*
　　13.5.1 保持値と炭素数あるいは沸点との関係　*171*
　　13.5.2 保持指標　*173*
13.6 検出器　*174*

13.6.1　熱伝導度検出器　*175*
　　　13.6.2　水素炎イオン化検出器　*175*
　　　13.6.3　電子捕獲検出器　*176*
　　　13.6.4　炎光光度検出器　*177*
　　　13.6.5　熱イオン化検出器　*178*
　　　13.6.6　質量分析計　*178*
　　　13.6.7　その他の検出器　*180*
　演習問題　*183*

14章　高速液体クロマトグラフィー ─────── *185*

　14.1　HPLCの分類　*185*
　14.2　液体クロマトグラフ　*186*
　14.3　送　液　系　*186*
　14.4　試料導入部　*188*
　14.5　カ　ラ　ム　*188*
　14.6　HPLCの分離モードとHPLC用充塡剤　*190*
　　　14.6.1　液-液および液-固クロマトグラフィー　*190*
　　　14.6.2　順相クロマトグラフィーと逆相クロマトグラフィー　*191*
　　　14.6.3　イオン交換クロマトグラフィー　*193*
　　　14.6.4　イオンクロマトグラフィー　*195*
　　　14.6.5　サイズ排除クロマトグラフィー　*197*
　　　14.6.6　分離法の選択　*199*
　14.7　検　出　器　*202*
　　　14.7.1　示差屈折率検出器　*202*
　　　14.7.2　紫外-可視吸収検出器　*204*
　　　14.7.3　蛍光検出器　*205*
　　　14.7.4　電気化学検出器　*206*
　　　14.7.5　質量分析計　*206*
　演習問題　*209*

15章　SFCとその他のクロマトグラフィー ─────── *211*

　15.1　超臨界流体クロマトグラフィー　*211*
　　　15.1.1　超臨界流体移動相　*211*
　　　15.1.2　装　置　*213*

    15.1.3　分離特性　*214*
 15.2　薄層クロマトグラフィー　*215*
 15.3　ペーパークロマトグラフィー　*216*
 演習問題　*216*

16章　キャピラリー電気泳動 ——————— *217*

 16.1　キャピラリーゾーン電気泳動　*217*
    16.1.1　装　置　*217*
    16.1.2　分離の原理　*218*
    16.1.3　分　離　*220*
 16.2　動電クロマトグラフィー　*221*
 演習問題　*223*

付　表 ——————————————————— *225*

演習問題の解答 ————————————————— *231*

索　引 ——————————————————— *239*

定量のしくみ

- 重量分析と容量（滴定）分析の方法
- 化学量論と定量の原理
- 標準溶液
- 定量計算

1.1 はじめに

　分析化学は物質を分析する方法とその原理を探求する学問であり，自然科学やその応用のあらゆる分野と深い関わり合いをもっている．たとえば，医療の分野で行われる血液や尿の検査は生体成分の分析であり，診断と治療には欠くことのできない技術となっている．また，医薬品や食品から様々な工業製品に至るまで，その製造の各段階で品質管理のための分析（化学分析）が行われている．さらに，今日の環境問題においては，大気，水，土壌，そしてそこに生息する生物を分析することによって初めて汚染の状況が把握でき，その改善がはかれるのである．そして，それらの分析方法やその基盤となる考え方は，分析化学という学問によって支えられているのである．

　物質を分析するとき，それがなにを含んでいるのか，そしてその成分がいくらあるのかという二つの問題がある．前者の問題に答えるのが定性分析であり，後者が定量分析である．本章では，定量分析の中でも長い歴史をもち，他の分析法の基礎ともなっている重量分析と容量分析を取り上げて，その定量のしくみについて考えてみよう．これらの分析法は，多くの現代的な機器分析法とは異なり比較標準物質や検量線溶液を必要とせず，今日でも基準分析法（definitive method, primary method）として重要な役割を果たしている．

1.2 重量分析

1.2.1 質量の測定

物質の質量(重量)を測定することをひょう量という.ひょう量は重量分析に限らず,どんな化学実験においても基本となる操作である.最近のエレクトロニクスの進歩によって,ひょう量は実に簡単になった.分析用の電子天びん(電気式化学はかり)を用いれば,数秒で μg から kg のオーダーまで,ほとんど苦労もなく,実に7桁から8桁に及ぶ数値が得られるのである.しかし,物質を天びんにのせるだけで,本当にその質量が正確に測定されていることになるのだろうか.

a. 天びんのしくみ

化学用の天びんもその原理は単純である.図1.1(a)は現在もよく用いられている直示天びん(定感量型直示はかり)のしくみを示している.この天びんは,支点にかかる総荷重がつねに一定になるように,はじめからさおの両端にリング状の分銅と重りが荷重されており,試料皿になにものせないときにバランスがとれている.皿に試料をのせたとき,その重さに見合ったリング分銅を取り去ることによってバランスをとり,試料の質量をはかるようになっている*.

ところが図1.1(b)の電子天びんでは,試料をのせても皿の位置が上下に変化しないように電磁気的な力をかけ,そのときの電流値を重さに換算しているにすぎない.したがって,使用のつど質量の正確にわかった分銅を用いて電流値の質量への換算(校正)を行わなければならない.また,電子天びんによって得られる数値は重量であり,場所,気圧によって値が変わる.分銅による校正の重要性が理解できるだろう.現在,電子天びんは直示天びんにとってかわりつつある.

b. ひょう量の方法

正しいひょう量の仕方について考えてみよう.安定した再現性のあるひょう量値を得るためには,① 試料と容器を天びん室に放置して,その温度を天びんの温度と同じにする.これは温度の違うものを試料皿にのせると,周りの空気が対流を起こし,ひょう量値が徐々に変化するからである.② ひょう量びんなどの密閉

---

* 質量の標準:物質の質量はそれを分銅の質量と比較することによって決められ,また分銅の質量は最終的には国際キログラム原器と比較して決められている.

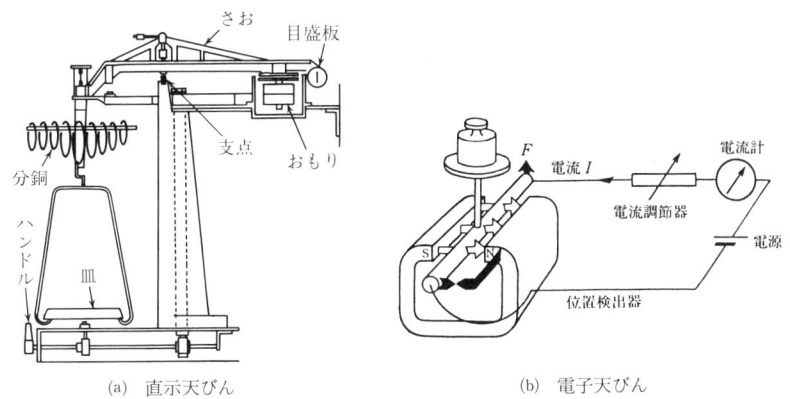

(a) 直示天びん　　(b) 電子天びん

図 1.1 分析用天びんのしくみ
日本分析化学会編，"改訂4版 分析化学データブック"，p.12-13，丸善(1994).

容器を使用して，ひょう量中の吸湿や蒸発を防ぐ．③ 帯電しにくいひょう量容器を用いて静電気を帯びないようにする．

　以上のようなひょう量のさいの注意のほかに，浮力という本質的な問題がある．天びんの分銅も試料も空気による浮力を受けているはずである．たとえば 100 g の水は約 0.12 g の浮力を受け，100 g の分銅（密度 $8.0\,\mathrm{g\,cm^{-3}}$ とする）では浮力は約 0.015 g となる．このように試料と分銅で浮力に差があるとき，正確な質量測定のためには空気の密度を求めてそれぞれの浮力を補正しなければならない．

1.2.2　重量分析の方法

　重量分析は，ひょう量と目的成分の分離を組み合わせて，その質量を決定する方法である．一般に長時間を要するが，最終的にはひょう量という基本操作だけで定量できるため，もっとも精度と正確さに優れた分析法の一つである．目的成分の分離の方法によって，① 沈殿法，② 電気分解法，③ 揮発（吸収）法に分けることができる．このうち，沈殿法がもっとも広く用いられている．

a.　沈　殿　法

　適当な沈殿剤を用いて，目的成分を難溶性の物質として分離し，乾燥あるいは熱分解によってひょう量形（質量測定のさいの物質の化学形）を整え，その質量

から目的成分を定量する方法である．沈殿生成の化学反応と平衡については5章で学ぶことにして，ここでは沈殿法に共通する一般的な操作について考えてみよう．分析操作の手順は次のようになる．

(1) 分析試料の乾燥とひょう量
(2) 酸あるいは適当な溶媒による試料の溶解や分解
(3) 妨害物質が存在する場合，適当な分離法による前分離あるいはマスキング
(4) 沈殿剤による目的成分の沈殿と熟成
(5) 沪過と洗浄
(6) 乾燥あるいは強熱によって安定なひょう量形とする
(7) ひょう量
(8) 化学量論に基づく目的成分量の計算

(1)から(3)は重量分析に限らず，化学分析に共通した操作である．またひょう量における一般的な注意点は前項で述べたが，実際の分析においては，【乾燥あるいは強熱→冷却→ひょう量】の操作を同じ条件の下で繰り返し，質量の変動が必要な分析精度の範囲内になったこと（恒量）を確認することが大切である．

(2)の試料の溶解や分解には，普通，塩酸，硝酸，硫酸，過塩素酸，フッ化水素酸およびそれらの混合物が用いられる．生物体試料や鉱物など簡単に溶解しない物質でも，ステンレスの外筒付きのテフロン密閉容器を用いれば，高温・高圧下で短時間に分解できる（圧力鍋の原理）．

(3)の妨害物質の除去は，正確な分析を行ううえで非常に大切である．沈殿，イオン交換（5章），溶媒抽出（6章），クロマトグラフィー（12章）など，いろいろな分離法が目的成分と妨害物質の前分離のために利用できる．一方，妨害物質と選択的に反応する試薬を加えて，妨害を起こさない化学種に変える方法（マスキングという）も有効であり，そのために加える試薬をマスキング剤という．マスキングは化学分析において重要であり，3章で詳しく学ぶことにしよう．

(4)から(7)が，沈殿からひょう量に至るもっとも重要なステップである．いうまでもないが沈殿剤の選択は非常に大切である．いくつかの元素に対する代表的な沈殿剤と，それによる沈殿物の化学式（沈殿形）ならびに加熱後の化学式（ひょう量形）が表1.1にまとめられている．沈殿剤を選ぶとき，① 沈殿物の溶解度

表 1.1 沈殿による重量分析の例

元素	沈殿剤	沈殿形	加熱温度/°C	ひょう量形	重量分析係数
Ag	HCl	AgCl	130	AgCl	Ag/AgCl = 0.7526
Al	NH_3	$Al_2O_3 \cdot xH_2O$	1200	Al_2O_3	$2Al/Al_2O_3$ = 0.5293
Al	8-キノリノール (C_9H_7NO)	$Al(C_9H_6NO)_3$	130	$Al(C_9H_6NO)_3$	$Al/Al(C_9H_6NO)_3$ = 0.05873
Ba	H_2SO_4	$BaSO_4$	800	$BaSO_4$	$Ba/BaSO_4$ = 0.5884
Ca	$(NH_4)_2C_2O_4$	$CaC_2O_4 \cdot H_2O$	950	CaO	Ca/CaO = 0.7147
Fe	NH_3	$Fe_2O_3 \cdot xH_2O$	1000	Fe_2O_3	$2Fe/Fe_2O_3$ = 0.6994
K	テトラフェニルボレート ($NaB(C_6H_5)_4$)	$KB(C_6H_5)_4$	110	$KB(C_6H_5)_4$	$K/KB(C_6H_5)_4$ = 0.1092
Mg	$(NH_4)_2HPO_4$	$MgNH_4PO_4 \cdot 6H_2O$	1100	$Mg_2P_2O_7$	$2Mg/Mg_2P_2O_7$ = 0.2184
Ni	ジメチルグリオキシム ($C_4H_8N_2O_2$)	$Ni(C_4H_7N_2O_2)_2$	110	$Ni(C_4H_7N_2O_2)_2$	$Ni/Ni(C_4H_7N_2O_2)_2$ = 0.2032
S (SO_4)	$BaCl_2$	$BaSO_4$	800	$BaSO_4$	$SO_4/BaSO_4$ = 0.4116

が低いこと，② 目的元素に対する十分な選択性があること，③ 沪過が容易であること，④ 化学量論的なひょう量形が得やすいこと，さらに，⑤ 恒量を得やすいことなどを考慮する必要がある．AgCl，Al-8-キノリノール錯体［図1.2(a)］，Ni-ジメチルグリオキシム錯体［図1.2(b)］などの場合は，乾燥温度は110～130°Cと比較的低温であるが，$CaC_2O_4 \cdot H_2O$ や $MgNH_4PO_4 \cdot 6H_2O$ などは強熱によって熱分解する必要がある．

最後の(8)は化学量論に基づいた定量計算である．AgCl の沈殿による Ag の定量においては，次のように計算される．

AgCl の物質量(モル)＝AgCl の質量/AgCl の式量（分子量）

AgCl の物質量×Ag の原子量＝Ag の質量

よって，

Ag の質量＝AgCl の質量×(Ag の原子量/AgCl の式量)

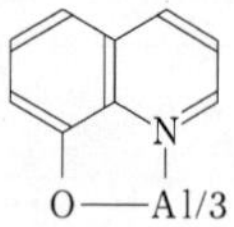

(a) トリス(8-キノリノラト)アルミニウム(III)

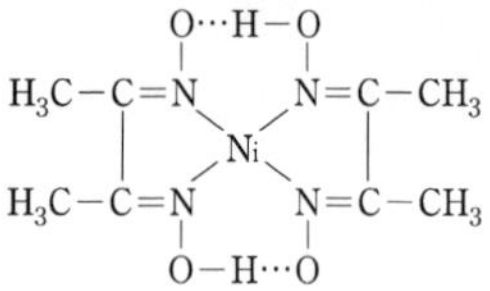

(b) ビス(ジメチルグリオキシマト)ニッケル(II)

図 1.2 重量分析に利用される金属錯体

となり，カッコ内の数値を**重量分析係数**という．重量分析係数が小さいほど，すなわち，ひょう量形の分子量が大きいほど少量の成分の定量に有利になる．

b. その他の重量分析

（ⅰ）電気分解法： 目的金属イオンを電気分解によって電極上に析出（電着）させ，その質量を測定する方法である．たとえば，硫酸銅溶液に白金の陰極と陽極を入れ，適当な電流（1 A 程度）を通じると，銅(II)イオンは陰極上に金属銅と

定量精度の限界？

化学量論を基礎とする定量においては，原子量を用いて物質の質量から物質量（原子，イオン，分子などの粒子の数のことで 6.0221367×10^{23} 個を 1 mol として表される）を計算する必要がある．ところが，原子量は，天然に同位体をもつ元素の場合には，それぞれの同位体の原子質量と同位体の存在比から計算される平均値となる．したがって，各元素の原子量の精度は同位体存在比の変動に影響される．たとえば，天然に ^{27}Al しか存在しないアルミニウムの原子量は，26.981538 とアボガドロ定数と同様 8 桁の数値が定められているが，天然に 5 種類の同位体を有する亜鉛では原子量は 65.39 と与えられている．同位体の存在比が物質の種類によってわずかに異なるため，これ以上の精度で（平均の）原子量を決定することができないのである．これによって，亜鉛および亜鉛化合物の場合には，それぞれの同位体の存在比を決めない限り，有効数字 4 桁を越える精度で物質量を求めることができないことになる．そのうちに，"同位体分析済み亜鉛試薬"などが必要になるかもしれない？

なって析出する．陰極を取りだして洗浄，乾燥してその質量をはかり，電着前の白金陰極の質量との差から溶液中の銅量を知ることができる．金属イオンによって電着の起こる電圧（分解電圧）が異なるので，電圧を調整することによって，共存する金属イオンのなかから目的の金属を選択的に電着できる場合もある（9章参照）．

（ⅱ）揮発（吸収）法： 加熱や減圧によって試料から気体を揮発させ，質量の減少から揮発した物質の量を求める方法である．固体中の結晶水の測定などがもっとも簡単な例であるが，加熱の条件などをあらかじめ調べておく必要がある．吸収法の例を一つ挙げよう．有機化合物を酸素気流中で燃焼させて，水素を水に，炭素を二酸化炭素にして，それぞれを乾燥剤（$Mg(ClO_4)_2$），ソーダ石灰（$NaOH$とCaOの混合物）に吸収させ，それらの質量変化から吸収された水と二酸化炭素の物質量が求められる．これは有機化合物の元素分析法の原理である（ただし現在ではあまり用いられない）．

1.3 容量分析

容量分析は，液体や気体の体積を測定することによって，目的成分の物質量や質量を決定する分析法をさすが，ここでは滴定法について考えてみよう．滴定法には次のような種類がある．

（1） 中和滴定
（2） キレート滴定
（3） 酸化還元滴定
（4） 沈殿滴定

それぞれ，溶液中での酸塩基反応，金属錯体の生成反応，酸化還元反応，沈殿生成反応に基づいており，それらの化学平衡と滴定の終点決定の原理については2章から5章で詳しく学ぶことにしよう．

a. 滴定の操作と計算

簡単な例を使って，化学量論に基づいた定量のしくみについて考えてみよう．水酸化ナトリウム溶液による硫酸溶液の中和滴定は

$$H_2SO_4 + 2NaOH \longrightarrow Na_2SO_4 + 2H_2O$$

の反応で表される．この滴定の操作は以下のようになる．濃度のわかった水酸化ナトリウム溶液をビュレットに入れ，所定量の硫酸溶液をピペットでビーカーに取り，指示薬として少量のフェノールフタレインを加え滴定を開始する．溶液中の指示薬の色が無色からわずかに赤くなった点が終点であり，ビュレットの目盛りの読みから水酸化ナトリウム溶液の滴下量を求める．水酸化ナトリウム溶液の滴下量を V_B ml，硫酸溶液の採取量を V_A ml とすると，物質量の関係は次のようになる．

$$\frac{2[H_2SO_4]V_A}{1\,000}=\frac{[NaOH]V_B}{1\,000}$$

ここで [ ] は物質の溶液中の濃度を表し，その単位は M($=$mol dm^{-3}) である．よって定量式は

$$[H_2SO_4]=\frac{[NaOH]V_B}{2V_A}$$

となる．もう一つ，酸化還元滴定の例を挙げてみよう．

過酸化水素は強力な酸化剤であり，漂白剤や殺菌剤として家庭でもよく使われている．過酸化水素はヨウ化物イオンと化学量論的に反応してヨウ素を生成する．

$$H_2O_2+2I^-+2H^+ \longrightarrow I_2+2H_2O$$

この I_2 をデンプンを指示薬として，濃度のわかったチオ硫酸ナトリウム溶液で滴定する．

$$I_2+2S_2O_3^{2-} \longrightarrow 2I^-+S_4O_6^{2-}$$

終点はヨウ素-デンプン反応の青色が消えた点である．以上の反応の物質量の関係は次のようになる．

$$H_2O_2:I_2:S_2O_3^{2-}=1:1:2$$

チオ硫酸ナトリウムの滴定量を V_R ml，採取した H_2O_2 水溶液の体積を V_0 ml とすると，物質量の関係より

$$\frac{2[H_2O_2]V_0}{1\,000}=\frac{[S_2O_3^{2-}]V_R}{1\,000}$$

よって過酸化水素の濃度は次式によって与えられる．

$$[H_2O_2]=\frac{[S_2O_3^{2-}]V_R}{2V_0}$$

b. 標準溶液

 以上の計算例からわかるように,滴定によって定量を行うためには,滴定試薬溶液の濃度がわかっていなければならない.このように重量分析を除くすべての定量分析においては,標準溶液とよばれる目的成分の濃度の正確にわかった溶液が必要となる.標準溶液が分析結果の正確さを左右することは明白である.ではどうやってそれをつくればよいのだろうか.水酸化ナトリウムなどの固体をはかり取って水に溶かし,メスフラスコで一定容積にしても標準溶液にはならない.これは,高純度の水酸化ナトリウムであってもその表面には炭酸塩が生成しているはずであり,また強い吸湿性(潮解性はよく知られている)もあって正確にひょう量することができないからである.そこで,いくつかの標準試薬という安定で化学量論的なひょう量形をもった試薬が,その他の試薬溶液の濃度決定のために用意されている.わが国ではJISによって容量分析用標準試薬が定められている.これらは,決められた取扱い(洗浄や乾燥法)に従ってひょう量,溶解することによって一次標準溶液となる.これを使って,他の試薬溶液の濃度を決定することを標定といい,標定された溶液を二次標準溶液という.いろいろな滴定法において用いられる代表的な標準溶液の関係を図1.3に示す.一次標準溶液による標定における化学反応と化学量論は次のとおりである.

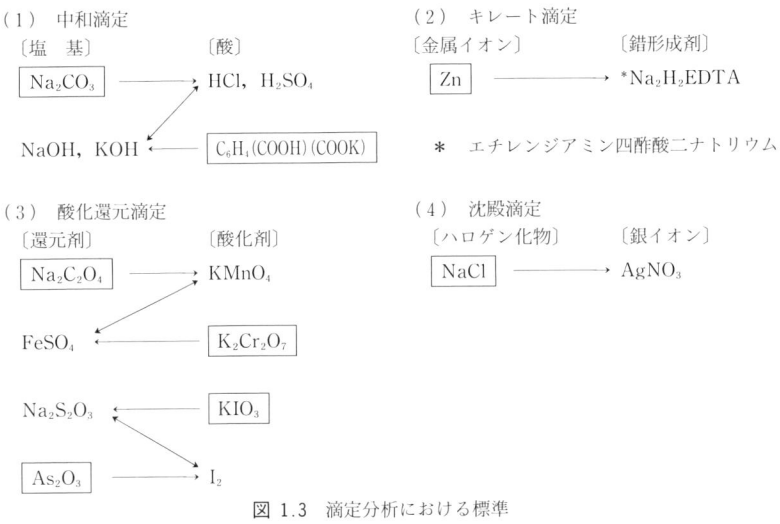

図 1.3 滴定分析における標準
　　　　□は容量分析用標準試薬(JIS)

(1) 中和滴定

$$Na_2CO_3 + 2HCl \longrightarrow 2NaCl + CO_2 + H_2O$$
$$C_6H_4(COOH)(COOK) + NaOH \longrightarrow C_6H_4(COONa)(COOK) + H_2O$$

(2) キレート滴定

(エチレンジアミン四酢酸イオンを $EDTA^{4-}$ とする．3章，図3.1参照)

$$Zn^{2+} + EDTA^{4-} \longrightarrow Zn(EDTA)^{2-}$$

(3) 酸化還元滴定

$$5Na_2C_2O_4 + 2KMnO_4 + 8H_2SO_4 \longrightarrow 2MnSO_4 + 10CO_2 + 8H_2O$$
$$+ 5Na_2SO_4 + K_2SO_4$$
$$K_2Cr_2O_7 + 6FeSO_4 + 7H_2SO_4 \longrightarrow Cr_2(SO_4)_3 + 3Fe_2(SO_4)_3 + 7H_2O + K_2SO_4$$

(ⅰ) $KIO_3 + 5KI + 3H_2SO_4 \longrightarrow 3I_2 + 3H_2O + 3K_2SO_4$

(ⅱ) $3I_2 + 6Na_2S_2O_3 \longrightarrow 6NaI + 3Na_2S_4O_6$

$$Na_3AsO_3 + KI_3 + H_2O \longrightarrow Na_3AsO_4 + 2HI + KI (塩基性)$$

(4) 沈殿滴定

$$NaCl + AgNO_3 \longrightarrow AgCl + NaNO_3$$

c. 滴定法のまとめ

滴定を使った定量分析の方法を整理してみよう．

(1) 標準溶液の調製（滴定試薬の標定）
(2) 分析試料の乾燥とひょう量
(3) 酸あるいは適当な溶媒による試料の溶解あるいは分解
(4) 妨害物質が存在する場合，適当な分離法による前分離あるいはマスキング
(5) 滴定あるいは逆滴定
(6) 化学量論に基づく目的成分量の計算

(1)から(4)は多くの定量分析に共通の操作である．(5)の滴定操作において，標準溶液による試料の直接滴定が困難なとき，逆滴定という方法がよく用いられる．これは，初めに目的成分の当量以上に標準溶液を加えて反応させ，その過剰量をもう一つの別の標準溶液を用いて滴定する方法である．滴定の終点の検出方法には，指示薬を使う方法や7章にある電気化学的方法がよく使われる．

上記の操作を重量分析の場合と比べてみると，滴定法がいかに簡単で速いかが

想像できるだろう．一方で，標準溶液という定量の基準になるものが必要であり，それが分析値の正確さを左右することを忘れてはいけない．

滴定法や重量分析法を用いて，実際に試料の分析をしようとするとき，予想もしなかった問題が必ず起こってくるものである．そのとき，可能性のある原因をあげて，その対策方法を考えるには，いろいろな操作の基礎となっている化学反応の理解は欠くことができない．次章以降で，それらの化学反応を学ぶことにしよう．

演習問題

1.1 ある濃度の Na_2SO_4 溶液 25 ml に，0.1 M の $BaCl_2$ 溶液を沈殿が生じなくなるまで加え，沪紙を使って沈殿を沪別した．沈殿を沪紙とともに強熱して灰化して，ひょう量したところ，0.9011 g であった．沪紙の灰分（灰の質量）を 0.1 mg として，
（i） 試料溶液には何 g の Na_2SO_4 が含まれていたか．
（ii） 試料溶液中に含まれる S の質量を求めよ．
（iii） 試料溶液の Na_2SO_4 の濃度（M）を求めよ．

1.2 純度が約 95 % の Ni 線がある．これの正確な純度を重量分析法を用いて決定したい．操作の手順と計算方法を記せ．

1.3 0.1 M の HCl 溶液を標定するために，0.2000 g の Na_2CO_3 をとり滴定した．HCl の滴定値が 36.55 ml のとき，その正確な濃度はいくらになるか．ただし，滴定の終点は CO_3^{2-} が CO_2 に変化した点とする．

1.4 0.1000 g の $Na_2C_2O_4$ を用いて 0.01 M の $KMnO_4$ 溶液を標定した．$KMnO_4$ 溶液の滴定値が 31.00 ml のとき，その正確な濃度を決定せよ．

1.5 Zn^{2+} を含む化合物 0.3000 g を水に溶かし，0.0100 M の EDTA を用いて滴定したところ，滴定値が 35.55 ml であった．化合物中の Zn^{2+} の含有量は何％か．

# 酸塩基反応と中和滴定

・酸塩基の概念と分類
・水溶液中の化学平衡の基本的な取扱い
・酸や塩基を含む溶液のpHの計算
・緩衝溶液のしくみ
・滴定中のpHの変化と終点決定の原理
・化学分析への応用

2.1 酸と塩基

a. Arrheniusの酸塩基の概念

酸とは何か？ 塩基とは何か？ これまでの知識から，まず酸としてはHCl, HNO_3, H_2SO_4 など H^+ をもつもの，塩基としてはNaOH, KOH, $Ca(OH)_2$ などOH$^-$ をもつものを思い浮かべるだろう．これらはArrheniusによって与えられたもっとも簡単な酸塩基の分類である．酸をHA, 塩基をMOHと表すと，それぞれ溶液中で次のように解離して，H^+ と OH^- を放出する．

$$HA \longrightarrow H^+ + A^-$$
$$MOH \longrightarrow M^+ + OH^-$$

上にあげた酸と塩基については，この定義でも十分であるが，たとえば中和滴定の標準物質である Na_2CO_3（1章，図1.3参照）や NH_3 は，水に溶けると OH^- を生成し強い塩基性を示すが，分子内にはOHをもっていない．

b. Brønsted-Lowryの酸塩基の概念

酸と塩基をより一般的に考えるために，われわれは溶媒として水を使っていることを思い出す必要がある．BronstedとLowryは水の役割を考慮したうえで，**酸とはプロトン供与体，塩基とはプロトン受容体**であると定義した．今日，広く受け入れられている酸塩基の概念である．例えば塩化水素の解離は水を考慮すると

$$HCl + H_2O \longrightarrow H_3O^+ + Cl^- \tag{2.1}$$

と表される．H_3O^+ はオキソニウムイオンとよばれ，水和したプロトン $H^+(H_2O)$

であると考えることができる．実際，水溶液中ではプロトン（水素の原子核）が存在することはあり得ず，H_3O^+，あるいはその水和物として存在している．さて，式(2.1)において Brønsted-Lowry の定義に従うと，HCl は H_2O にプロトンを与えているので酸，H_2O は HCl からプロトンを受け取っているので塩基となる．また，式(2.1)の逆反応を考えると，H_3O^+ が酸，Cl^- が塩基となる．ここで HCl と Cl^- の関係を共役といい，HCl と Cl^- をそれぞれ共役酸，共役塩基という．同様に H_3O^+ と H_2O も共役酸，共役塩基という．

NH_3 水の場合には，

$$H_2O + NH_3 \longrightarrow NH_4^+ + OH^-$$

となり，H_2O が NH_3 にプロトンを与えるので，H_2O が酸，NH_3 が塩基，また OH^- は共役塩基，NH_4^+ は共役酸となる．このように H_2O は酸，塩基のいずれにでもなれる．

結局，水分子が塩基として働く場合と，酸として働く場合があり，一般的に

$$HA + H_2O \longrightarrow H_3O^+ + A^-$$

$$H_2O + B \longrightarrow HB^+ + OH^-$$

の二つのタイプに分けることができる．ここで B は塩基を表す．表 2.1 に分析化学でなじみの深いいろいろな酸・塩基を，上からその共役酸の強さ（共役塩基の弱さ）の順に並べてある．H_3O^+ より上にある酸はみな強酸で，水溶液中では完全に解離し，その溶液中に存在する酸は H_3O^+ だけになる．つまり，水の中では H_3O^+ より強い酸は存在しないことになる．これを溶媒（水）の**水平化効果**という．

表 2.1 共役酸塩基対

酸	塩基
$HClO_4$	ClO_4^-
HBr	Br^-
H_2SO_4	HSO_4^-
HCl	Cl^-
H_3O^+	H_2O
$H_2C_2O_4$	$HC_2O_4^-$
HSO_4^-	SO_4^{2-}
H_3PO_4	$H_2PO_4^-$
HF	F^-
$HC_2O_4^-$	$C_2O_4^{2-}$
CH_3COOH	CH_3COO^-
H_2CO_3	HCO_3^-
$H_2S \approx$	$HS^- \approx$
$H_2PO_4^-$	HPO_4^{2-}
NH_4^+	NH_3
HCO_3^-	CO_3^{2-}
$HPO_4^{2-} \approx$	$PO_4^{3-} \approx$
HS^-	S^{2-}
H_2O	OH^-

$\approx$ は，たとえば H_2S と $H_2PO_4^-$ の酸の強さが近いことを示している

c. Lewis の酸塩基の概念

もう一つの酸塩基の概念として，Lewis の酸塩基がある．**酸とは電子対受容体，塩基とは電子対供与体**と定義され，配位結合を含む錯形成反応にまで酸塩基の概念が拡張されたもので，もっとも一般性が高い．この酸塩基反応の例を示そう．

$$Cu^{2+} + NH_3 \longrightarrow Cu(NH_3)^{2+}$$

Cu^{2+} と NH_3 の間で配位結合が生じるが，Cu^{2+} は NH_3 の窒素原子の孤立電子対を受け入れているので酸，NH_3 は窒素原子の孤立電子対を Cu^{2+} に与えているので塩基と考えることができる．これについては3章で詳しく学ぼう．

2.2 化学平衡と平衡定数

滴定中の酸と塩基の反応を定量的に理解し，反応がどのように進んでいくかを予測するには化学平衡の知識が不可欠である．次のような化学反応を考えてみよう．いま，A，Bが1分子ずつ反応して，それぞれ1分子のCおよびDが生成するとしよう．

$$A + B \longrightarrow C + D \tag{2.2}$$

AとBを混合してから，それぞれの分子の濃度を時間に対してプロットとすると，図2.1の実線のような結果が得られるだろう．AとBの濃度は反応によって徐々に減少し，一方CとDの濃度は徐々に増加し，時間 t_f でそれぞれの濃度は一定となっている．さらに，式(2.2)の反応が可逆的であるなら，その逆反応，C+D

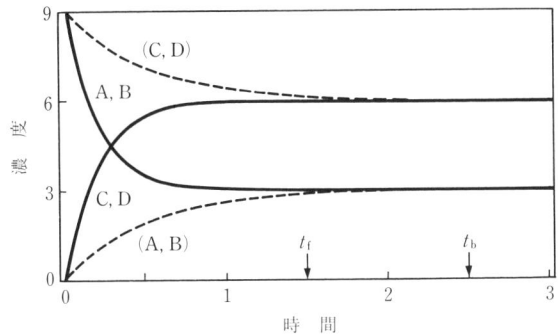

図 2.1 化学平衡 （A+B⇌C+D）
実線は左から右への正反応，破線は右から左への逆反応

→A+B に関しても図2.1の破線のような結果が得られるはずであり, 時間 t_b でいずれの成分の濃度も一定となっている. これは反応が平衡に達したことを示しており, 反応式は次のように表される.

$$A+B \rightleftharpoons C+D$$

質量作用の法則より, それぞれの成分の濃度 (正しくは活量で, p.18の囲み記事を参照してほしい) に関して

$$\frac{[C][D]}{[A][B]} = K$$

が成り立つ. ここで [ ] は濃度を表し, とくに断らない限り M ($= \text{mol dm}^{-3}$) で与えられる. K は平衡定数とよばれ, 成分濃度に関係なく一定値をとる.

具体的な例を使って理解を深めよう. 酢酸の酸解離平衡は単純に

$$CH_3COOH \rightleftharpoons H^+ + CH_3COO^- \tag{2.3}$$

と書くことができ, その平衡定数は

$$K_a = \frac{[H^+][CH_3COO^-]}{[CH_3COOH]} \tag{2.4}$$

と定義される. K_a は酸解離定数とよばれ, 弱酸である酢酸の場合, $K_a = 2.9 \times 10^{-5}$ M とその値は小さい. ところで, 2.1節で, 溶媒である水を考慮したほうが酸塩基の概念がより広くなることを学んだが, その場合, 平衡定数はどのようになるのだろうか. Bronsted–Lowry の考え方に基づくと式(2.3)は次のように書き直さなければならない.

$$CH_3COOH + H_2O \rightleftharpoons H_3O^+ + CH_3COO^- \tag{2.5}$$

したがって, 平衡定数は

$$K = \frac{[H_3O^+][CH_3COO^-]}{[CH_3COOH][H_2O]} \tag{2.6}$$

となる. ここで, 溶媒である水の濃度は $[H_2O] = 55.3$ M ($25\,°C$) とつねに一定である. また, 熱力学的にいうと, 溶媒などの純物質の濃度(正しくは活量)は1と定義されることから $K = K_a$ となって, 反応を式(2.5)のように表しても, その平衡定数はやはり式(2.4)の K_a で与えられる.

水は酸と塩基の両方の性質をもち, 次のように解離する.

$$H_2O + H_2O \rightleftharpoons H_3O^+ + OH^-$$

この平衡定数 (K_w) は, 上の例と同様に H_2O の活量を1とおくと,

$$K_\mathrm{w} = [\mathrm{H_3O^+}][\mathrm{OH^-}]$$

と表され，水のイオン積とよばれる．純水の K_w は 25 °C で 1.00×10^{-14} M^2 であることから，その中のイオンの濃度は

$$[\mathrm{H_3O^+}] = [\mathrm{OH^-}] = 1.00 \times 10^{-7}\ \mathrm{M}$$

と計算できる．純水中の全水分子のうち，わずか 2×10^9 分の 1 が解離していることになる．

代表的な弱酸の酸解離指数 pK_a (p$K_\mathrm{a} = -\log K_\mathrm{a}$) を，巻末の付表 1 にまとめた．p$K_\mathrm{a}$ は溶液中の酸塩基反応を定量的に理解するうえで大変に重要な値である．

付表 1 にもあるように，最近は塩基の解離についてもその共役酸の酸解離定数を用いて表すことが多い．たとえばアンモニアは

$$\mathrm{NH_4^+ + H_2O \rightleftharpoons H_3O^+ + NH_3}$$

$$K_\mathrm{a} = \frac{[\mathrm{H_3O^+}][\mathrm{NH_3}]}{[\mathrm{NH_4^+}]}$$

によって表される．旧来の塩基解離定数 K_b は

$$\mathrm{NH_3 + H_2O \rightleftharpoons NH_4^+ + OH^-}$$

$$K_\mathrm{b} = \frac{[\mathrm{NH_4^+}][\mathrm{OH^-}]}{[\mathrm{NH_3}]}$$

と定義されており，両者の間には次の関係がある．

$$K_\mathrm{a} K_\mathrm{b} = [\mathrm{H_3O^+}][\mathrm{OH^-}] = K_\mathrm{w}$$

指数表示を用いると

$$\mathrm{p}K_\mathrm{a} + \mathrm{p}K_\mathrm{b} = \mathrm{p}K_\mathrm{w} = 14$$

となる．

2.3 酸・塩基・塩の溶液

a. 強 酸

塩酸を例に溶液中のオキソニウムイオンの濃度について考えてみよう．HCl は強酸であり，その溶液中には HCl 分子は存在せず，$\mathrm{H_3O^+}$ と $\mathrm{Cl^-}$ に完全に解離している．

$$\mathrm{HCl + H_2O \longrightarrow H_3O^+ + Cl^-}$$

したがって，HCl の全濃度を C_a とすると，$C_\mathrm{a} = [\mathrm{H_3O^+}] = [\mathrm{Cl^-}]$ である．しかし，

平衡定数は一定か？

溶液中の溶質の濃度が高くなると，溶質(たとえばイオン同士)の間の相互作用が無視できなくなり，溶質の全濃度と実効濃度(見かけの濃度と考えてもよい)とが異なってくる．この実効濃度のことを活量とよぶ．したがって次の反応の平衡定数は，厳密には式(1)で表される．

$$nA + mB \rightleftarrows pC + qD$$

$$K° = \frac{a_C^p \, a_D^q}{a_A^n \, a_B^m} \tag{1}$$

ここで a は活量，$K°$ は熱力学的平衡定数である．また添え字は溶質 A，B，C，D を表す．活量と濃度との関係は一般に

$$a = \gamma [X] \tag{2}$$

で与えられる．γ を溶質 X の活量係数といい，$[X] \to 0$ のとき $\gamma \to 1$ となるように定義されている．これを式(1)に代入すると

$$K° = \frac{[C]^p [D]^q}{[A]^n [B]^m} \cdot \frac{\gamma_C^p \gamma_D^q}{\gamma_A^n \gamma_B^m} \tag{3}$$

となり，濃度で表した平衡定数を $K (= [C]^p [D]^q / [A]^n [B]^m)$ とすると式(3)は

$$K° = K \frac{\gamma_C^p \gamma_D^q}{\gamma_A^n \gamma_B^m} \tag{4}$$

となる．したがって，活量係数が濃度によって変化しない限り，K は一定となる．一般に，水溶液中の無関係共存イオンの濃度が一定であれば活量係数は変化しない．また，すべての溶質の濃度が十分に低い(無限希釈という)ときには，その活量係数はほぼ1となり，

$$K° \simeq K$$

と近似できる．

塩酸を水で限りなく希釈していくと，この関係が成り立たなくなってくる．たとえば 1.0×10^{-7} M HCl 溶液中には 1.6×10^{-7} M の H_3O^+ が存在する．これは溶媒である水の解離の影響であることは容易に理解できよう．このことを定量的に表現するにはどうしたらよいだろうか．HCl 溶液中には

$$HCl + H_2O \longrightarrow H_3O^+ + Cl^-$$

$$2H_2O \rightleftarrows H_3O^+ + OH^-$$

で表される各イオンが存在している．**電気的中性の原理**から溶液中の陽イオンと陰イオンの電荷の総和は等しくなければならない．すなわち

$$[H_3O^+] = [Cl^-] + [OH^-] \tag{2.7}$$

これを**チャージバランス**という．水のイオン積を使って，$[\mathrm{OH}^-]=K_\mathrm{w}/[\mathrm{H_3O}^+]$ を代入すると

$$[\mathrm{H_3O}^+]^2 - [\mathrm{H_3O}^+][\mathrm{Cl}^-] - K_\mathrm{w} = 0$$

が導かれ，この二次方程式の解から

$$[\mathrm{H_3O}^+] = \frac{[\mathrm{Cl}^-] + \sqrt{[\mathrm{Cl}^-]^2 + 4K_\mathrm{w}}}{2}$$

が得られる．$[\mathrm{Cl}^-]=C_\mathrm{a}$ はつねに成り立つので，任意の濃度のHCl溶液中の$\mathrm{H_3O}^+$濃度を計算することができる．もちろん，HCl濃度が高い場合には，式(2.7)において $[\mathrm{Cl}^-] \gg [\mathrm{OH}^-]$ となり，$[\mathrm{H_3O}^+]=[\mathrm{Cl}^-]$ と近似できる．

b. 弱 酸

酢酸などの弱酸の水溶液の場合にはどうだろうか．弱酸を HA と表すと溶液中では次の二つの平衡がある．

【酸の解離】 $\mathrm{HA} + \mathrm{H_2O} \rightleftharpoons \mathrm{H_3O}^+ + \mathrm{A}^-$

【水の解離】 $2\mathrm{H_2O} \rightleftharpoons \mathrm{H_3O}^+ + \mathrm{OH}^-$

弱酸の全濃度を C_a M とすると，A の物質量の総和はつねに C_a に等しいはずであり

$$C_\mathrm{a} = [\mathrm{HA}] + [\mathrm{A}^-] \tag{2.8}$$

が成り立つ．これを A の**マスバランス**という．また，強酸溶液の場合と同様に溶液のチャージバランスは

$$[\mathrm{H_3O}^+] = [\mathrm{A}^-] + [\mathrm{OH}^-] \tag{2.9}$$

となる．式(2.8)と式(2.9)から，$[\mathrm{A}^-]=[\mathrm{H_3O}^+]-[\mathrm{OH}^-]$と$[\mathrm{HA}]=C_\mathrm{a}-([\mathrm{H_3O}^+]-[\mathrm{OH}^-])$が導かれ，これを酸解離定数の式である式(2.4)に代入すると

$$K_\mathrm{a} = \frac{[\mathrm{H_3O}^+]([\mathrm{H_3O}^+]-[\mathrm{OH}^-])}{C_\mathrm{a}-[\mathrm{H_3O}^+]+[\mathrm{OH}^-]} \tag{2.10}$$

が得られる．この式(2.10)は弱酸溶液のオキソニウムイオンの濃度を算出する基本となる式である．$[\mathrm{OH}^-]=K_\mathrm{w}/[\mathrm{H_3O}^+]$ を代入して整理すると3次方程式

$$[\mathrm{H_3O}^+]^3 + K_\mathrm{a}[\mathrm{H_3O}^+]^2 - (K_\mathrm{w}+K_\mathrm{a}C_\mathrm{a})[\mathrm{H_3O}^+] - K_\mathrm{a}K_\mathrm{w} = 0 \tag{2.11}$$

が得られる．手元にコンピューターと適当な数学ソフトや表計算ソフトがあれば容易に $[\mathrm{H_3O}^+]$ の解を求めることができ，任意の濃度の弱酸溶液について正確なオキソニウムイオン濃度を算出できる．しかしながら，次のような近似を考える

ことによって式(2.10)を簡略化することができ,また,そのような考え方は化学平衡の本質を理解するうえで非常に大切である.

〈近似1〉

溶液が酸性なら,すなわち,$[H_3O^+]\gg[OH^-]$のとき,式(2.10)は

$$K_a=\frac{[H_3O^+]^2}{C_a-[H_3O^+]} \tag{2.12}$$

と近似でき,変形して2次方程式$[H_3O^+]^2+K_a[H_3O^+]-K_aC_a=0$が得られ,$[H_3O^+]$が計算できる.

$$[H_3O^+]=\frac{-K_a+\sqrt{K_a^2+4K_aC_a}}{2} \tag{2.13}$$

〈近似2〉

溶液が酸性で,かつ弱酸濃度が十分に高いとき,すなわち,$[H_3O^+]\gg[OH^-]$かつ$C_a\gg[H_3O^+]$のとき,式(2.12)はさらに

$$K_a=\frac{[H_3O^+]^2}{C_a}$$

$$[H_3O^+]=\sqrt{K_aC_a} \tag{2.14}$$

と近似できる.このように近似によって$[H_3O^+]$を求めたときには,必ずその近似の条件が満たされていることを検証する必要がある.

c. 弱酸の塩

NaClのような強酸と強塩基からなる塩を水に溶かしても,H_3O^+の濃度には変化はないが,CH_3COONaやNH_4Clのような弱酸あるいは弱塩基の塩を水に溶かすと,そのH_3O^+濃度は大きく変化する.これは弱酸や弱塩基の共役酸塩基が水と反応するためである.一般に,弱酸(HA)のアルカリ金属塩やアンモニウム塩は,水に溶けると完全に解離する(強電解質とよばれる).ナトリウム塩をNaAと表すと,その溶液中では

$$NaA \longrightarrow Na^+ + A^-$$

【塩基の加水分解】 $A^- + H_2O \rightleftharpoons HA + OH^-$

【水の解離】 $2H_2O \rightleftharpoons H_3O^+ + OH^-$

の各反応が起こる.NaAの全濃度をC_b Mとすると,Aのマスバランスと溶液のチャージバランスはそれぞれ,

$$C_b=[HA]+[A^-] \tag{2.15}$$

$$[\mathrm{Na^+}]+[\mathrm{H_3O^+}]=[\mathrm{A^-}]+[\mathrm{OH^-}] \tag{2.16}$$

となる。ここで $[\mathrm{Na^+}]=C_\mathrm{b}$ であり，式(2.15)，(2.16)を式(2.4)に代入して $[\mathrm{HA}]$ と $[\mathrm{A^-}]$ を消去すると

$$K_\mathrm{a}=\frac{[\mathrm{H_3O^+}](C_\mathrm{b}+[\mathrm{H_3O^+}]-[\mathrm{OH^-}])}{[\mathrm{OH^-}]-[\mathrm{H_3O^+}]} \tag{2.17}$$

が得られる．式(2.17)に $[\mathrm{OH^-}]=K_\mathrm{w}/[\mathrm{H_3O^+}]$ を代入して得られる3次方程式より $[\mathrm{H_3O^+}]$ が計算できる．また，以下の近似が可能である．

〈近似1〉

溶液が塩基性，すなわち，$[\mathrm{OH^-}]\gg[\mathrm{H_3O^+}]$ のとき，式(2.17)は

$$K_\mathrm{a}=\frac{[\mathrm{H_3O^+}](C_\mathrm{b}-[\mathrm{OH^-}])}{[\mathrm{OH^-}]} \tag{2.18}$$

と近似でき，$[\mathrm{OH^-}]=K_\mathrm{w}/[\mathrm{H_3O^+}]$ を代入して整理すると，2次方程式

$$C_\mathrm{b}[\mathrm{H_3O^+}]^2-K_\mathrm{w}[\mathrm{H_3O^+}]-K_\mathrm{a}K_\mathrm{w}=0 \tag{2.19}$$

が得られ，$[\mathrm{H_3O^+}]$ が計算できる．

$$[\mathrm{H_3O^+}]=\frac{K_\mathrm{w}+\sqrt{K_\mathrm{w}^2+4K_\mathrm{a}K_\mathrm{w}C_\mathrm{b}}}{2C_\mathrm{b}} \tag{2.20}$$

〈近似2〉

溶液が塩基性，かつ塩の濃度が十分に高いとき，すなわち，$[\mathrm{OH^-}]\gg[\mathrm{H_3O^+}]$ かつ $C_\mathrm{b}\gg[\mathrm{OH^-}]$ のとき，式(2.18)はさらに

$$K_\mathrm{a}=\frac{C_\mathrm{b}[\mathrm{H_3O^+}]}{[\mathrm{OH^-}]} \tag{2.21}$$

と近似され，$[\mathrm{OH^-}]=K_\mathrm{w}/[\mathrm{H_3O^+}]$ より

$$[\mathrm{H_3O^+}]=\sqrt{\frac{K_\mathrm{a}K_\mathrm{w}}{C_\mathrm{b}}} \tag{2.22}$$

が導かれる．

d. 塩基と塩基の塩

弱塩基，弱塩基の塩の各溶液についても，同様の考え方で $\mathrm{H_3O^+}$ 濃度を求める式が誘導できる．ここでは最終的な近似式のみ示し，誘導は章末問題とした．

（ⅰ）弱塩基（$\mathrm{NH_3}$ など）の溶液のオキソニウムイオン濃度： 塩基性で塩基の濃度（C_b）が高いとき，すなわち，$[\mathrm{OH^-}]\gg[\mathrm{H_3O^+}]$ かつ $C_\mathrm{b}\gg[\mathrm{OH^-}]$ のとき，

$$[\mathrm{H_3O^+}] = \sqrt{\frac{K_a K_w}{C_b}} \qquad (2.23)$$

（ii） 弱塩基の塩（$\mathrm{NH_4Cl}$ など）の溶液のオキソニウムイオン濃度： 酸性で塩濃度（C_a）が高いとき，すなわち，$[\mathrm{H_3O^+}] \gg [\mathrm{OH^-}]$ かつ $C_a \gg [\mathrm{H_3O^+}]$ のとき

$$[\mathrm{H_3O^+}] = \sqrt{K_a C_a} \qquad (2.24)$$

e．緩衝溶液

弱酸や弱塩基とその塩からなる共役酸塩基対の溶液は，pH 緩衝溶液としてはたらく．溶液の pH は化学反応をコントロールするうえで非常に大切で，たとえば，人間の血液はつねに pH 7.4 に保たれており，静脈血と動脈血でわずか 0.02 の差しかない．

弱酸 HA を C_a M とその塩 NaA を C_b M 含む溶液をつくったとしよう．溶液中では【酸の解離】，【塩基の加水分解】，【水の解離】の各平衡が成り立つ．A のマスバランスと溶液のチャージバランスはそれぞれ

$$C_a + C_b = [\mathrm{HA}] + [\mathrm{A^-}]$$
$$C_b + [\mathrm{H_3O^+}] = [\mathrm{A^-}] + [\mathrm{OH^-}]$$

で表され，次の基本式が導かれる．

$$K_a = \frac{[\mathrm{H_3O^+}](C_b + [\mathrm{H_3O^+}] - [\mathrm{OH^-}])}{C_a - [\mathrm{H_3O^+}] + [\mathrm{OH^-}]} \qquad (2.25)$$

$C_b = 0$ のときは弱酸溶液に対する式(2.10)と同じであり，$C_a = 0$ のときは塩溶液

---

pH（ピーエイチ）

pH は次のように定義されている．

$$\mathrm{pH} = -\log a_\mathrm{H} = -\log \gamma_\mathrm{H}[\mathrm{H_3O^+}] = \mathrm{p}[\mathrm{H_3O^+}] - \log \gamma_\mathrm{H}$$

ここで a_H, γ_H, $[\mathrm{H_3O^+}]$ はオキソニウムイオンの活量，活量係数，濃度である．水溶液中の pH は，正確に $0.05 \ \mathrm{mol \ kg^{-1}}$ のフタル酸水素カリウム水溶液の pH を基準に測定される．その値は 25 ℃で 4.005 と定められている．本書では簡単のため $\mathrm{pH} = -\log[\mathrm{H_3O^+}]$ として扱うことにするが，溶液中に 0.1 M の NaCl や $\mathrm{NaClO_4}$ などの塩が共存するとき，$\gamma_\mathrm{H} = 0.8$ であり，$-\log[\mathrm{H_3O^+}]$ は $-\log a_\mathrm{H}$ より約 0.1 だけ小さくなる．また，共存する塩の濃度によって，γ_H は変化する．

に対する式(2.17)と同じになる．$[OH^-]=K_w/[H_3O^+]$ を代入すると3次方程式が得られ，任意の酸，塩濃度の緩衝溶液の pH を算出することができる．また，次のように近似してみよう．

〈近似1〉

溶液が酸性，すなわち，$[H_3O^+] \gg [OH^-]$ のとき，式(2.25)は

$$K_a = \frac{[H_3O^+](C_b+[H_3O^+])}{C_a-[H_3O^+]}$$

と近似でき，$[H_3O^+]^2+(C_b+K_a)[H_3O^+]-K_aC_a=0$ より pH が求められる．

〈近似2〉

弱酸およびその塩の濃度が十分に高いとき，すなわち C_a, $C_b \gg [H_3O^+]$, $[OH^-]$ のとき，

$$K_a = \frac{[H_3O^+]C_b}{C_a}$$

書き直すと

$$pH = pK_a - \log\frac{C_a}{C_b} \tag{2.26}$$

となり，緩衝溶液の pH を計算するのに大変便利な式が得られる．

例として 0.1 M 酢酸と 0.1 M 酢酸ナトリウムを含む溶液について考えてみよう．溶液の pH は

$$pH = 4.76 - \log\frac{0.1}{0.1} = 4.76$$

となる．この溶液に 0.01 M となるように水酸化ナトリウムを加えたとしよう．酢酸の一部が中和され，

$$pH = 4.76 - \log\frac{0.1-0.01}{0.1+0.01} = 4.85$$

となるが，pH はわずか 0.09 しか変化しない．ところが，これが純水であれば pH は 7 から 12 へと大きく変化することになる．この例からわかるように C_a と C_b の値が大きいほど緩衝作用は強く，また $C_a=C_b$ のとき $pH=pK_a$ であり，もっとも強い緩衝能を示す．

最後に，リン酸を取り上げて，少し複雑な多塩基酸の水溶液中での解離を考えてみよう．リン酸は食品や医薬品の pH を維持するための添加物としても利用されているが，その酸解離反応と平衡定数は次のとおりである．

$$H_3PO_4 + H_2O \rightleftarrows H_3O^+ + H_2PO_4^- : K_{a1} = \frac{[H_3O^+][H_2PO_4^-]}{[H_3PO_4]} = 10^{-2.15}$$

$$H_2PO_4^- + H_2O \rightleftarrows H_3O^+ + HPO_4^{2-} : K_{a2} = \frac{[H_3O^+][HPO_4^{2-}]}{[H_2PO_4^-]} = 10^{-7.20}$$

$$HPO_4^{2-} + H_2O \rightleftarrows H_3O^+ + PO_4^{3-} : K_{a3} = \frac{[H_3O^+][PO_4^{3-}]}{[HPO_4^{2-}]} = 10^{-12.35}$$

また,水の解離も忘れてはならない.

$$2H_2O \rightleftarrows H_3O^+ + OH^-$$

よってリン酸の全濃度を C_a M とすると,これまでと同じ考え方で,リン酸のマスバランスは

$$C_a = [H_3PO_4] + [H_2PO_4^-] + [HPO_4^{2-}] + [PO_4^{3-}]$$

溶液のチャージバランスは

$$[H_3O^+] = [H_2PO_4^-] + 2[HPO_4^{2-}] + 3[PO_4^{3-}] + [OH^-]$$

となる.以上の関係から $[H_3O^+]$ に関して5次の方程式が導かれるが,次のように近似することができる.マスバランスの式から,ある pH におけるそれぞれのリン酸化学種の存在割合,すなわち,$[H_nPO_4^{(3-n)-}]/C_a$ を求めることができ,図 2.2 のようになる(計算方法は省略するが,3章 3.2 の式 (3.1) から式 (3.4) と同じ考え方である).pH が高くなるに従って,$H_3PO_4 \rightarrow H_2PO_4^- \rightarrow HPO_4^{2-} \rightarrow PO_4^{3-}$ と解離が進行する様子がわかる.pH 5 以下では H_3PO_4 と $H_2PO_4^-$ が,pH 5 から 10 では $H_2PO_4^-$ と HPO_4^{2-} が,pH 10 以上では HPO_4^{2-} と PO_4^{3-} が主な存在種である.したがって,リン酸溶液も pH の範囲を限れば,先に説明した弱酸 HA の解離

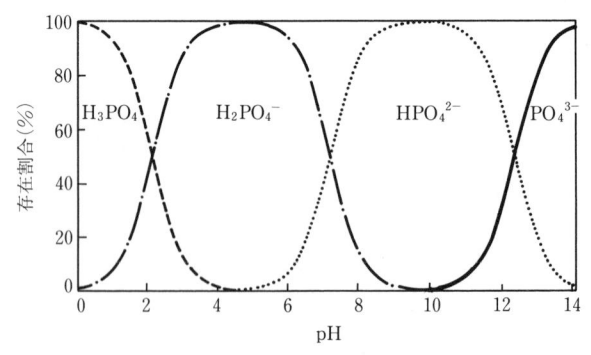

図 2.2 リン酸の解離と化学種の分布

のための式(2.10)を考えればよいことがわかるだろう．

図2.2は，リン酸およびリン酸塩溶液のpH緩衝作用についても重要な知見を与えている．先に示したように共役酸塩基対それぞれの濃度が等しいときに，溶液のpHはその酸のpK_aと一致し，緩衝能が最大になる．したがって，H_3PO_4と$H_2PO_4^-$塩溶液はpH 1から3付近の，$H_2PO_4^-$とHPO_4^{2-}塩溶液はpH 6から8付近の緩衝溶液となることが理解できよう．

2.4 中和滴定とその応用

a. 滴定曲線

これまで，酸，塩基そして塩の水溶液のpHが，それらの濃度とどのような関係があるかを考えてきた．今度は，酸あるいは塩基の溶液に塩基あるいは酸の溶液を連続的に加えたとき，その溶液のpHがどのように変化するのか調べてみよう．強酸-強塩基の例として，0.1 Mの塩酸溶液10 mlに0.1 M水酸化ナトリウムを少しずつ加えていくと，溶液中では

$$H_3O^+ + OH^- \longrightarrow 2H_2O$$

の中和反応が進む．溶液のpHの変化の様子を図2.3に示すが，初めpHは徐々に高くなるが，pH 3からpH 11まで大きなpHジャンプが起こり，その後は，また

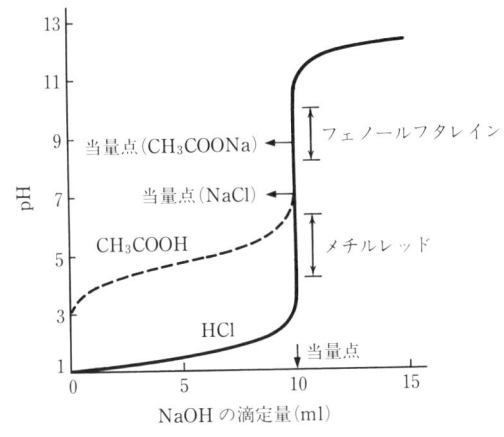

図2.3 0.1 M NaOHによる0.1 M HCl(10 ml)および0.1 M CH_3COOH(10 ml)の滴定

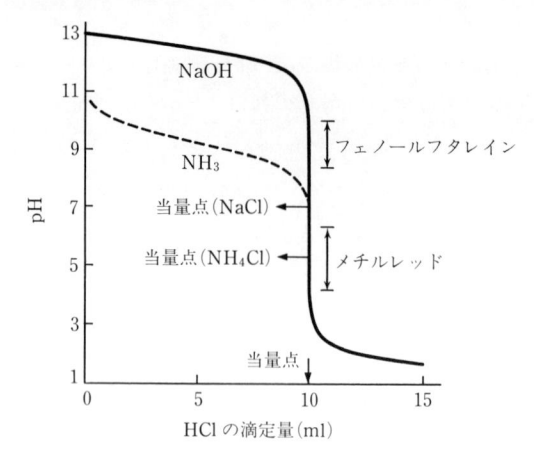

図 2.4 0.1 M HCl による 0.1 M NaOH (10 ml) および 0.1 M NH_3 (10 ml) の滴定

ゆっくりと pH が上がっている．NaOH 溶液を 10 ml 加えた点がこの中和反応の当量点である．当量点では NaCl 溶液となり pH は 7.0 である．

図 2.3 には 0.1 M の酢酸の滴定曲線ものせてある．酢酸は弱酸であるので中和反応は

$$CH_3COOH + OH^- \longrightarrow CH_3COO^- + H_2O$$

と表される．pH ジャンプは HCl と比べて小さい．また，当量点では 0.05 M の CH_3COONa 溶液となり，その pH は式 (2.22) より容易に計算でき，8.7 である．HCl による塩基（NaOH および NH_3）の滴定においては当量点で高 pH から低 pH への pH ジャンプがみられる（図 2.4）．

少し複雑になるが，0.1 M NaOH による 0.1 M の H_3PO_4 の滴定を取り上げて，pH ジャンプが起こる理由について考えてみよう．H_3PO_4 の中和は

$$H_3PO_4 + OH^- \longrightarrow H_2PO_4^- + H_2O \tag{2.27}$$

$$H_2PO_4^- + OH^- \longrightarrow HPO_4^{2-} + H_2O \tag{2.28}$$

$$HPO_4^{2-} + OH^- \longrightarrow PO_4^{3-} + H_2O \tag{2.29}$$

のように 3 段階で進行する．図 2.5 の滴定曲線には，1 段目と 2 段目の中和の当量点では pH ジャンプがみられるが，3 段目の反応については現れていない．この図には NaOH の滴下とともに溶液中のリン酸の化学種がどのように変化していくかも示されている．1, 2 段階の反応の当量点でそれぞれ式 (2.27)，式 (2.28) の反

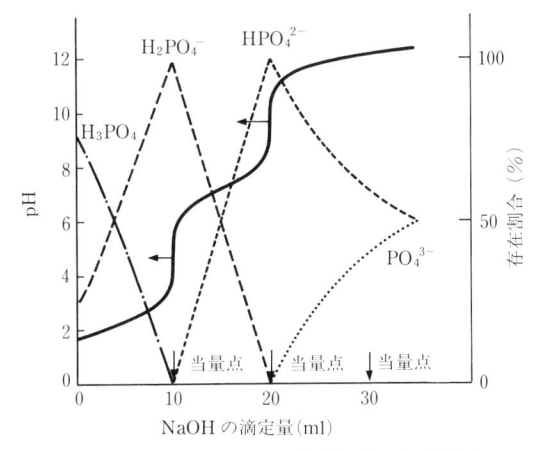

図 2.5 0.1 M NaOH による 0.1 M H_3PO_4 (10 ml) の滴定とリン酸化学種の存在割合（相対値）の変化

応が完結しているのがわかる．一方，3段階目のリン酸の酸解離は非常に起こりにくく，当量の OH^- が加えられても式(2.29)の中和反応はたかだか50％しか起こっていない．NaOHの滴下量が0から10 mlの部分では，H_3PO_4 と $H_2PO_4^-$ からなる緩衝溶液（NaOHの量が5 mlのとき pH＝pK_{a1}），10 mlから20 mlの部分では，$H_2PO_4^-$ と HPO_4^{2-} からなる緩衝溶液（NaOH量15 mlで pH＝pK_{a2}）となっており，pH変化は抑えられている．しかし，第1当量点では NaH_2PO_4 溶液，第2等量点では Na_2HPO_4 溶液となり，pHの緩衝能がなくなるのでpHの大きなジャンプが起こる．

b. 終点の検出

滴定の終点の決定はこのようなpHジャンプをいかに検出し，それを当量点に一致させるかということになる．酸塩基指示薬は，溶液中の H_3O^+ 濃度によって鋭敏に変色する染料であって，それ自身が弱酸（あるいは弱塩基）である．指示薬分子をHIndと表すと，その解離反応について

$$HInd + H_2O \rightleftharpoons H_3O^+ + Ind^-$$

$$pH = pK_a - \log \frac{[HInd]}{[Ind^-]}$$

が成り立ち，HIndと Ind^- で明瞭な色の違いがあれば，溶液のpHが pK_a と等しくなる点の前後で変色するはずである．したがって，滴定の当量点のpHに近い

表 2.2　代表的な酸塩基指示薬と変色域

指示薬	pH 範囲	酸性色-塩基性色
チモールブルー	1.2〜2.8	赤-黄
2,6-ジニトロフェノール	2.4〜4.0	無-黄
メチルオレンジ	3.1〜4.4	赤-橙黄
メチルレッド	4.2〜6.3	赤-黄
4-ニトロフェノール	5.0〜7.0	無-黄
ブロモチモールブルー	6.0〜7.6	黄-青
クレゾールレッド	7.2〜8.8	黄-赤
フェノールフタレイン	8.3〜10.0	無-紅
チモールフタレイン	9.3〜10.5	無-青
アリザリンイエロー GG	10.0〜12.0	無-黄

pK_a をもった指示薬を共存させておけばよいことになる．

表 2.2 に代表的な酸塩基指示薬とその変色の pH 範囲を示す．図 2.3, 2.4 の HCl や NaOH の滴定では pH ジャンプの範囲は非常に広く，チモールブルーとアリザリンイエロー GG 以外はいずれの指示薬でも使え，CH_3COOH の滴定ではフェノールフタレインが適している．一方，NH_3 の場合にはメチルレッドが最適で，フェノールフタレインを使うことはできない．

中和滴定による定量の下限について考えてみよう．図 2.6 と 2.7 にはそれぞれ異なった濃度の酢酸とアンモニアの滴定中の pH 変化が示されている．いずれの場合も，当量点前の部分では緩衝作用によって pH は大きく変化しないが，濃度の

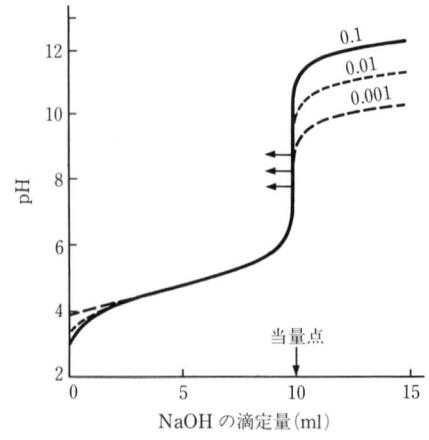

図 2.6　NaOH による CH_3COOH(10 ml) の滴定
それぞれの濃度は 0.1, 0.01, 0.001 M

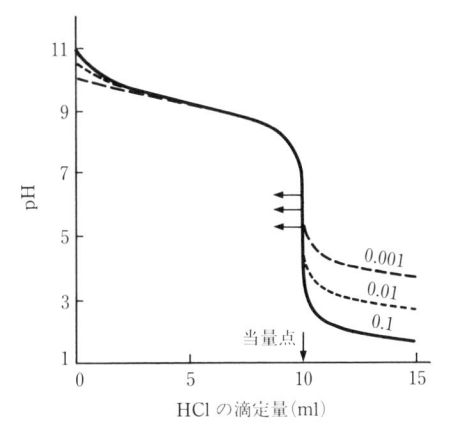

図 2.7 HCl による NH_3(10 ml) の滴定
それぞれの濃度は 0.1, 0.01, 0.001 M

低下とともに当量点での pH ジャンプの大きさは小さくなっている．終点検出に指示薬を用いる限り，その変色の pH 範囲以上の pH ジャンプが起こらなければ定量は困難である．図 2.6, 2.7 の例では，pH ジャンプの範囲と指示薬の変色域を考慮して適切な指示薬を選べば，0.001 M でも定量が可能であろう．

c. 応　用　例

最後に，中和滴定の巧妙な応用をみてみよう．NaOH は高純度の試薬であっても，空気中の CO_2 に長く触れると，その表面は Na_2CO_3 に変わる．一回の中和滴定によって，NaOH と Na_2CO_3 の両方を定量する方法がある．図 2.8 はその原理を示しており，HCl による 0.1 M の NaOH と Na_2CO_3 溶液それぞれの滴定曲線である．Na_2CO_3 は次のような二段階の中和反応に対応する二つの当量点をもつ．

$$CO_3^{2-} + H_3O^+ \longrightarrow HCO_3^- + H_2O$$

$$HCO_3^- + H_3O^+ \longrightarrow 2H_2O + CO_2$$

図 2.8 より，フェノールフタレインを指示薬にすると NaOH の当量点と Na_2CO_3 の第一等量点を同時に検出することができ，NaOH と Na_2CO_3 の物質量の合計が求まる．引き続きメチルオレンジを指示薬にして HCl で滴定すると，NaOH はすでに中和されているので，Na_2CO_3 の第二等量点から HCO_3^- の物質量（Na_2CO_3 の物質量に等しい）を求めることができ，両者の差から NaOH の物質量も計算できる．

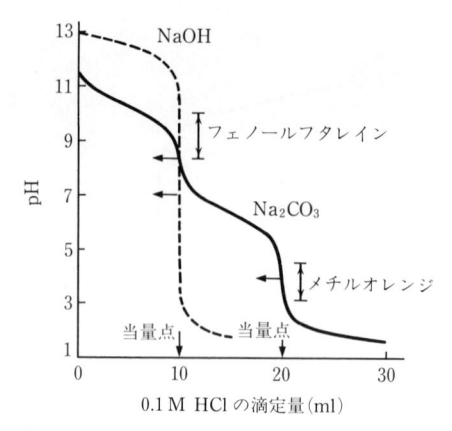

図 2.8 NaOH と Na_2CO_3 の分別定量の原理
ここでは，いずれも 0.1 M 溶液 10 ml を使用

中和滴定は酸性物質，塩基性物質の定量のほか，滴定中の溶液の pH を測定して滴定曲線を描き，その解析から酸・塩基の酸解離定数や金属イオンの錯生成定数の決定にも利用されている．

演習問題

2.1 0.1 M $NaHSO_4$ 溶液のマスバランスとチャージバランスを書け．

2.2 0.1 M Na_2CO_3 溶液のマスバランスとチャージバランスを書け．

2.3 水溶液中で次の物質から生じる酸の酸解離定数の式を書け．
NH_4Cl, Na_2CO_3

2.4 0.01 M の CH_3COOH 水溶液のオキソニウムイオン濃度を，20 ページにある二つの近似式を使って計算せよ．ただし，CH_3COOH の pK_a を 4.76, pK_w を 14 とする．

2.5 問 2.4 において，CH_3COOH 濃度が 1×10^{-4} M ではどうか．

2.6 0.1 M の CH_3COONa 溶液の pH を計算せよ．

2.7 0.1 M Na_2CO_3 溶液の pH を計算せよ．ただし，H_2CO_3 の pK_{a1} を 6.34, pK_{a2} を 10.25, pK_w を 14 とする．

2.8 NH_3 水溶液のオキソニウムイオンの濃度を求める式を誘導せよ．近似の手順も詳しく説明すること．

2.9 NH_4Cl 水溶液のオキソニウムイオンの濃度を求める式を誘導せよ．近似の手順

も詳しく説明すること．

2.10 0.01 M の CH_3COOH，100 ml に 0.02 M の NaOH を 5 ml，25 ml，45 ml 加えたときの溶液の pH を計算せよ．

3 錯形成反応とキレート滴定

- Lewis の酸塩基の概念
- 金属イオンと配位原子の親和性
- 水溶液中の錯形成平衡の取扱い
- キレート滴定の終点決定の原理
- 環境分析への応用

3.1 Lewis の酸塩基と錯形成

a. 酸塩基の分類とそれらの親和性

2章でふれた Lewis の酸塩基の概念をもう少し考えてみよう．Lewis によれば**酸とは電子対受容体，塩基とは電子対供与体**であり，配位化合物の生成反応を酸塩基反応として説明することができる．たとえば水素イオンとアンモニアの反応は次のように表される．

$$H^+ + :\underset{H}{\overset{H}{N}}:H \rightleftharpoons [H:\underset{H}{\overset{H}{N}}:H]^+$$

H^+ は NH_3 の窒素原子の孤立電子対を受け入れているので酸，NH_3 は窒素原子の孤立電子対を H^+ に提供しているので塩基となる．また，NH_3 は，Cu^{2+}, Zn^{2+}, Ag^+ などの金属イオンと反応して錯イオン（金属錯体）を生じる．たとえば，Ag^+ とは次のような錯イオンを生じる．

$$Ag^+ + 2:\underset{H}{\overset{H}{N}}:H \rightleftharpoons H:\underset{H}{\overset{H}{N}}:Ag^+:\underset{H}{\overset{H}{N}}:H$$

この場合も，NH_3 の窒素原子の孤立電子対が Ag^+ に供与されており，Ag^+ は酸，NH_3 は塩基である．Lewis の定義に従えば，金属イオンはすべて酸である．一方 Lewis の塩基はプロトン受容体ともなるので，Brønsted の塩基でもある．また，金属錯体中の Lewis 塩基は普通，配位子とよばれる．

金属錯体は Lewis の酸塩基反応の生成物である．それでは，その反応の起こりやすさについてはどのように理解したらよいのだろうか．Brønsted の酸塩基の場合には，H^+ との親和性によって，2 章の表 2.1 のような塩基性（あるいは酸性）の順番をつけることができた．Lewis の酸塩基についてもそのような順番があるのだろうか．確かに，もっとも弱い塩基である ClO_4^- が，水溶液中ではどの金属イオンともほとんど錯形成しないことは事実であるが，一般に，塩基の反応性の順番は，金属イオンによって大きく異なっている．たとえば，Al^{3+} は F^- と安定な錯体をつくるが，S^{2-} とはまったく反応しない．ところが，Hg^{2+} は F^- とよりも，S^{2-} と安定な錯体を形成する．このように，金属イオンと配位子の親和性には単純な序列はない．しかしながら，次のように金属イオンをいくつかのグループに分けると，そのグループ内では金属イオンと配位子との親和性に，はっきりとした傾向がみえてくる．

金属イオンは次の三つのグループに分類できる．一つは上記の Al^{3+} のように，プロトンとの親和性の大きな配位子，すなわち Brønsted 塩基性の高い配位子とより強く結合するもので，a グループとする．第二のグループ (b グループ)* は上記の Hg^{2+} のように，配位子のプロトン親和性とはまったく関係がないもので，も

表 3.1 Lewis 酸の分類と塩基との親和性

Lewis 酸		
a グループ	中　間	b グループ
H^+ Li^+ Na^+ K^+ Be^{2+} Mg^{2+} Ca^{2+} Sr^{2+} Mn^{2+} Al^{3+} Ga^{3+} In^{3+} Sc^{3+} La^{3+} Gd^{3+} Lu^{3+} Cr^{3+} Fe^{3+} Co^{3+} Ti^{3+} Zr^{4+} Th^{4+} Pu^{3+}	Fe^{2+} Co^{2+} Ni^{2+} Cu^{2+} Zn^{2+} Sn^{2+} Pb^{2+} Sb^{3+} Bi^{3+} Rh^{3+} Ir^{3+}	Cu^+ Ag^+ Au^+ Tl^+ Hg^+ Cd^{2+} Hg^{2+} CH_3Hg^+ Pt^{2+} Pd^{2+}
Lewis 塩基		
F^- Cl^- $O(-O^-$基，$-COO^-$基など) $N(NH_3, NR_3$ など)	Br^-	I^- $S(-S^-$基など) $P(PR_3$ など) $C(CO, CN^-$ など)

* イオンの分極性の違いから a，b グループの金属をそれぞれハードな (かたい) 酸，ソフトな (やわらかい) 酸，また，それらと親和性のある配位子をそれぞれハードな (かたい) 塩基，ソフトな (やわらかい) 塩基といういい方もある．

う一つは，aとbの中間的な性質を示す金属イオンのグループである．それぞれの代表例を表3.1に示す．aグループにはH^+，Al^{3+}属のほかアルカリ金属(I)，アルカリ土類金属(II)，第一遷移金属(III)，希土類金属(III)などが含まれる．それらに対する塩基（配位子あるいは配位原子）の親和性の順番は次のようになる．

$F^- > Cl^- > Br^- > I^-$

$O \gg S > Se > Te$

$N \gg P > As > Sb > Bi$

一方，bグループには原子番号が大きくて酸化数の低い金属イオンが多く含まれていて，塩基（配位子あるいは配位原子）の親和性の順番は次のようになる．

$F^- < Cl^- < Br^- < I^-$

$O \ll S \sim Se \sim Te$

$N \ll P > As > Sb > Bi$

以上の錯形成の基礎知識は，目的とする金属イオンと選択的に反応する配位子を探索するときの指針となる．

b. キレート

分子内に複数の配位原子をもつLewis塩基は，その構造にもよるが，一つの金属イオンに対して同時に二カ所以上で結合することができる．たとえばエチレンジアミン（en）は二つの窒素原子でCo^{2+}に結合する．

$$H_2N \underset{\searrow}{\overset{CH_2-CH_2}{\diagup\diagdown}} NH_2$$
$$Co^{2+}$$

このような配位子を二座配位子とよぶ．さらに三座配位子，四座配位子などがあり，これらは多座配位子と総称される．このen錯体の構造をみると，多座配位子は，ちょうど"かに"がはさみで獲物をつかむように中心金属に結合して環を形成している．そこで，このような金属錯体をキレート（ギリシャ語で"かにのはさみ"を意味する）といい，多座配位子をキレート試薬という．キレート試薬は対応する単座配位子よりも，はるかに安定な錯体を形成する(**キレート効果**)ので，滴定を初めとするいろいろな化学分析において多用されている．図3.1には代表的なキレート試薬の構造を示す．キレート滴定においてよく用いられるエチレンジアミン四酢酸（EDTA）は，アミノ基の窒素原子二つとカルボキシル基の酸素

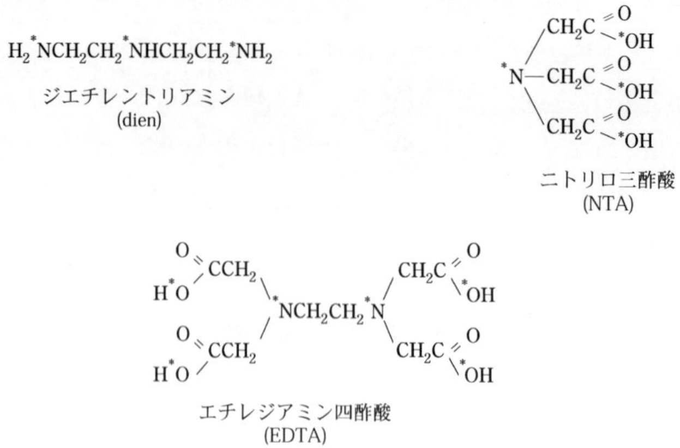

H₂*NCH₂CH₂*NHCH₂CH₂*NH₂
ジエチレントリアミン
(dien)

ニトリロ三酢酸
(NTA)

エチレジアミン四酢酸
(EDTA)

図 3.1　キレート試薬
＊は配位原子

原子四つを配位原子とする六座配位子であり，多くの金属イオンと非常に安定なキレートを形成する．

3.2　錯形成平衡

　錯形成反応を用いた分析法において，実験条件を最適化しようとするとき，錯形成平衡の定量的な理解はなくてはならないものである．2.2節で述べた溶液内の化学平衡と平衡定数の一般的な取扱いに従って考えていこう．

　水溶液中に"裸の"プロトンが存在しないのと同様に，"裸の"金属イオンもまた存在しない．金属イオンも水分子に取り囲まれて水和している．多くの金属イオンでは，その水和は主に水分子の配位結合によるものと考えられており，結合できる水分子の数（配位数）は決まっている．したがって水溶液中での錯形成反応は，金属イオンに配位している水分子と別の配位子との間の置換反応と考えなければならない．コバルト(II)とアンモニアの錯形成反応を例に考えてみよう．いくつかの実験結果からコバルト(II)は，水溶液中では八面体構造をもった $Co(H_2O)_6^{2+}$ として存在すると考えられている．錯形成反応が H_2O（配位水）と NH_3 の置換反応によるとすれば，NH_3 の濃度を高くしていくにつれて，六個の水分子は NH_3 分子によって次々に置換されていくことになる．

$$Co(H_2O)_6^{2+} + NH_3 \rightleftharpoons Co(H_2O)_5(NH_3)^{2+} + H_2O$$
$$Co(H_2O)_5(NH_3)^{2+} + NH_3 \rightleftharpoons Co(H_2O)_4(NH_3)_2^{2+} + H_2O$$
$$Co(H_2O)_4(NH_3)_2^{2+} + NH_3 \rightleftharpoons Co(H_2O)_3(NH_3)_3^{2+} + H_2O$$
$$\vdots$$
$$Co(H_2O)(NH_3)_5^{2+} + NH_3 \rightleftharpoons Co(NH_3)_6^{2+} + H_2O$$

平衡定数を定義する際，溶媒である水は考慮しなくてもよいので，これらの式は次のように一般化できる（金属イオン，配位子を M, L とし，電荷を省略する）．

$$ML_{n-1} + L \rightleftharpoons ML_n$$

その平衡定数 K_n は逐次生成定数あるいは逐次安定度定数とよばれる．

$$K_n = \frac{[ML_n]}{[ML_{n-1}][L]}$$

また，以上の反応は次のように表現することもできる．

$$Co(H_2O)_6^{2+} + NH_3 \rightleftharpoons Co(H_2O)_5(NH_3)^{2+} + H_2O$$
$$Co(H_2O)_6^{2+} + 2NH_3 \rightleftharpoons Co(H_2O)_4(NH_3)_2^{2+} + 2H_2O$$
$$Co(H_2O)_6^{2+} + 3NH_3 \rightleftharpoons Co(H_2O)_3(NH_3)_3^{2+} + 3H_2O$$
$$\vdots$$
$$Co(H_2O)_6^{2+} + 6NH_3 \rightleftharpoons Co(NH_3)_6^{2+} + 6H_2O$$

一般化すると，

$$M + nL \rightleftharpoons ML_n$$

$$\beta_n = \frac{[ML_n]}{[M][L]^n}$$

β_n は全生成定数あるいは全安定度定数とよばれ，K_n とは次の関係にある．

$$\beta_n = K_1 K_2 K_3 \cdots K_n$$

β_n は平衡の計算に特によく用いられる．

自然界において金属イオンが，いったいどのような錯体をどのくらい生成しているのかを明らかにすることは，分析化学の目標の一つともいえる．しかし，上記のコバルト(II)とアンモニアのように，わずか二つの物質を含む溶液でも様々な錯体が生成し，実験によって個々の錯体を分析して，同定，定量することは容易なことではない．しかしながら，あらかじめ個々の錯体の生成定数が求められていれば，比較的簡単な計算によって，それらの存在量が予測できる．様々な配位子を含む海水中の金属イオンの存在状態なども，そのような考え方に基づいて予測されている．

上記のコバルト(II)とアンモニアの錯形成平衡を考えてみよう．コバルト(II)の全濃度をC_Mとすると，そのマスバランスは次のようになる．

$$C_M = [Co^{2+}] + [Co(NH_3)^{2+}] + [Co(NH_3)_2^{2+}] + [Co(NH_3)_3^{2+}]$$
$$+ [Co(NH_3)_4^{2+}] + [Co(NH_3)_5^{2+}] + [Co(NH_3)_6^{2+}] \tag{3.1}$$

この式にそれぞれのアンミン錯体の全生成定数，β_1からβ_6を代入すると

$$C_M = [Co^{2+}] + \beta_1[Co^{2+}][NH_3] + \beta_2[Co^{2+}][NH_3]^2 + \beta_3[Co^{2+}][NH_3]^3$$
$$+ \beta_4[Co^{2+}][NH_3]^4 + \beta_5[Co^{2+}][NH_3]^5 + \beta_6[Co^{2+}][NH_3]^6 \tag{3.2}$$

が得られる．式(3.2)を変形するだけで，それぞれの錯体の存在割合を求めることができる．たとえば，水和イオンCo^{2+}の割合は

$$\frac{[Co^{2+}]}{C_M} = \frac{1}{1 + \beta_1[NH_3] + \beta_2[NH_3]^2 + \beta_3[NH_3]^3 + \beta_4[NH_3]^4 + \beta_5[NH_3]^5 + \beta_6[NH_3]^6} \tag{3.3}$$

また$Co(NH_3)^{2+}$の割合は

$$\frac{[Co(NH_3)^{2+}]}{C_M} = \frac{\beta_1[NH_3]}{1 + \beta_1[NH_3] + \beta_2[NH_3]^2 + \beta_3[NH_3]^3 + \beta_4[NH_3]^4 + \beta_5[NH_3]^5 + \beta_6[NH_3]^6} \tag{3.4}$$

以下同様に，すべての化学種が計算できる．計算結果をアンモニアの濃度に対してプロットしてみよう（図3.2）．アンモニア濃度を高くするにつれて，次々と高次のアンミン錯体が生成する様子がよくわかる．

つぎに溶液のpHの影響を考えてみよう．なおこれ以降，簡単のためオキソニウムイオンをH^+によって表すことにする．NH_3はH^+とも結合する．

$$H^+ + NH_3 \rightleftharpoons NH_4^+$$

したがって，H^+濃度が高くなるとNH_4^+が増加し，Co^{2+}と錯形成できるNH_3が

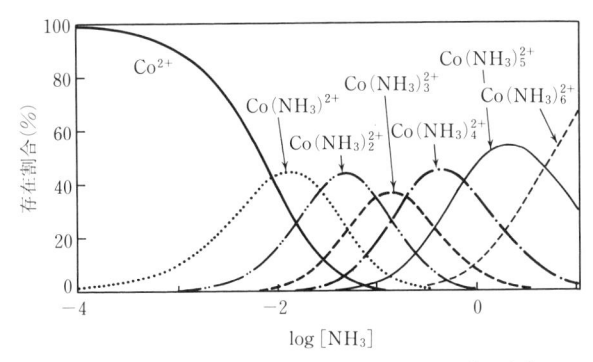

図 3.2 NH_3 濃度の関数としての Co^{2+}-NH_3 錯体の生成

減少することになる.図 3.3(a)は,全濃度が 1 M のアンモニア溶液中で,NH_3 濃度が pH によってどのように変化するかを示している.pH の低下とともに NH_3 濃度が減少している.その結果として,図 3.3(b)の錯形成に対する pH の影響は,図 3.2 とよく似たグラフとなっている.配位子である Lewis 塩基はプロトンと結合しやすいものが多く,錯形成反応においては,溶液の pH コントロールが非常に大切であることが理解できよう.

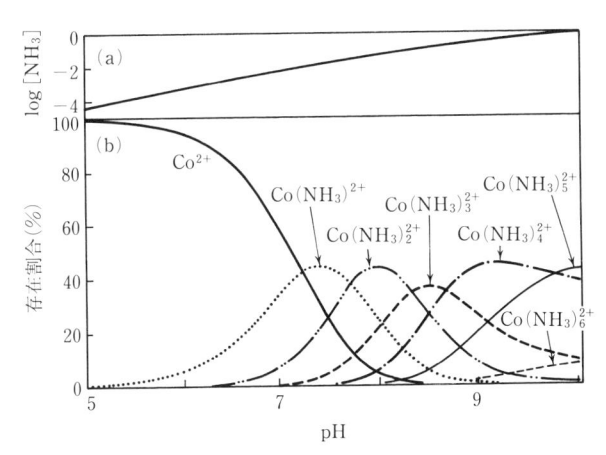

図 3.3 pH の関数としての Co^{2+}-NH_3 錯体の生成
アンモニアの全濃度は 1 M で Co^{2+} の全濃度に対し大過剰

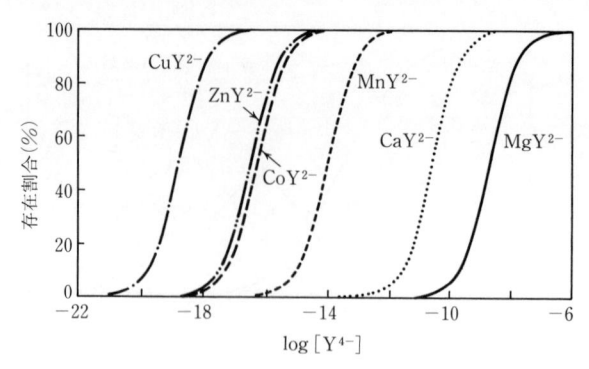

図 3.4　Y^{4-}（EDTA の解離種）濃度の関数としての
　　　　いろいろな MY^{2-} 錯体の生成

　キレート滴定で使用される EDTA の錯形成について考えてみよう．このキレート試薬の特徴は，多くの金属イオンと非常に安定な 1:1 の錯体を形成することにある．また，四つのプロトンをもつ多塩基酸であり，金属イオンとの錯形成反応は溶液の pH に強く影響される．EDTA を H_4Y と表すと，溶液中の平衡は次のようになる（水の解離は省く）．

$$H_4Y \rightleftarrows H^+ + H_3Y^-$$
$$H_3Y^- \rightleftarrows H^+ + H_2Y^{2-}$$
$$H_2Y^{2-} \rightleftarrows H^+ + HY^{3-}$$
$$HY^{3-} \rightleftarrows H^+ + Y^{4-}$$
$$M^{n+} + Y^{4-} \rightleftarrows MY^{(n-4)+}$$

また，まとめて次のように書くこともできる．

$$M^{n+} + H_mY^{(4-m)-} \rightleftarrows MY^{(n-4)+} + mH^+$$

最後の反応式をみると，金属イオンの錯形成が H^+ との競争であることがよくわかる．

　アルカリ土類金属(II)および第一遷移金属(II)の EDTA キレートの生成の様子を図 3.4 に示す．いずれの金属イオンも，図 3.2 の Co^{2+}-アンミン錯体と比べて，錯形成に必要な配位子の濃度ははるかに低くなっている．これは EDTA がいかに安定なキレートをつくるかを示している．生成定数，$\beta_1 = [MY^{2-}]/[M^{2+}][Y^{4-}]$ の大きな金属イオンほど，Y^{4-} がより低濃度でもキレートを形成している．

　EDTA は，溶液の pH が低くなるにつれて，Y^{4-} から H_4Y まで段々と変化して

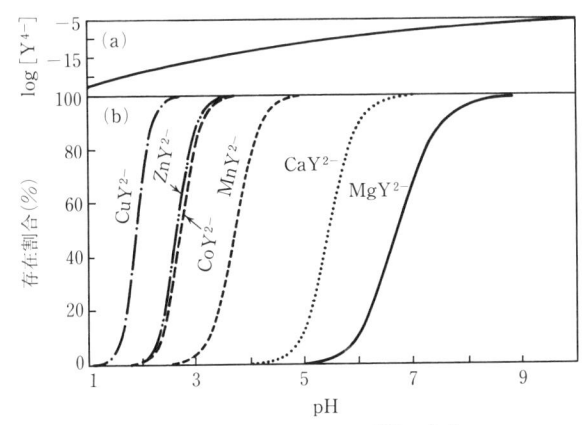

図 3.5 pH の関数としてのいろいろな MY^{2-} 錯体の生成
EDTA の全濃度は 1×10^{-5} M，また金属濃度は無視できるものとする

いく．図 3.5(a)は，1×10^{-5} M の EDTA 溶液中の Y^{4-} 濃度が，pH によってどのように変化するかを示したものであり，たとえば pH 3 では，Y^{4-} 濃度は EDTA 全濃度のわずか 10^{10} 分の 1 となっている．このような Y^{4-} のプロトン化のため，EDTA キレートの生成における pH の影響は図 3.5(b)のようになる．安定なキレートを生成する Cu^{2+} や Zn^{2+} は，Ca^{2+} や Mg^{2+} より低い pH でキレートを生成することがわかる．

a．マスキング

錯形成反応の重要な応用に妨害金属イオンのマスキングがある．これはある分析試薬に対して，目的金属イオンと競争的に反応して分析の妨害となるようなイオンを，適当な錯形成剤によって分析試薬と反応できない化学種に変化させる方法である．たとえば，図 3.5 の系に 1 M のアンモニアを共存させてみよう（図 3.6）．それぞれの金属イオンに対して EDTA（Y^{4-}）と NH_3 が競争的に錯形成することになる．NH_3 と錯形成しにくい Ca^{2+} と Mg^{2+} はわずかしか影響されないが，NH_3 と強く錯形成する遷移金属イオンは大きな影響を受けている．とくに，NH_3 錯体の生成定数の大きな Cu^{2+} と Zn^{2+} の場合は，pH 7 から 10 で一部が EDTA キレートとなるだけで，それ以外の pH では EDTA とほとんど反応しなくなっている．したがって，アンモニアを用いて Cu^{2+} と Zn^{2+} をマスクし，Ca^{2+} や Mg^{2+} が EDTA と選択的に反応するようにできる．マスキングは滴定，沈殿，抽出などいろいろな分析法において用いられる重要な方法である．マスキング剤の例を表

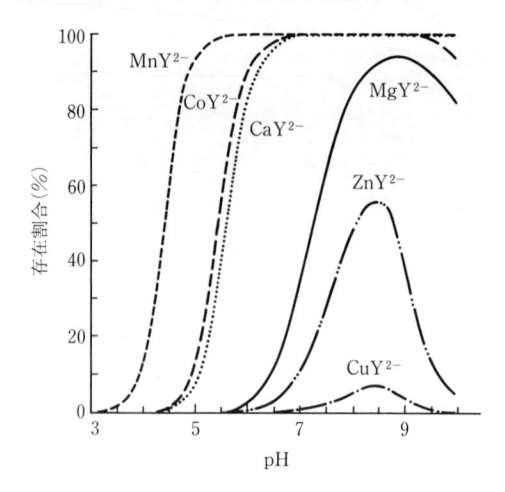

図 3.6　1 M のアンモニア共存下での MY^{2-} 錯体の生成
EDTA の全濃度は 1×10^{-5} M

表 3.2　金属イオンのマスキング剤の例

マスキング剤	マスクされる金属イオン
F^-	Al, Ba, Be, Ca, Co, Cr, Fe, La, Mg, Mn, Ni, Pb, Sc, Sr, Sn, Th, U
I^-	Ag, Au, Bi, Cd, Cu, Hg, Pb, Pd, Pt, Sn
NH_3	Ag, Au, Cd, Co, Cu, Ni, Pd, Pt, Zn
トリエタノールアミン	Al, Co, Cr, Fe, Hg, Mg, Mn, Pb, Pd, Sn, Th, V
EDTA	Al, Ba, Be, Ca, Cd, Co, Cr, Cu, Fe, Hg, La, Mg, Mn, Ni, Pb, Pd, Pt, Sc, Sn, Sr, Th, U, V, Zn
CN^-	Ag, Au, Cd, Co, Cu, Fe, Hg, Mn, Ni, Pd, Pt, V, Zn

3.2 に挙げておこう．表 3.1 の Lewis の酸塩基の親和性がうまく利用されていることがわかるだろう．

3.3　キレート滴定とその応用

　錯形成反応を利用した滴定法を一般に錯滴定という．この方法においては，いうまでもなく滴定剤である配位子の選択が重要である．目的の金属イオンと化学量論的に反応して，水に可溶で安定な錯体を生成するものでなければならない．またアンモニアの例のように，錯形成反応が段階的に逐次反応によって進行すると，多くの当量点をもつことになり複雑になる．ポリアミノカルボン酸は複数の

塩基性の窒素原子とカルボキシル基を有する多座配位子で，様々な誘導体が合成され市販されているが，その代表格がEDTAである．今日，錯滴定といえば，一般にEDTAを用いたキレート滴定を意味することが多い．

EDTAの利点は以下のとおりである．① 金属イオンと1：1の化学量論で反応し，非常に安定な水溶性キレートを生成する．② ほとんどすべての金属イオンと反応し，滴定に応用できる．③ 溶液のpH調整，マスキング剤の使用により，適当に選択性をもたせることができる．④ 高純度で扱いやすい試薬が供給されている*．

a. 滴定曲線

EDTAによる金属イオンの滴定反応は，たとえば金属(II)イオンを例にすると次のように書ける．

$$M^{2+} + H_nY^{(4-n)-} \longrightarrow MY^{2-} + nH^+$$

錯形成反応がpHに影響されることは既に学んだが，この式より滴定の進行とともに溶液中にオキソニウムイオンが放出されることがわかる．したがって，pHを

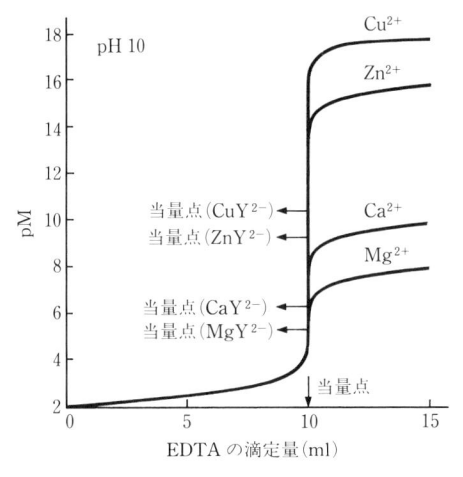

図 3.7　0.01 M EDTAによる0.01 M 金属(II)イオン(10 ml)の滴定

---

* 普通，EDTAの2ナトリウム塩，$Na_2H_2Y \cdot 2H_2O$ を純水に溶解して用いるが，その保存にはガラスびんなど金属類を含む材質の容器を用いてはいけない．保存中に金属が溶けだしてEDTAと反応することがある．またつくったEDTA溶液は，1章の図1.3に示したようにZn^{2+}の一次標準溶液を用いて標定する．

一定に保つために十分な緩衝能をもった緩衝溶液の使用は欠くことができない．中和滴定においては当量点において pH ジャンプが起こり，それが終点の決定に使われた．キレート滴定において，どのような変化が現れるのだろうか．図 3.7 には 0.01 M の EDTA を，pH 10 の 0.01 M の金属(II)イオン溶液に滴下していったときの溶液中の未反応（フリー）の金属(II)イオン濃度の変化を示している．いずれの金属イオンも当量点において，フリーの金属イオン濃度が急速に低下し，大きな pM （$=-\log[M^{2+}]$）ジャンプが生じている．その大きさは EDTA キレートの安定なものほど大きい．

当量点では $[MY^{2-}] \simeq C_M$ であり，$[M^{2+}]=[H_nY^{(4-n)-}] \simeq [Y^{4-}]$ と近似すると，当量点における pM は，金属イオンと EDTA との生成定数 β_1 を用いて次のように計算できる．

$$[M^{2+}] = \frac{[MY^{2-}]}{\beta_1[Y^{4-}]} \simeq \left(\frac{C_M}{\beta_1}\right)^{\frac{1}{2}}$$

$$pM = \frac{1}{2}(pC_M + \log \beta_1)$$

また，滴定における pH の影響は図 3.8 にみることができる．pH が低くなると pM ジャンプは小さくなる．生成定数のあまり大きくない Mg^{2+} の場合には，

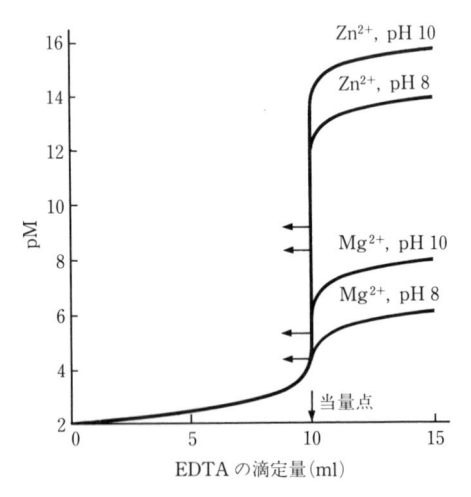

図 3.8　0.01 M EDTA による 0.01 M 金属(II)イオン(10 ml)の滴定における pH の影響

pH 10 以下では鋭い pM ジャンプは得られそうにない．

b. 終点の検出

キレート滴定の終点の検出には，この pM ジャンプを利用すればよい．すなわち，溶液中のフリーの金属イオンの濃度が変化することによって，色が変わるような物質を共存させておけばよい．このような働きをする物質を金属指示薬という．金属指示薬は Lewis 塩基であり，金属イオンと錯形成することによって，明瞭な色の変化を引き起こす．金属指示薬と目的金属との錯体は適度な安定性（生成定数）が必要である．安定性が高すぎると金属指示薬の錯体がなかなか解離せず，終点は当量点を越えることになり，反対に安定性が低すぎれば終点は当量点の前になってしまう．

Mg^{2+} や Zn^{2+} の滴定においてよく用いられるエリオクロムブラック T（BT あるいは EBT）の構造をみてみよう．

酸解離可能な水酸基と塩基性の窒素原子をもつ多座配位子で，金属イオンと有色のキレートを生成する．また BT は酸塩基指示薬の性質をもっており，溶液の pH によって次のように変色する．BT を H_3Ind と表すと

$$H_2Ind^- \text{（赤色）} \underset{}{\overset{pK_{a1}=6.3}{\rightleftharpoons}} H^+ + HInd^{2-} \text{（青色）} \underset{}{\overset{pK_{a2}=11.6}{\rightleftharpoons}} H^+ + Ind^{3-} \text{（橙色）}$$

pH 10 で Mg^{2+} が存在するときには，BT は次の反応によって赤色になる．

$$Mg^{2+} + HInd^{2-} \text{（青色）} \rightleftharpoons MgInd^- \text{（赤色）} + H^+$$

したがって，滴定の当量点前後で Mg^{2+} 濃度の急激な低下が起これば，$MgInd^-$ が解離して赤色から青色に変化する．この終点での変化は，次のように簡単に表すこともできる．

$$MgInd^- \text{（赤色）} + HY^{3-} \rightleftharpoons MgY^{2-} + HInd^{2-} \text{（青色）}$$

このような配位子の交換反応がうまく起こるためには，一般に金属指示薬の錯体の生成定数が，EDTA キレートの生成定数の 10 分の 1 から 100 分の 1 であるの

がよいとされている．

　以上の例からわかるように，キレート滴定においては pH の調整は非常に重要である．溶液の pH 調整には二つの意味があり，一つは EDTA と金属イオンとの反応の当量点において，十分な pM ジャンプが起こるようにすることであり，もう一つは金属指示薬の酸解離を調整して，pM ジャンプに伴って明瞭な色の変化が起こるようにすることである．上の Mg^{2+} の例では，最適 pH 範囲は 10～11 である．

c. 逆滴定

　キレート滴定においては，金属イオンと EDTA との反応が遅いために，溶液の加熱が必要だったり，直接滴定ができない場合さえある．これは錯形成反応が，金属イオンに配位している水分子と配位子との置換反応によって進行することと関係がある．一般に Cu^{2+} や Zn^{2+} のように，配位水分子の解離反応が速いものは配位子との錯形成反応も速いが，Al^{3+} や Cr^{3+} など配位水分子の解離が遅いものは，配位子との反応も非常に遅くなる．実際，後者の金属イオンは EDTA による直接滴定は困難であり，次にような逆滴定を用いなければならない．

　まず目的金属イオンの当量よりもやや過剰に EDTA を加えて煮沸し（反応速度を高めるため），金属イオンを完全に EDTA 錯体とする．その後，過剰量の（未反応の）EDTA を，Cu^{2+} や Bi^{3+} の標準溶液を用いて逆滴定する．Al^{3+} や Cr^{3+} の EDTA キレートは解離反応も十分に遅いので，逆滴定中に EDTA がキレートから解離してくる心配はない．初めに加えた EDTA の量と残った EDTA の量から，Al^{3+} や Cr^{3+} の量が決定できる．

　逆滴定法はこのほか，キレート試薬との錯形成に適した pH では，金属イオンが加水分解によって沈殿する場合や，目的金属イオンに対する適当な金属指示薬がないときに有効な方法である．ただし，目的金属イオンと EDTA の生成定数と，逆滴定に使用する金属イオンと EDTA の生成定数の差が十分になければ，大きな誤差が生じる．一般に $\log \beta$ で 7 以上の差が必要である．

d. 応用例

　キレート滴定は，金属標準溶液の標定に使われるほか，条件を整えれば 10^{-4} M の金属イオンでも定量できるので，実際の水質分析にも使われており，その用途は広い．

水に含まれる Ca^{2+} や Mg^{2+} は，セッケン（高級脂肪酸のナトリウム塩）と不溶性の塩をつくって洗浄効果をなくしたり，ボイラー内に炭酸カルシウムや水酸化マグネシウムからなる缶石（スケール）をつくってその効率を低下させる．Ca^{2+} と Mg^{2+} を多く含む水を硬水といい，生活用水や工業用水には適さないので，それらの量（硬度という）の測定は水質分析の重要な項目である．この分析にキレート滴定法が用いられている．その概要をみてみよう．

Ca^{2+} と Mg^{2+} を含む試料水に，NH_4Cl と NH_3 からなる緩衝溶液を加えてpHを10とし，金属指示薬としてBTを少量加えて，0.01 M EDTA標準溶液で滴定する．試料水中に重金属イオンが存在する場合にはKCN溶液を加えてマスクする．指示薬が赤色から青色に変わった点を終点とすると，Ca^{2+} と Mg^{2+} を合わせた含有量が求められる，次に試料水にKOHを加えてpHを12〜13として Mg^{2+} を水酸化物として沈殿させてマスクする．必要ならKCNにより妨害金属イオンもマスクし，指示薬としてNNの希釈粉末*を少量加えてEDTA標準溶液で滴定する．指示薬が赤色から青色に変わる点が終点であり，Ca^{2+} の含有量が求まる．両者の差から Mg^{2+} の含有量も算出できる．

演習問題

3.1 多くの金属イオン(M)は，加水分解によって水酸化物錯体 $[M(OH)]$ を生じる．この反応をBronsted-Lowryの酸塩基，ならびにLewisの酸塩基の概念を用いて説明せよ．

3.2 Cd^{2+} は水溶液中で I^- と1：1から1：4までの錯体を生成する．Cd^{2+} の全濃度を C_M，I^- 錯体の生成定数をそれぞれ $\beta_1, \beta_2, \beta_3, \beta_4$ として，
 (i) Cd^{2+} マスバランスを書け．
 (ii) I^- のマスバランスを書け．ただし，I^- の全濃度を C_I とする．
 (iii) Cd^{2+} のそれぞれの化学種の存在割合を表す式を導け．
 (iv) I^- の平衡濃度が0.001，0.01，0.1 M のとき，もっとも多く生成する Cd^{2+} 化学種の存在割合を計算せよ．ただし，必要な生成定数は巻末の付表の値を用いよ．

---

* NN希釈粉末： 1-(2-ヒドロキシ-4-スルホ-1-ナフチルアゾ)-2-ヒドロキシ-3-ナフトエ酸の粉末を無水の K_2SO_4 と混ぜて粉砕したもの．指示薬が溶液中で不安定なためこのようにして用いる．

3.3 Ag^+ は NH_3 と 1：1 および 1：2 の錯陽イオンを生成する．Ag^+ と NH_3 それぞれのマスバランスを生成定数 β_1, β_2 および NH_4^+ の酸解離定数 K_a を用いて書け．また，Ag^+-NH_3 錯陽イオンの生成に対する pH の影響を説明せよ．

3.4 0.01 M の EDTA (H_4Y) のマスバランスを書き，pH が，6, 8, 10 のとき，Y^{4-} 濃度を計算せよ．必要な定数は付表の値を用いよ．

3.5 0.001 M の EDTA と 0.001 M の Zn^{2+} を含む溶液がある．EDTA と Zn^{2+} のそれぞれのマスバランスを書け．

3.6 問 3.5 の溶液の pH が 10 のとき Zn^{2+} の平衡濃度を求めよ．

4 酸化還元反応と滴定への応用

- いろいろな酸化剤・還元剤の強さ
- 酸化還元平衡の理解
- 平衡定数と電位
- いろいろな酸化還元滴定と終点決定の原理
- 環境分析への応用

4.1 酸化剤と還元剤

　酸化還元反応は，ある原子から他の原子への電子の移動を伴う化学反応であり，原子の酸化数に変化が生じる．酸化還元反応は酸化還元滴定の基礎として重要なだけではない．自然界には様々な酸化剤や還元剤が存在しており，原子の酸化状態を知ることは，その原子を取り巻く環境の理解に役立つだろうし，またその原子のはたらきを解明するにはなくてはならない情報である．

　まず簡単な例で酸化還元反応の考え方を整理しよう．

$$Fe^{3+} + Cu^+ \rightleftharpoons Fe^{2+} + Cu^{2+} \tag{4.1}$$

単純なイオンの酸化数はイオンの電荷に等しいので，この反応により鉄の酸化数は3から2に減少し，銅の酸化数は1から2へと増加している．酸化数が増加する化学変化が酸化，酸化数が減少する化学変化が還元である．Fe^{3+} は Cu^+ を酸化するので酸化剤であり，それ自身は還元されている．一方，Cu^+ は Fe^{3+} を還元するので還元剤であり，それ自身は酸化されている．

　少し複雑な例を挙げてみよう．過マンガン酸イオン MnO_4^- と過酸化水素 H_2O_2 の反応はどのように書けるだろうか．一般に化合物中の酸素の酸化数は -2 であるので，MnO_4^- 中のマンガンの酸化数は7である．一方，過酸化物は $O-O^{2-}$ と考えられるので，例外的にその酸素の酸化数は -1 となる．酸性では MnO_4^- は Mn^{2+} を，H_2O_2 は O_2 を生成するので，マンガンの酸化数は7から2に減少し，酸素（H_2O_2）の酸化数は -1 から0に増加する．それぞれの原子の酸化数の変化が

等しくなるように反応式に係数をつけると次のようになる（もちろん反応式の左辺と右辺でイオンの電荷の和がそれぞれ等しくなることも確認しよう）．

$$2MnO_4^- + 5H_2O_2 + 6H^+ \rightleftarrows 2Mn^{2+} + 5O_2 + 8H_2O \tag{4.2}$$

2 mol の MnO_4^- によって 5 mol の H_2O_2 が酸化されている．

　原子の酸化数の変化は，電子の授受によって生ずる．酸化還元反応を酸化剤と還元剤それぞれの反応に分けて，次のように表すことができる．

　　　　酸化剤：　$Fe^{3+} + e^- \rightleftarrows Fe^{2+}$

　　　　還元剤：　$Cu^+ \rightleftarrows Cu^{2+} + e^-$

このように化学反応式に電子が含まれる式を半反応式という．これらの半反応式を足し合わせると電子が消去され元の式(4.1)となる．また式(4.2)の半反応は次のように書ける．

　　　　酸化剤：　$MnO_4^- + 8H^+ + 5e^- \rightleftarrows Mn^{2+} + 4H_2O$ 　　(4.3)

　　　　還元剤：　$H_2O_2 \rightleftarrows 2H^+ + O_2 + 2e^-$ 　　(4.4)

式(4.3)の係数を2倍，式(4.4)の係数を5倍して足し合わせると電子が消去でき，式(4.2)が得られる．

　半反応は一般に

　　　　酸化剤 + $ne^- \rightleftarrows$ 還元剤，あるいは，還元剤 $\rightleftarrows$ 酸化剤 + ne^-

と書くことができる．したがって，"酸化剤とは電子受容体であり，還元剤とは電子供与対である"と定義できる．Lewis の酸塩基の定義と似た表現であるが，混同しないようにしよう．

a. 標準電極電位

　酸化還元反応は，酸化剤と還元剤の半反応を組み合わせることによって表すことができた．いま，酸化剤を Ox_1，還元剤を Red_2 とするとそれぞれの半反応と全体の酸化還元反応は次のようになる．

$$Ox_1 + e^- \rightleftarrows Red_1$$
$$\underline{+)\ Red_2 \rightleftarrows Ox_2 + e^-\quad\quad\quad}$$
$$Ox_1 + Red_2 \rightleftarrows Red_1 + Ox_2$$

最後の反応を右に進ませるためには，Ox_1 が Ox_2 よりも強い酸化剤で，Red_2 が Red_1 よりも強い還元剤であればよい．ただし，Ox_1 の酸化力が強ければ対応する Red_1 の還元力は弱くなるので，結局，Ox_1 が Ox_2 よりも強い酸化剤であること

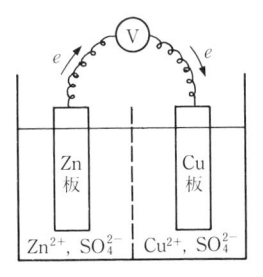

図4.1 ダニエル電池

が条件となる．

　それでは酸化剤の強さについて考えてみよう．いま図4.1のような装置を組み立てたとしよう．ビーカーは多孔質の素焼き板で仕切られており，左側には1Mの$ZnSO_4$溶液，右側には1Mの$CuSO_4$溶液が入っている．左の溶液にZnの金属板，右の溶液にCuの金属板を入れて，両者を電圧計の端子につなぐと約1.1Vをさすはずである．これはダニエル電池である．それぞれの電極で起こっている反応は，ZnとCuのイオン化傾向の違いを考慮すれば次のように書ける．

　　Cu極　　$Cu^{2+} + 2e^- \longrightarrow Cu$
　　Zn極　　$Zn \longrightarrow Zn^{2+} + 2e^-$

両式を足し合わせると全体の電池反応式，$Cu^{2+} + Zn \longrightarrow Cu + Zn^{2+}$ が得られる．すなわち Cu^{2+} を酸化剤，Zn を還元剤とする酸化還元反応が起こっていることがわかる．この電池の電圧（正しくは起電力という）は両極の電極電位* によって決まる．25°Cで標準状態（すべての物質の活量が1）における半反応の電位を標準電極電位（$E°$）とよぶ．$E°$ は還元反応の電位で表す習慣があるので，上のCuおよびZn極での半反応の $E°$ は次のように与えられる．

$$Cu^{2+} + 2e^- \rightleftharpoons Cu : \quad E_{Cu}° = 0.337 \text{ V} \qquad (4.5)$$
$$-) \ Zn^{2+} + 2e^- \rightleftharpoons Zn : \quad E_{Zn}° = -0.763 \text{ V} \qquad (4.6)$$
$$Cu^{2+} + Zn \rightleftharpoons Cu + Zn^{2+} : \quad E_s° = 1.100 \text{ V} \qquad (4.7)$$

全体の電池反応式(4.7)は，式(4.5)から式(4.6)を引くことによって得られるの

---

* 電位の測定には必ず二つの電極が必要である．電極電位は，一方の電極を電位の基準となっている標準水素電極 $\left(H^+ + e^- \rightleftharpoons \frac{1}{2} H_2 \right)$ （起電力が0V）とし，これといろいろな電極を組み合わせたときの電池の起電力となる．

で，対応する電極電位（標準起電力）$E_s°$ も同様に，$E_s° = E_{Cu}° - E_{Zn}°$ によって計算できる．得られた $E_s°$ はダニエル電池の電圧にほかならない．

半反応の標準電極電位はその酸化剤の強さの目安となるもので，Cu^{2+} は Zn^{2+} よりもはるかに強い酸化剤である．また逆に Zn は Cu よりもはるかに強い還元剤である．付表3には，主要な半反応がその標準電極電位の高い方から順に示されている．上位に位置する酸化剤ほど酸化力が強く，下の方の還元剤ほど還元力が強い．一般に上位の酸化剤は，それより下位のどの還元剤とも反応することができる．

4.2 酸化還元平衡

a. Nernst の式

酸化剤，還元剤の強さは，それぞれの半反応の標準電極電位が目安となることを学んだ．しかしそれだけでは酸化還元反応の起こりやすさ，あるいはその反応がどの程度進行するかを予測することはできない．化学反応における Le Chatelier の原理から考えても，酸化剤と還元剤の濃度が大きな影響をもつことは容易に想像できるだろう．酸化還元反応に対する物質濃度の影響は，以下に示す Nernst の式によって定量的に説明できる．まず一般式を示そう．

$$a\mathrm{O} + b\mathrm{P} + \cdots + ne^- \rightleftharpoons c\mathrm{Q} + d\mathrm{R} + \cdots$$

この半反応の電極電位 E と，物質 O，P，Q，R の濃度（厳密には活量）との間には次の関係が成り立つ．

$$E = E° - \frac{RT}{nF} \ln \frac{[\mathrm{Q}]^c [\mathrm{R}]^d \cdots}{[\mathrm{O}]^a [\mathrm{P}]^b \cdots} \tag{4.8}$$

$E°$ は標準電極電位，R は気体定数，T は絶対温度，F は Faraday 定数，そして n は酸化還元に関与する電子数である．既に述べたように，O，P，Q，R などの物質の濃度（活量）が1のとき，電極電位 E が $E°$ に一致する．25°C（$T = 298.15$ K），$R = 8.3145$ J K^{-1} mol^{-1} と $F = 96485$ C mol^{-1} を代入し，自然対数を常用対数に直すと，次の式が得られる．

$$E = E° - \frac{0.0592}{n} \log \frac{[\mathrm{Q}]^c [\mathrm{R}]^d \cdots}{[\mathrm{O}]^a [\mathrm{P}]^b \cdots} \tag{4.9}$$

4.2 酸化還元平衡

具体的に半反応をあてはめてみよう．

〈例1〉 $Cu^{2+} + 2e^- \rightleftharpoons Cu : E° = 0.337\ V$

$$E = 0.337 - \frac{0.0592}{2} \log \frac{1}{[Cu^{2+}]}$$

ここで固体（純物質）の活量がつねに1であることを覚えておこう．

〈例2〉 $Fe^{3+} + e^- \rightleftharpoons Fe^{2+} : E° = 0.771\ V$

$$E = 0.771 - \frac{0.0592}{1} \log \frac{[Fe^{2+}]}{[Fe^{3+}]}$$

〈例3〉 $MnO_4^- + 8H^+ + 5e^- \rightleftharpoons Mn^{2+} + 4H_2O : E° = 1.51\ V$

$$E = 1.51 - \frac{0.0592}{5} \log \frac{[Mn^{2+}]}{[MnO_4^-][H^+]^8}$$

最後の例では，溶媒（純物質）である水の活量は1なので数式には現れていない．いずれの例でも，酸化剤の濃度が増せば E は高くなり，反応は右に進行しやすくなる．また例3では，溶液中のオキソニウムイオンの濃度が非常に大きな影響をもつことがわかるだろう．

b. 平衡定数の算出

Nernst の式は，酸化還元反応を定量的に理解するための基本となるものであるが，これによってどのように反応の予測ができるか，上の例2と例3を使って考えてみよう．$KMnO_4$ 溶液に $FeSO_4$ を加えたとしよう．その反応は次のように表される．

$$MnO_4^- + 8H^+ + 5e^- \rightleftharpoons Mn^{2+} + 4H_2O : \quad E° = 1.51\ V \quad (4.10)$$

$$-)\ 5Fe^{3+} + 5e^- \rightleftharpoons 5Fe^{2+} : \quad E° = 0.771\ V \quad (4.11)$$

$$MnO_4^- + 5Fe^{2+} + 8H^+ \rightleftharpoons Mn^{2+} + 5Fe^{3+} + 4H_2O : E_s° = 0.74\ V \quad (4.12)$$

ここで，式(4.11)の $E°$ に決して係数の5を掛けてはいけない．$E°$ は物質の活量が1の標準状態の電極電位だからである．式(4.12)に対しても Nernst の一般式(4.9)をそのまま適用すればよい．

$$E_s = 0.74 - \frac{0.0592}{5} \log \frac{[Mn^{2+}][Fe^{3+}]^5}{[MnO_4^-][Fe^{2+}]^5[H^+]^8} \quad (4.13)$$

式(4.13)の E_s は，二つの半反応の電極電位（例2と例3のそれぞれの E）の差であり，式(4.12)の反応の推進力と考えられる．反応が進んで二つの電極電位が等しくなったとき，すなわち，$E_s = 0$ となったとき，式(4.12)の酸化還元反応が平衡

に達したことになる．したがって式(4.12)の平衡定数は，次のように与えられる．

$$0 = 0.74 - \frac{0.0592}{5} \log \frac{[\text{Mn}^{2+}][\text{Fe}^{3+}]^5}{[\text{MnO}_4^-][\text{Fe}^{2+}]^5[\text{H}^+]^8}$$

$$\log K = \log \frac{[\text{Mn}^{2+}][\text{Fe}^{3+}]^5}{[\text{MnO}_4^-][\text{Fe}^{2+}]^5[\text{H}^+]^8} = \frac{5 \times 0.74}{0.0592} = 62.4$$

この値は，化学反応の平衡定数としては驚くほど大きな値であり（酸解離定数や錯生成定数と比べてみよう），式(4.12)の平衡は事実上，完全に右に偏っていることがわかる．

二つの半反応の標準電極電位の差$(E_s°)$と，それらを組み合わせた反応の平衡定数との間には，次のような一般的な関係がある．

$$\log K = \frac{nFE_s°}{2.303\,RT} = \frac{nE_s°}{0.0592}$$

酸化還元反応が完結する条件として$K = 10^6$を仮定すると，$n = 1$のとき$E_s° = 0.36\,\text{V}$となり，二つの半反応の$E°$に0.4 V程度の差があれば，その酸化還元反応が定量的に進むことを意味している．

4.3 酸化還元滴定とその応用

a. 滴定曲線と終点の検出

$\text{Ce(SO}_4)_2$は強い酸化剤であり，滴定試薬としてよく用いられる．$\text{Ce(SO}_4)_2$溶液によるFe^{2+}の滴定におけるそれぞれの半反応と全体の酸化還元反応は次のとおりである．

$$\begin{aligned}
&\text{Ce}^{4+} + \text{e}^- \rightleftharpoons \text{Ce}^{3+}: & E_{\text{Ce}}° &= 1.61\,\text{V} \\
-)\;&\text{Fe}^{3+} + \text{e}^- \rightleftharpoons \text{Fe}^{2+}: & E_{\text{Fe}}° &= 0.77\,\text{V} \\
\hline
&\text{Ce}^{4+} + \text{Fe}^{2+} \rightleftharpoons \text{Ce}^{3+} + \text{Fe}^{3+}: & E_s° &= 0.84\,\text{V} \quad (4.14)
\end{aligned}$$

式(4.14)の平衡定数は$\log K = 0.84/0.0592 = 14.2$である．この値は反応を完結するのに十分な大きさである．たとえば，0.1 MのCe^{4+}溶液と0.1 MのFe^{2+}溶液を同体積混合したとすると，平衡状態での各イオンの濃度は，次のように概算できる．

$$K = \frac{[\text{Ce}^{3+}][\text{Fe}^{3+}]}{[\text{Ce}^{4+}][\text{Fe}^{2+}]} = \frac{(5 \times 10^{-2})(5 \times 10^{-2})}{(5 \times 10^{-9})(5 \times 10^{-9})} = 10^{14}$$

加えたCe^{4+}はFe^{2+}とほぼ完全に反応し，化学量論的に等しい量のCe^{3+}とFe^{3+}

を生成することがわかる．

それでは，Fe^{2+} 溶液に Ce^{4+} 溶液を少しずつ加えていくとどのような変化が起こるだろうか．滴定の終点をみつけるためにも正しい理解が必要である．考え方はこれまでの他の滴定のときと同様で，セリウムと鉄のマスバランスを考慮するだけでよい．すなわち，

$$C_{Ce}=[Ce^{4+}]+[Ce^{3+}]$$
$$C_{Fe}=[Fe^{3+}]+[Fe^{2+}]$$

また滴定中はつねに，$[Ce^{3+}]=[Fe^{3+}]$ が成り立つ．これらの式を式(4.14)の平衡定数と組み合わせる（連立方程式を解く）ことによって，滴定中のそれぞれのイオン濃度が計算できる．図 4.2(b) に，0.1 M の Fe^{2+} 溶液を 0.1 M の Ce^{4+} 溶液で滴定したときの Fe^{2+} 濃度の変化を示す．当量点をはさんで非常に大きな $p[Fe^{2+}]$ ジャンプが起こっている．同様に Ce^{4+} の濃度も，急激な変化を起こしているはずである．酸化剤（あるいは還元剤）の濃度が変われば，電極電位も変わるはずであり，当量点での電位のジャンプが予想される．平衡においては，$E=E_{Ce}=E_{Fe}$ であり，次の関係が成り立っている．

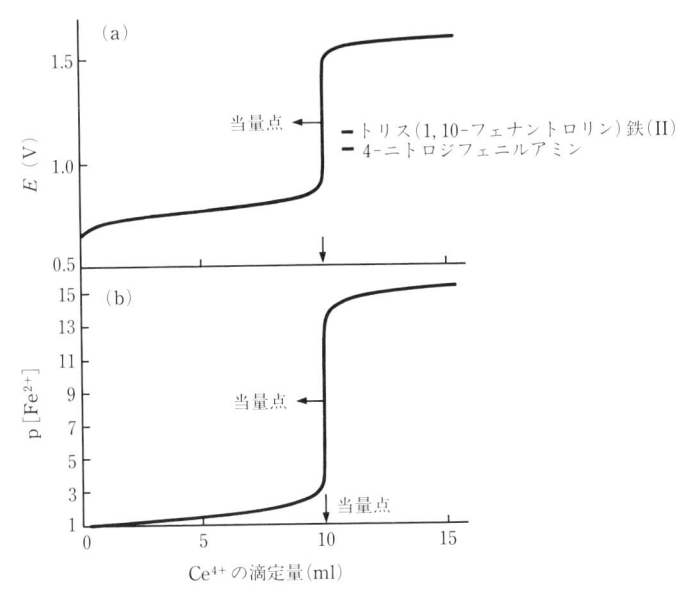

図 4.2　0.1 M $Ce(SO_4)_2$ による 0.1 M Fe^{2+} (10 ml) の滴定 (硫酸酸性)

$$E = E_{Ce}° - 0.0592 \log \frac{[Ce^{3+}]}{[Ce^{4+}]} = E_{Fe}° - 0.0592 \log \frac{[Fe^{2+}]}{[Fe^{3+}]}$$

それぞれの金属イオンの濃度が急激に変化すれば，電位 E も大きく変わることは明らかであろう．その電位ジャンプの様子は図 4.2(a) にみることができる．当量点の電位（E_{EP}）は終点の検出とも関係があって重要なので，その簡単な求め方を示そう．当量点では

$$[Ce^{4+}] = [Fe^{2+}] \text{ ならびに } [Ce^{3+}] = [Fe^{3+}]$$

が成り立つので，セリウムと鉄の半反応の電位（それぞれ E_{EP}）を足し合わせると

$$2E_{EP} = E_{Ce}° + E_{Fe}° - 0.0592 \left(\log \frac{[Ce^{3+}]}{[Ce^{4+}]} + \log \frac{[Fe^{2+}]}{[Fe^{3+}]} \right) = E_{Ce}° + E_{Fe}°$$

よって，$E_{EP} = (E_{Ce}° + E_{Fe}°)/2 = 1.19 \text{ V}$ である．一般式を示しておこう．

$$E_{EP} = \frac{n_{ox}E_{ox}° + n_r E_r°}{n_{ox} + n_r}$$

ここで添え字 ox は酸化剤，r は還元剤を表し，n_{ox} と n_r はそれぞれ酸化剤，還元剤の半反応に含まれる電子数である．

　終点の検出には，もちろん溶液の電位を直接，電位差計を用いてはかり，図4.2(a) のような滴定曲線を求めればよい．一方，溶液の色の変化から滴定の終点を知るには，当量点付近の電位で酸化還元反応を起こして色が変わるような化合物を共存させておけばよい．この目的に使用する試薬を酸化還元指示薬とよぶ．いくつかの例が表 4.1 にあり，また図 4.2(a) には，そこで使用できる指示薬が示されている．適切な指示薬を選ぶには，滴定の当量点における電位を知る必要がある．

b. 過マンガン酸カリウム滴定

　酸化還元滴定の試薬としてよく用いられる酸化剤と還元剤を，その半反応とともに表 4.2 にまとめた．過マンガン酸カリウムは強力な酸化剤でもっともよく使

表 4.1 酸化還元指示薬の例

指示薬	変色点の電位 (V) (pH=0)	還元形	酸化形
メチレンブルー	0.53	無色	青色
ジフェニルアミン	0.76	無色	紫色
4-ニトロジフェニルアミン	1.06	無色	紫色
トリス(1,10-フェナントロリン)鉄(II)錯体	1.14	赤色	青色

4.3 酸化還元滴定とその応用   57

表 4.2 代表的な酸化還元滴定試薬とその反応

滴定試薬	条件など	半 反 応	*E(V)
酸化剤			
$KMnO_4$	酸性	$MnO_4^- + 8H^+ + 5e^- \rightleftharpoons Mn^{2+} + 4H_2O$	1.5
$Ce(SO_4)_2$	酸性	$Ce^{4+} + e^- \rightleftharpoons Ce^{3+}$	1.4〜1.7
$K_2Cr_2O_7$	酸性	$Cr_2O_7^{2-} + 14H^+ + 6e^- \rightleftharpoons 2Cr^{3+} + 7H_2O$	1.3
KIO_3	塩酸酸性	$IO_3^- + 6H^+ + 2Cl^- + 4e^- \rightleftharpoons ICl_2^- + 3H_2O$	1.2
I_2	酸性-中性	$I_2 + 2e^- \rightleftharpoons 2I^-$	0.6
還元剤			
$FeSO_4$	酸性	$Fe^{3+} + e^- \rightleftharpoons Fe^{2+}$	0.8
As_2O_3	酸性	$H_3AsO_4 + 2H^+ + 2e^- \rightleftharpoons H_3AsO_3 + H_2O$	0.6
KI	酸性-中性	$I_2 + 2e^- \rightleftharpoons 2I^-$	0.6
$Na_2S_2O_3$	中性	$S_4O_6^{2-} + 2e^- \rightleftharpoons 2S_2O_3^{2-}$	0.1
$SnCl_2$	酸性	$Sn^{4+} + 2e^- \rightleftharpoons Sn^{2+}$	0.1
$Na_2C_2O_4$	酸性-中性	$2CO_2 + 2e^- \rightleftharpoons C_2O_4^{2-}$	-0.5

* pH や共存する酸の種類によって変わる

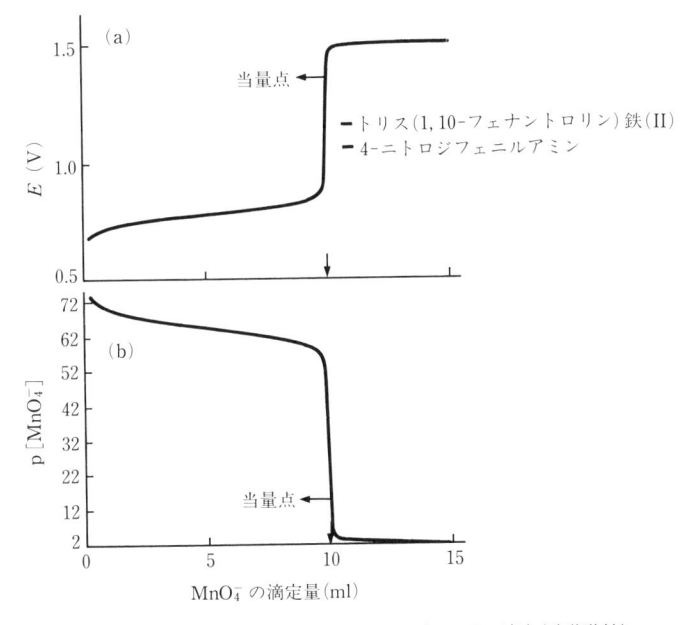

図 4.3 0.02 M $KMnO_4$ による 0.1 M Fe^{2+} (10 ml) の滴定(硫酸酸性)

用される．MnO_4^- は酸性，中性，塩基性で異なった酸化反応を起こすが，普通は硫酸酸性 $(0.5～2 M \ H_2SO_4)$ の試料溶液が用いられる．この試薬の利点は，それ自身が濃い紫色をしており，指示薬の役割も合わせ持っている点である．図 4.3 には，0.1 M の Fe^{2+} 10 ml を 0.02 M の $KMnO_4$ 溶液で滴定したときの，MnO_4^- 濃度の変化が示されている．滴定量 10 ml が当量点であり，その前後で急激な MnO_4^- 濃度の増加がみられる．当量点をわずかに過ぎたところで，MnO_4^- の紫色がみられるはずであり，そこが終点となる．したがって，Fe^{2+} を含まないブランク試料を用意して，同一条件で滴定して終点を求め，その値を試料の滴定値から差し引くのが望ましい．

$KMnO_4$ の欠点はやや不安定なことで，溶液は光を遮って保存しなければならない．それでも保存中に MnO_4^- 濃度は徐々に低下するので，使用のつど，標準試薬 $Na_2C_2O_4$ や As_2O_3 を用いて標定する必要がある．

過マンガン酸滴定は，Fe^{2+} や Mn^{2+} などの低酸化数の金属イオン，亜硝酸，過酸化水素などの還元剤および被酸化性の物質全般の定量に応用できる．環境分析で重要な化学的酸素要求量（COD）の応用については後で述べる．

c. **ヨウ素滴定**

ヨウ素は表 4.2 にもあるように，I_2 は酸化剤として，また I^- は還元剤としてはたらくのでその応用範囲は非常に広い．前者をヨウ素酸化滴定法とよぶが，I_2 の酸化力は弱いので，比較的還元力の強い物質の定量に限られる．滴定試薬としては，I_2 の水への溶解度が低いため，KI 溶液に I_2 を溶かして用いる．

$$I_2 + I^- \rightleftarrows I_3^-$$

硫化水素 $(H_2S + I_2 \longrightarrow 2H^+ + 2I^- + S\downarrow)$，スズ(II) $(Sn^{2+} + I_2 \longrightarrow Sn^{4+} + 2I^-)$ などの滴定が可能である．終点は非常に鋭敏な反応であるヨウ素-デンプン反応*を利用して検出され，溶液がわずかに青色を呈した点が終点となる．

I^- を還元剤として用いる滴定法をヨウ素還元滴定法とよぶ．おそらく酸化還元滴定のなかでもっとも用途の広い方法であろう．その原理は，酸化性の物質を含む溶液に KI を過剰に加えて I_2 を生成させ，その I_2 を還元剤である $Na_2S_2O_3$ の標準溶液で滴定するという間接滴定法である．すなわち，

---

* デンプンの成分のアミロースのらせん構造に，I_2 あるいは I_3^- が入り青色（青紫色）を呈する反応．鋭敏度：約 10^{-5} M I_2

I_2 生成：　　　$2I^-$(過剰)＋酸化剤 $\longrightarrow I_2$＋生成物

滴　定：　　　$I_2 + 2S_2O_3^{2-} \rightleftharpoons 2I^- + S_4O_6^{2-}$

したがって，過剰の I^- と反応して化学量論的に I_2 を生成するすべての物質が定量できる．代表的な例を列挙してみよう．

$$IO_3^- + 5I^- + 6H^+ \longrightarrow 3I_2 + 3H_2O$$

$$Cr_2O_7^{2-} + 6I^- + 14H^+ \longrightarrow 2Cr^{3+} + 3I_2 + 7H_2O$$

$$H_2O_2 + 2I^- + 2H^+ \longrightarrow I_2 + 2H_2O$$

$$Cl_2 + 2I^- \longrightarrow 2Cl^- + I_2$$

$$2HNO_2 + 2I^- + 2H^+ \longrightarrow 2NO + I_2 + 2H_2O$$

$$2Fe^{3+} + 2I^- \longrightarrow 2Fe^{2+} + I_2$$

$$2Cu^{2+} + 4I^- \longrightarrow 2CuI\downarrow + I_2$$

つぎに $Na_2S_2O_3$ 溶液による I_2 の滴定について考えよう．図 4.4 は，0.05 M の I_2 溶液 10 ml に 0.1 M の $Na_2S_2O_3$ 溶液を加えていったときの溶液中の I_2 濃度の変化を示している．当量点で I_2 濃度が急激に減少するのがよくわかる．終点の検出には，ヨウ素-デンプン反応が用いられる．普通，溶液の $I_2(I_3^-)$ の黄色が見えなくなるまで $Na_2S_2O_3$ 溶液で滴定し，そこで可溶性デンプン溶液を少量加えるとヨウ素-デンプン反応により液は青色を呈する．引き続き $Na_2S_2O_3$ 溶液を加えていき，溶液が青色から無色に変化する点が終点である．

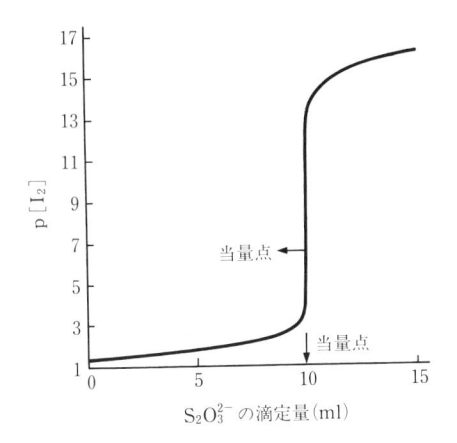

図 4.4　0.1 M $Na_2S_2O_3$ による 0.05 M I_2(10 ml) の滴定

d. 応用例

近年，河川や湖沼などが，工業・農業・生活排水などからの有機物質によって汚染され，深刻な環境問題となっている．この有機汚染を分析するのに酸化還元滴定が用いられている．ここでは化学的酸素要求量（COD）と溶存酸素量（DO）の測定について調べてみよう．

COD測定は，$KMnO_4$の酸性での強力な酸化力を利用して，試料水中の被酸化性物質（ほとんどは有機物と考えられる）の量を求めるものである．試料水に0.005 Mの$KMnO_4$標準溶液10 mlを加え，一定条件で加熱し酸化反応を起こさせる．0.0125 Mの$Na_2C_2O_4$標準溶液を10 ml加えて残っているMnO_4^-を還元する．

$$2MnO_4^- + 5C_2O_4^{2-} + 16H^+ \rightleftharpoons 2Mn^{2+} + 10CO_2 + 8H_2O$$

最後に，過剰の$C_2O_4^{2-}$を$KMnO_4$標準溶液で滴定し，試料の酸化に使われた$KMnO_4$の全量（a ml）を求める．また，試料水の代りに純水を用いて同様に操作し，ブランク値（b ml）を求める．CODは普通，消費した$KMnO_4$の量を酸素の量に換算して表される．試料の量をV mlとすると次式より計算される．

$$\mathrm{COD}(O_2\ \mathrm{mg\ l^{-1}}) = (a-b) \times 0.005 \times \frac{5}{4} \times 32 \times \frac{1000}{V}$$

$KMnO_4$による酸化をつねに一定の条件で行うことは言うまでもないが，有機物の酸化の程度は，その種類などによっても異なってくるので，COD値は有機物質量の相対値を与えるにすぎない．またFe^{2+}，Cl^-，NO_2^-などの被酸化性物質が共存する場合には，その除去やマスキングなどを行う必要がある．

DOの測定は，溶存酸素の固定とヨウ素還元滴定よりなっている．試料水を空気に触れないように密栓付きの試料びん（100〜200 ml）にとり，高濃度の$MnSO_4$溶液（0.5 ml）とKIを含むKOH溶液（0.5 ml）を静かに入れ，栓をして混合する．このとき$MnO \cdot H_2O$の沈殿が生成するが，溶存酸素によって次のように酸化される．

$$MnO \cdot H_2O(白色) + \frac{1}{2}O_2 \rightleftharpoons MnO_2 \cdot H_2O(褐色)$$

すなわち，$Mn^{II} + \frac{1}{2}O_2 \longrightarrow Mn^{IV} + O^{2-}$によって，酸素は化学量論的にマンガンの沈殿に固定されたことになる．硫酸を加えて酸性にし，この沈殿を溶解させると，初めに加えたI^-がMn^{IV}によって酸化される．

$$\mathrm{MnO_2 \cdot H_2O + 2I^- + 4H^+ \longrightarrow Mn^{2+} + I_2 + 3H_2O}$$

この I_2 を 0.025 M の $Na_2S_2O_3$ 標準溶液で滴定する．

$$\mathrm{I_2 + 2S_2O_3^{2-} \rightleftharpoons 2I^- + S_4O_6^{2-}}$$

当量関係より，$S_2O_3^{2-}$ 4 mol が O_2 1 mol に対応する．$Na_2S_2O_3$ の滴定量を a ml，試料びんの内容積を V ml（試料採取料は $V-1$ ml）とすると，DO は次式で計算される．

$$\mathrm{DO(O_2\ mg\ l^{-1})} = a \times 0.025 \times \frac{1}{4} \times 32 \times \frac{1000}{V-1}$$

この DO 測定法は生物化学的酸素要求量（BOD）の測定にも利用されている．

演習問題

4.1 次の酸化還元反応の Nernst の式を書け．
  (i) $\mathrm{Ag^+ + e^- \rightleftharpoons Ag}$
  (ii) $\mathrm{AgCl + e^- \rightleftharpoons Ag + Cl^-}$
  (iii) $\mathrm{MnO_4^- + 4H^+ + 3e^- \rightleftharpoons MnO_2 + 2H_2O}$
  (iv) $\mathrm{2Fe^{2+} + H_2O_2 + 2H^+ \rightleftharpoons 2Fe^{3+} + 2H_2O}$
  (v) $\mathrm{Ag^+ + Fe^{2+} \rightleftharpoons Ag + Fe^{3+}}$

4.2 次の反応の平衡定数を計算し，反応の進行度について説明せよ．
  (i) $\mathrm{Cu^{2+} + Zn \rightleftharpoons Cu + Zn^{2+}}$
  (ii) $\mathrm{Cu^{2+} + 2Ag \rightleftharpoons 2Ag^+ + Cu}$
  (iii) $\mathrm{Fe^{3+} + Ag \rightleftharpoons Fe^{2+} + Ag^+}$
  (iv) $\mathrm{2Fe^{2+} + H_2O_2 + 2H^+ \rightleftharpoons 2Fe^{3+} + 2H_2O}$
  (v) $\mathrm{I_2 + 2S_2O_3^{2-} \rightleftharpoons 2I^- + S_4O_6^{2-}}$

4.3 強酸性で Cl^- は MnO_4^- によって酸化されるが，$Cr_2O_7^{2-}$ によっては酸化されないことを説明せよ．

4.4 0.01 M の Ce^{4+} 10 ml と 0.01 M の Cu^+ 10 ml を混合した．溶液中の Ce と Cu それぞれのマスバランスを書け．また，Ce^{4+} と Cu^+ の濃度を計算せよ．

4.5 問 4.4 は酸化還元滴定の当量点に関する問題であるが，その電極電位を求め適当な酸化還元指示薬を選べ．

5 固-液平衡とその応用

- 沈殿の機構
- 溶解度と溶解度積
- 沈殿分離と沈殿滴定への応用
- イオン交換樹脂,キレート樹脂によるイオンの分離

5.1 沈殿の生成

沈殿は,1章で述べた重量分析のほか,定性分析における金属イオンの属分離,また,機器分析法による定量のための前分離・濃縮など,さまざまな化学分析において利用されている.沈殿反応は,これまでに学んだ溶液中での酸塩基反応,錯形成反応,酸化還元反応に,さらに沈殿(固相)と溶液(液相)の間での反応や平衡が加わったものと考えることができる.まず沈殿の生成と溶解について考えてみよう.

沈殿が生ずるためには,その物質が水に溶けにくいことが必要であるが,水に溶けやすい物質と溶けにくい物質とでは何が異なっているのだろうか.例として,NaClとAgClを取りあげてみよう.これらは同じ結晶構造をもちながら,NaClは水によく溶けるが,AgClはほとんど溶けない.なぜだろうか.結晶中のイオン

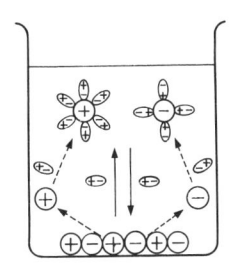

図 5.1 沈殿と溶解

を ⊕ ⊖ と表し，水への溶解の様子を模式的に描いてみよう(図5.1)．ここでH_2Oは極性をもった分子であるので，(＋ －)と表されている．よく知られているように，水に溶解したイオンは必ず水和している．いま溶解の過程を仮想的に破線の矢印のように考えてみよう（このような考え方は化学反応を理解するうえで非常に大切である）．すなわち，結晶の溶解は，① 結晶を壊してばらばらの裸のイオンにする，② 裸のイオンを水和させる，という二つの過程に分けることができる．NaCl と AgCl を比べると，Cl^- の水和は共通であり，また Na^+ と Ag^+ は同じ電荷をもち，大きさもそれほど違わないので，水和のしやすさに大きな差はない．むしろ Ag^+ のほうがいくらか水和しやすいので，溶解に有利にはたらくはずである．ところが，AgCl をばらばらのイオンにするには，NaCl よりもはるかに大きなエネルギーが必要となる．これは NaCl は純粋なイオン結合よりなるが，AgCl ではかなりの程度，共有結合がはたらいているためと説明される．以上のことより，沈殿の生成には，① 水和イオンが脱水和され，② それが集まって安定な結晶となる必要がある．

a. 沈殿の成長

次に，AgCl を例に沈殿の成長について考えてみよう．沈殿ができるときには，まず溶液が過飽和になり，AgCl の微細な核ができ，それに Ag^+ と Cl^- が吸着してだんだんと成長していき，やがて大きな結晶となって沈殿する．ここで，沈殿の成長を妨げる要因をあげてみよう．たとえば，濃い溶液を一度に混合した場合には，過飽和度が高くなって多数の核ができ，小さな結晶しか得られない．しかも，図5.2 に示したように，沈殿はその成分となっているイオンを表面に吸着しやすいので(結晶の成長の要因であろう)，小さな結晶では，結晶全体が電荷を帯びてコロイド*となって溶解することもある．このようなときには，無関係イオンを加えてやると，それが吸着したイオンの対イオンとなって電荷を中和し，大きな結晶へと成長し沈殿する(これをコロイドの凝析とよぶ)．AgCl の場合，KNO_3 や $Ca(NO_3)_2$ が凝析剤となる(図5.2)．沪過した沈殿を洗浄する際に純水を使わずに酸や塩の溶液がよく使われるのは，このようなコロイドの生成を防ぐためである．

---

* 10^{-5} cm 程度の微細な粒子が溶けている溶液をコロイド溶液という．コロイド溶液はチンダル現象を起こしたり，溶質粒子がセロハンなどの半透膜を通らないなど，一般の溶液（真溶液）とは異なった性質を示す．

```
        K⁺    K⁺              NO₃⁻  NO₃⁻
        ⋮     ⋮                ⋮     ⋮
        Cl⁻   Cl⁻              Ag⁺   Ag⁺
       ─────────────          ─────────────
        Ag⁺Cl⁻Ag⁺Cl⁻           Ag⁺Cl⁻Ag⁺Cl⁻
        Cl⁻Ag⁺Cl⁻Ag⁺           Cl⁻Ag⁺Cl⁻Ag⁺
```

図 5.2 沈殿表面へのイオンの吸着

沈殿をつくるときのもっとも重要な点は，沈殿の速度を調整して，できるだけ大きな完全な結晶をつくることである．そのためには，① 濃度の薄い溶液を用いる，② 少量ずつよくかくはんしながら加える，③ 長時間，母液と接触させて（場合によっては加熱しながら）熟成することが大切である．

b. 共 沈

沈殿は一般に溶液中のイオンなどの不純物を含んでいる．これを共沈とよぶが，多くの場合は，洗浄によって共沈した不純物を除くことができる．共沈が起こる主な原因として，吸着と吸蔵，そして混晶の生成がある．沈殿は図5.2にもあるように，表面に陰イオンあるいは陽イオンを吸着する性質をもっており，それが共沈の原因となる．吸蔵とは，沈殿の成長が速すぎて結晶が不完全になり，内部に不純物を取り込むことをいう．これらの共沈を防ぐには，沈殿を溶解し再沈殿させるのがよく，また，上にあげた沈殿をつくるときの注意点に留意することである．混晶とは，内部の成分イオンが，それと電荷や大きさあるいは反応性の似たイオンと置き換わる現象で，これを防ぐには，その異種イオンをあらかじめ分離するかマスクする必要がある．

共沈は純粋な沈殿を得るうえでやっかいな現象であるが，逆にこの現象を利用する分析法もある．共沈法とよばれる分離・濃縮法がそれで，微量のイオンを選択的に沈殿に捕集する方法である．たとえば，水酸化アルミニウムや水酸化鉄(III)の沈殿は，塩基性溶液では過剰の OH^- により負に帯電し，多くの陽イオンを共沈する（5.3節を参照のこと）．また，シュウ酸カルシウムは，超微量のランタノイドイオンをいろいろな金属イオンの中から選択的に共沈する．

c. 均一溶液からの沈殿法（均一沈殿法）

試料溶液に沈殿剤の溶液を加えた場合には，いかによくかき混ぜても局部的に沈殿剤の濃度の高い部分ができてしまい，過飽和度が高くなって細かな粒子ができ，共沈の原因となってしまう．しかし，化学反応を利用して，試料溶液中に沈

殿剤が生成してくるようにすれば，沈殿剤の濃度は均一であり，しかも沈殿速度もコントロールでき，大きくて純粋な結晶を得ることができる．この方法の代表例が尿素の加水分解を利用した方法である．酸性の試料溶液に尿素を加えて加熱すると，尿素は徐々に分解して NH_3 を生じ，溶液の pH がゆっくりと，しかも均一に上昇する．

$$(NH_2)_2CO + H_2O \longrightarrow CO_2 + 2NH_3$$

Al や Fe の水酸化物沈殿の生成に利用されたり，pH を徐々にあげて，弱酸である沈殿剤と金属イオンとの錯形成反応をゆっくりと進行させたりするのに有効である．また尿素の加熱分解の代りに，酵素ウレアーゼを用いて尿素を加水分解させる方法もあり，精密な沈殿分離が可能である．

5.2 沈殿平衡とその応用

a. 溶解度と溶解度積

沈殿の生成が平衡に達したとき，沈殿と飽和溶液中の成分との間で化学平衡(固-液平衡)が成り立っているはずである．固-液平衡のもっとも簡単な例として，溶液中で解離しない非電解質の飽和溶液について考えてみよう．たとえばヨウ素の飽和水溶液では，次の平衡が成り立っている．

$$I_{2,s} \rightleftharpoons I_2$$

添え字の s は物質が固体であること，添え字のないものは飽和溶液中に溶解していることを示している．この平衡定数は

$$K = \frac{[I_2]}{[I_2]_s}$$

と書けるが，純物質である固体の濃度(正しくは活量)は 1 と決められているので

$$K_s = [I_2]$$

となる．K_s はモル溶解度あるいは単に溶解度ともよばれるが，これも平衡定数の一つである．ヨウ素の場合，$K_s = 0.00132$ M である．

$BaSO_4$ は難溶性固体であるが，水にわずかに溶けて完全解離するので強電解質である．したがって，その固-液平衡は次式で表される．

$$BaSO_{4,s} \rightleftharpoons Ba^{2+} + SO_4^{2-}$$

$$K = \frac{[\text{Ba}^{2+}][\text{SO}_4^{2-}]}{[\text{BaSO}_4]_s}$$

上と同様に固体の活量は1であることより

$$K_{sp} = [\text{Ba}^{2+}][\text{SO}_4^{2-}]$$

と書き直すことができる．K_{sp} は溶解度積とよばれる平衡定数である．水のイオン積 K_w と同様，イオン濃度の積で与えられ，溶液中の一方のイオンの濃度を高くすれば，他方のイオンの濃度は減少することになる．もちろん，溶液中の Ba^{2+} 濃度と SO_4^{2-} 濃度の積が K_{sp} 以下では沈殿は生じない．

K_{sp} を用いれば強電解質の水への溶解度が簡単に求められる．BaSO_4 の純水への溶解度を X M とすると，$X = [\text{Ba}^{2+}] = [\text{SO}_4^{2-}]$ なので，

$$K_{sp} = X^2 = 1.1 \times 10^{-10}\ \text{M}^2$$
$$X = 1.0 \times 10^{-5}\ \text{M}$$

となる．またその溶液に 0.01 M の Na_2SO_4 を加えると，

$$K_{sp} = X(X + 0.01) \approx 0.01\,X$$
$$X = 1.1 \times 10^{-8}\ \text{M}$$

となって，BaSO_4 の溶解度が著しく低下する．このような BaSO_4 の溶解度に対する SO_4^{2-} の効果を**共通イオン効果**という．

主な難溶性の塩の溶解度積が付表4に示されている．溶解度と溶解度積の一般的な関係を求めてみよう．塩（強電解質）の組成を M_pA_q とすると

$$K_{sp} = [\text{M}]^p [\text{A}]^q$$

M_pA_q の純水への溶解度を X M とすると，$[\text{M}] = pX$，$[\text{A}] = qX$ より

$$K_{sp} = (pX)^p (qX)^q = p^p q^q X^{p+q}$$

あるいは

$$X = \left(\frac{K_{sp}}{p^p q^q}\right)^{1/(p+q)}$$

溶解度積と溶解度の間に，単純な比例関係がないことに注意しよう．塩の組成が同じであれば，K_{sp} の大小から X の比較が可能であるが，塩の組成が異なれば，K_{sp} の小さいほうが必ずしも X が小さくなるとは限らない．

上で述べた共通イオン効果は，化学平衡に対する Le Chatelier の原理からも容易に理解でき，分析操作において目的イオンを完全に沈殿させるのに，試薬を過剰に加えることが合理的であることを示すものである．しかしながら，加えた共

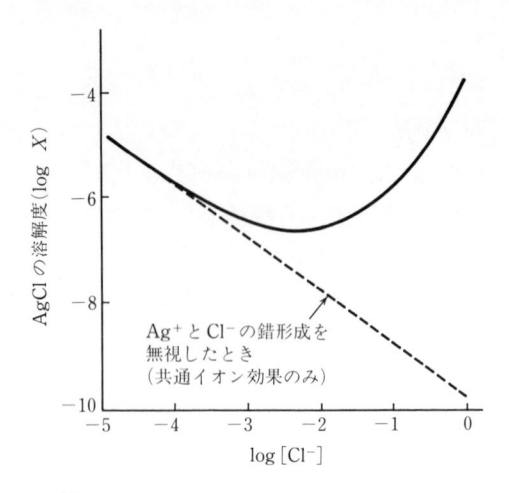

図 5.3 AgClの溶解度に及ぼすCl⁻濃度の影響

通イオンの濃度が高過ぎると，かえって溶解度が増す場合も少なくないので注意が必要である．たとえば，C M の NaCl 溶液への AgCl の溶解度 X M は，単純には次式より求まるはずである．

$$K_{sp} = [Ag^+][Cl^-] = X(X+C)$$

$C \gg X$ のときには，$X = K_{sp}/C$ となって，共通イオン Cl⁻ の濃度を高くすればするほど AgCl の溶解度が低下すると予想されるが，実際には図 5.3 のようになって，大過剰の Cl⁻ を加えるとかえって溶解度が高くなってしまう．この原因は，水相中での Ag⁺ と Cl⁻ との錯形成によるものである [図 5.4(a)]．Cl⁻ 濃度が高くなると，水相中で $AgCl_4^{3-}$ までの高次の錯イオンが生成して AgCl が溶解するからである．共通イオンのこのような効果は，難溶性塩が弱電解質（錯体）であって，より高次の錯イオンを形成し得る場合に必ず起こる．したがって，試薬を大過剰に加えることには特別な注意が必要となる．

沈殿の成分とは無関係のイオンが成分イオンと錯形成する場合には，無関係イオンの濃度は沈殿の溶解度に大きな影響を与える．たとえば，図 5.4(b) にあるように，水相中の $S_2O_3^{2-}$ 濃度が高くなるにつれて $Ag(S_2O_3)_2^{3-}$ が生成し，Ag⁺ が減少する．Ag⁺ 濃度が低下して，イオン積 $[Ag^+][Cl^-]$ が K_{sp} 以下になると，AgCl はもはや沈殿しない．これは $S_2O_3^{2-}$ によって Ag⁺ がマスクされたことになる．

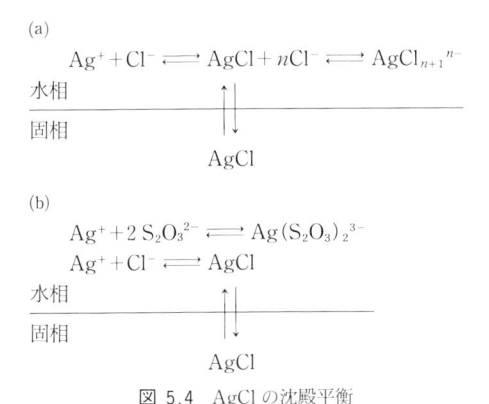

(a)
$$Ag^+ + Cl^- \rightleftharpoons AgCl + nCl^- \rightleftharpoons AgCl_{n+1}{}^{n-}$$
水相
―――――――――――――――――――――――――
固相
$$AgCl \updownarrow$$
$$AgCl$$

(b)
$$Ag^+ + 2S_2O_3{}^{2-} \rightleftharpoons Ag(S_2O_3)_2{}^{3-}$$
$$Ag^+ + Cl^- \rightleftharpoons AgCl$$
水相
―――――――――――――――――――――――――
固相
$$AgCl \updownarrow$$
$$AgCl$$

図 5.4 AgCl の沈殿平衡

 ハロゲン化物イオンなどを除くと，難溶性塩をつくる陰イオンは一般に弱酸の共役塩基であり，pH が低くなれば酸（プロトン錯体）を生成する．すなわち，その難溶性塩の溶解度は pH に依存することが予想される．図 5.5 は金属(II)の硫化物の沈殿平衡を表しているが，溶液の pH が低下するにつれて S^{2-} 濃度が減少し，硫化物 MS の生成が抑えられることになる．第一遷移金属(II)の硫化物沈殿に対する pH の影響を図 5.6 に示す．Cu^{2+} や Cd^{2+} など K_{sp} が小さい金属イオンは，強酸性でも溶解度はきわめて低く，どのような pH でもほぼ完全に沈殿することがわかる．そのほかの金属イオンは，pH が高くなるにつれて溶解度が低下し，沈殿するようになる．これは，陽イオンの定性分析において，0.3 M の HCl 溶液から硫化水素によって，Cu^{2+} や Cd^{2+} を硫化物として沈殿させ，他の第一遷移金属(II)イオンから分離する方法の理論的な根拠を与えている．金属イオンの水酸化物（含水酸化物）沈殿もまた，それぞれの K_{sp} に従って異なった pH の溶液から沈殿するので，金属イオンの分離に用いられる．このように沈殿による分離では，特定の金属イオンに選択的な沈殿剤を用いるだけでなく，pH の調整やマスキン

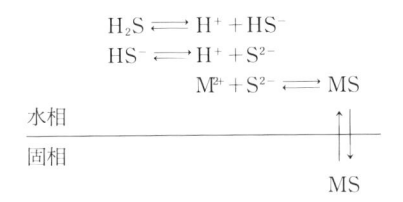

$$H_2S \rightleftharpoons H^+ + HS^-$$
$$HS^- \rightleftharpoons H^+ + S^{2-}$$
$$M^{2+} + S^{2-} \rightleftharpoons MS$$
水相
―――――――――――――――――――――――――
固相
$$MS \updownarrow$$
$$MS$$

図 5.5 硫化物の沈殿平衡

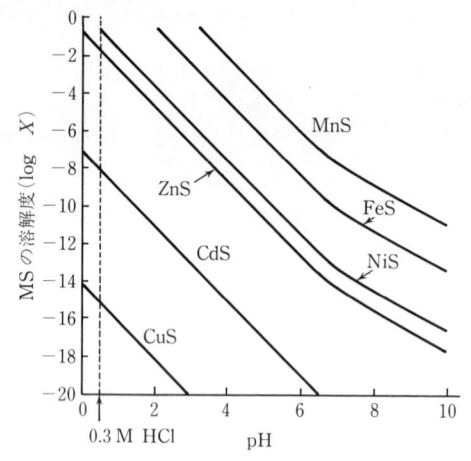

図 5.6　金属(II)硫化物の溶解度に及ぼす pH の影響
硫化物の全濃度は 0.1 M

グ剤の併用によって選択性が得られる．

b. 沈 殿 滴 定

化学量論的に沈殿が生成し，当量点を検出する適当な手段があれば，沈殿反応も滴定分析に利用することができる．しかしながら，沈殿生成においては，一般に沈殿への目的成分あるいは沈殿剤の吸着が起こりやすく，滴定では大きな誤差になる．また，滴定操作中に，沈殿生成がすみやかに平衡に達しなければならない．このような理由から，水酸化物沈殿などは不適当であり，沈殿滴定といえば，事実上ハロゲン化銀の沈殿生成反応を用いた滴定をさす．

$AgNO_3$ 標準溶液による NaCl 溶液の滴定を考えよう．反応式は

$$Ag^+ + Cl^- \longrightarrow AgCl_s$$

である．滴定の開始とともに溶液中に AgCl の白色沈殿が生成し，当量点で沈殿の生成が終了する．0.1 M の $AgNO_3$ による 0.1 M の NaCl の滴定曲線が図 5.7 に示されている．溶液中の Ag^+ 濃度は，滴定開始後，徐々に増加し，当量点(10 ml)で Ag^+ 濃度の急激な増加 (pAg ジャンプ) が起こっている．また，溶液中の Cl^- 濃度の変化はそれとは対称的に，当量点で急激な減少がみられる．滴定の終点検出には Ag^+ あるいは Cl^- 濃度の急激な変化をとらえればよいことがわかる．

指示薬による終点の検出法として，以下の三つの方法が知られている．詳細は他の実験書にゆずることにして，ここでは要点のみを記述しておこう．

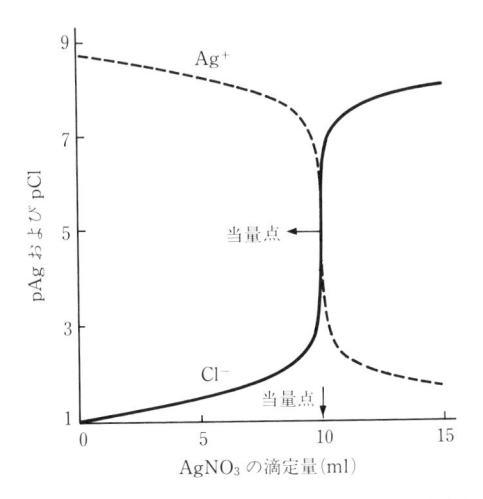

図 5.7　0.1 M AgNO$_3$による 0.1 M Cl$^-$ (10 ml) の沈殿滴定

（ⅰ）Mohr 法：　当量点で Ag$^+$ 濃度が急激に増加するので，その Ag$^+$ と反応して発色する化合物として Na$_2$CrO$_4$ が用いられる．

$$2\,Ag^+ + CrO_4^{2-}\,(黄色) \longrightarrow Ag_2CrO_{4,s}\,(赤色)$$

（ⅱ）Vorhard 法：　Cl$^-$ を含む試料溶液に AgNO$_3$ 標準溶液を過剰に加え，過剰量の Ag$^+$ を KSCN 標準溶液で逆滴定する方法で，Fe^{3+} が指示薬として用いられる．逆滴定での終点の検出反応は次のとおりである．

$$Ag^+ + SCN^- \longrightarrow AgSCN_s$$
$$Fe^{3+} + SCN^- \longrightarrow Fe(SCN)^{2+}\,(赤色)$$

当量点を過ぎると，溶液中の過剰の SCN$^-$ が Fe^{3+} と反応して赤色の錯イオン Fe(SCN)$^{2+}$ を生じるので，終点がわかる．

（ⅲ）Fajans 法：　沈殿がイオンを吸着する現象を巧みに利用した方法で，吸着することによって発色する化合物が指示薬として用いられ，吸着指示薬とよばれる．AgCl をはじめ，ハロゲン化銀の沈殿滴定ではフルオレセインが吸着指示薬として有名である．吸着指示薬 (HInd) は酸塩基の性質をもっており，解離した Ind$^-$ が以下のように沈殿に吸着する．

$$\underset{当量点前}{AgCl_s\cdot Cl^-} \longrightarrow \underset{当量点}{AgCl_s} \longrightarrow \underset{当量点後}{AgCl_s\cdot Ag^+ \cdots Ind^-}$$

当量点前では過剰の Cl^- が存在するので，沈殿には Cl^- が吸着してその表面はマイナスに帯電している．当量点を過ぎると過剰の Ag^+ が沈殿に吸着してプラスに帯電するので，Ind^- が静電的に引き寄せられて沈殿に吸着する．フルオレセインの場合，pH 7～10 で使用され，黄緑色の蛍光色が吸着によって赤紫色に変わる点が終点となる．

5.3　イオン交換とその応用

　イオン交換法は，固体のイオン交換体を用いて目的のイオンを溶液から吸着し，その分離や濃縮を行う分析法である．目的イオンの量が mg 以下の実験室的レベルから，g オーダーの工業的規模の分離にまで適用され，様々な物質の精製に用いられている．
　イオン交換の概念は，既に 19 世紀に土壌中のイオンに関して知られていたが，20 世紀に入って有機高分子のイオン交換樹脂が合成されて以来，大きく発展し，現在でも新しい機能をもったイオン交換樹脂が次々に合成されている．イオン交換樹脂には陽イオンを交換するものと陰イオンを交換するものがあり，代表的なイオン交換樹脂の構造を図 5.8 に示す．E はイオン交換基である．ポリスチレンとジビニルベンゼンの共重合体が，実際には三次元の網目構造をつくっており，粒径が 10 μm 程度の分析用から，1 mm 程度の工業用まで様々なものが用意されている．E がスルホン酸基のものは強酸性陽イオン交換樹脂，カルボキシル基は弱酸性陽イオン交換樹脂とよばれる．一方，E が第四級アンモニウム型のものは強塩基性陰イオン交換樹脂，第三級アミン型は弱塩基性陰イオン交換樹脂とよばれる．強酸性および強塩基性のイオン交換樹脂がもっともよく使われるので，それ

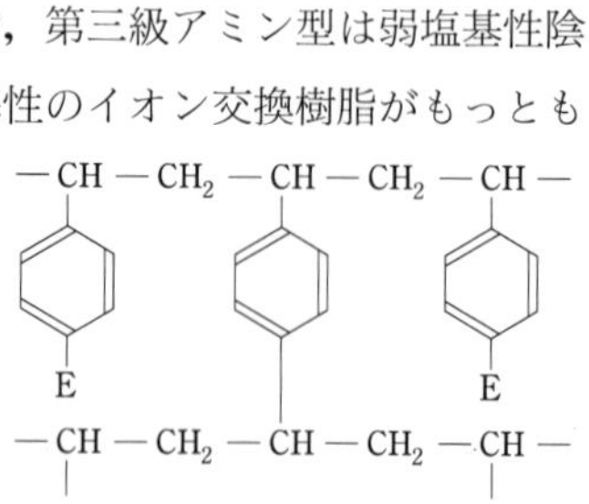

陽イオン交換樹脂　E：　$-SO_3^-H^+$, $-COOH$
陰イオン交換樹脂　E：　$-CH_2N^+(CH_3)_3OH^-$, $-NH^+R_2OH^-$

図 5.8　イオン交換樹脂の構造

らを Res-SO$_3^-$H$^+$, Res-NR$_3^+$OH$^-$ と表して，イオン交換反応について考えてみよう．反応は次のように書ける．

$$\text{Res-SO}_3^-\text{H}^+ + \text{Na}^+ \rightleftharpoons \text{Res-SO}_3^-\text{Na}^+ + \text{H}^+$$

$$\text{Res-NR}_3^+\text{OH}^- + \text{Cl}^- \rightleftharpoons \text{Res-NR}_3^+\text{Cl}^- + \text{OH}^-$$

また多価イオンであれば，

$$2\text{Res-SO}_3^-\text{H}^+ + \text{Ca}^{2+} \rightleftharpoons (\text{Res-SO}_3^-)_2\text{Ca}^{2+} + 2\text{H}^+$$

$$2\text{Res-NR}_3^+\text{OH}^- + \text{SO}_4^{2-} \rightleftharpoons (\text{Res-NR}_3^+)_2\text{SO}_4^{2-} + 2\text{OH}^-$$

のようになる．これらの例からわかるように，強酸性と強塩基性のイオン交換樹脂を組み合わせると，溶液中のすべての陽イオンは H$^+$ に，陰イオンは OH$^-$ に交換され，最終的に水に変えることができる．これは実際に実験室的に，また工業的に純水の製造に使われており，イオン交換のもっとも重要な応用の一つである．

イオン交換を分離や精製に応用しようとするとき，用いる交換体がどのようなイオンを交換しやすいのか知らなければならない．まず，イオン交換平衡の考え方を，陽イオン交換を例にして理解しよう．簡単のためイオンの電荷を +1 とし，樹脂相内でイオン交換基に結合しているイオンに添え字 r を付けると，樹脂相と水相の間で次の平衡が成り立つ．

$$A_r^+ + B^+ \rightleftharpoons A^+ + B_r^+ \tag{5.1}$$

よって平衡定数は次のように定義される．

$$K_A^B = \frac{[A^+][B^+]_r}{[A^+]_r[B^+]} \tag{5.2}$$

K_A^B は選択係数ともよばれる．また目的イオン B$^+$ がどのくらい樹脂に吸着されたかを表すために，次のような分配係数 (D)* を用いる．

$$D = \frac{[B^+]_r}{[B^+]}$$

A$^+$ をあるイオンに固定して，いろいろな B$^+$ に対して K_A^B を求め，それを大きさの順に並べると，イオンに対する選択性の序列が得られる．

強酸性陽イオン交換樹脂の選択性は

---

* 6 章の溶媒抽出では，このように定義された D を分配比とよび，定数である分配係数とは区別される．

$$Ba^{2+} > Sr^{2+} > Ca^{2+} > Ni^{2+}, Cd^{2+}, Cu^{2+}, Co^{2+}, Zn^{2+} > Mg^{2+} >$$
$$Cs^+ > Rb^+ > K^+ > NH_4^+ > Na^+ > H^+ > Li^+$$

また，電荷の異なる金属イオンについては

$$M^{4+} > M^{3+} > M^{2+} > M^+$$

が知られている．H^+ はそれより選択性の高い，したがってほとんどすべての陽イオンによって交換される．また，式(5.1)の平衡からわかるように，選択性の高い陽イオンが吸着した樹脂であっても，高濃度の酸溶液と平衡にすれば，元の$-SO_3^-H^+$型の樹脂にもどすことができる．

上記の選択性の序列に，次のような規則性があることに気づくだろう．① 電荷の高いイオンの方が選択性が高い．② アルカリ金属イオンやアルカリ土類金属イオンなどの同族イオンは，原子番号が大きいものほど選択性が高い．これらは$-SO_3^-$基と陽イオンとの静電的な相互作用（引力）を考えると説明できる．電荷の高いイオンは $-SO_3^-$ 基との間で強い静電的な引力が働く．また，同族イオンは，原子番号が大きくなるに従ってそのイオン半径（結晶中のイオン半径）は大きくなるが，イオンは溶液中では水和しており，水和も含めたイオン半径（水和イオン半径）は原子番号が大きくなるにつれて逆に小さくなる．電荷が同じであればサイズの小さな方がより強い静電的な引力を受けるので，② のような規則性が現れる．

同様に，強塩基性陰イオン交換樹脂の選択性についても，次の序列が知られている．

$$Fe(CN)_6^{4-} > Fe(CN)_6^{3-} > SO_4^{2-} > I^- > NO_3^- > Br^- > CN^- > Cl^- > F^- > OH^-$$

強塩基性陰イオン交換樹脂には，塩酸溶液からの金属イオンの分離という重要な応用がある．多くの遷移金属は塩化物イオンと錯陰イオンを生成するので，陰イオン交換樹脂に吸着される．とくに $FeCl_4^-$ や $AuCl_4^-$ などは強く吸着される化学種である．塩酸濃度を変えることによって多くの金属イオンが分離できる．

弱酸性陽イオン交換樹脂や弱塩基性陰イオン交換樹脂は，金属イオンとの静電的な相互作用に加えて，配位結合の効果が現れ，特定の金属イオンに高い選択性を示すことがある．これをさらに発展させ，イオン交換基の代わりにキレート配位子を結合させたキレート樹脂も数多く合成されている．たとえば，イミノ二酢酸基-$CH_2N(CH_2COO^-)_2$ をもつキレート樹脂は，金属イオンに対する選択性は

EDTA などのアミノポリカルボン酸のキレートの安定性とほぼ同じ順番となる．

最後に，無機イオン交換体について少しふれておこう．これは沈殿へのイオンの吸着現象と深い関係をもっている．含水酸化鉄（$Fe_2O_3 \cdot nH_2O$），含水酸化アルミニウム（$Al_2O_3 \cdot nH_2O$），そしてシリカゲル（$SiO_2 \cdot nH_2O$）などの表面は活性な水酸基で覆われている．これを$(M)-OH$と表すと，酸性溶液中では

$$(M)-OH + H^+ \rightleftharpoons (M)-OH_2^+$$

となって表面がプラスに帯電して陰イオン交換性を示し，塩基性溶液中では

$$(M)-OH \rightleftharpoons (M)-O^- + H^+$$

となり陽イオン交換性を示す．無機イオン交換体は，現在のところ工業的な応用はあまり知られていないが，優れた耐熱性と耐放射線性は有機高分子にはない特徴である．また，シリカゲルは塩基性物質の強力な吸着剤で，イオン交換樹脂などとともにクロマトグラフィーの重要な材料として利用されている（12章参照）．

演習問題

5.1 次の化合物の水への溶解度を求めよ．必要な定数は付表の値を用いよ．
 （i） AgCl （iv） $CaCO_3$
 （ii） AgI （v） $MgNH_4PO_4$
 （iii） $Fe(OH)_3$

5.2 AgCl の溶解度に対する以下の物質の影響を説明せよ．
 （i） NaCl
 （ii） $AgNO_3$
 （iii） NH_3

5.3 0.001 M の $CaCl_2$ 溶液から CaC_2O_4 が沈殿し始めるときの $C_2O_4^{2-}$ 濃度はいくらになるか．

5.4 問5.3において，Ca^{2+} の 99.9％ を沈殿させるには，$C_2O_4^{2-}$ 濃度をいくらにしたらよいか．

5.5 ランタノイド（III）イオン（La^{3+} から Lu^{3+} まで）のイオン半径は原子番号の増加とともに減少する（ランタノイド収縮）．これらのイオンに対する強酸性陽イオン交換樹脂の選択性の序列について説明せよ．また，水相に EDTA などのアミノポリカルボン酸を加えるとランタノイドイオン間の選択性を著しく高めることができる．この原理について考察せよ．

6 溶媒抽出分離

- 物質の二相間分配に基づく化学分離法の理解
- 分配定数と分配比
- 金属イオンに対するいろいろな抽出系とその選択性
- 抽出（分配）平衡の理解

6.1 液-液分配

　混合物のなかから目的の成分を取り出して分析したり，不純物と目的物質とを分けて精製したり，分離は化学において欠くことのできない技術となっている．化学的な分離法では，普通，異なった二つの相が用いられる．たとえば，蒸留は気相と液相を使っているし，5章で学んだ沈殿やイオン交換は固相と液相を使った分離法である．溶媒抽出は，混ざり合わない二つの液体（通常は水と有機溶媒）を振り混ぜて，目的成分を一方の液相に抽出分離する方法であり，液-液分配ともよばれる．この方法は簡単な操作で，高い分離効率を得ることができ，微量からマクロ量の物質の分離や精製に用いられ，工業的にも重要である．また，その化学平衡（分配平衡）の考え方は，クロマトグラフィーをはじめとする物質の二相間分配に基づいた分離法の基礎となっている．

a. 分配比と抽出率

　図6.1をみてみよう．溶質としてAとBを含む水溶液に，それと混ざり合わない有機溶媒を加えて振り混ぜたとしよう．AもBも水相と有機相の二相間に分配しているが，Aの大部分は有機相に分配し，一方Bはそのほとんどが水相に存在している．このようにAとBは，その分配の大きさの違いによって分離されることになる．物質が振り混ぜ後どのように二相間に分配したかは，両相中の物質の濃度の比によって表すことができる．これを分配比といい，Dで表す．たとえば水相中と有機相中のAの全濃度がそれぞれC_A，$C_{A,org}$であれば，その分配比は

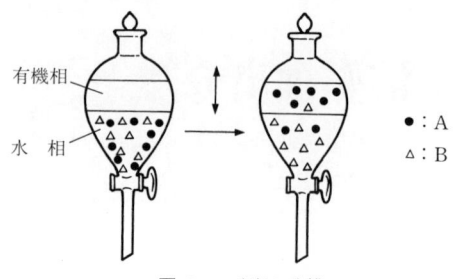

図 6.1 分配と分離

●：A
△：B

$$D=\frac{C_{A,org}}{C_A}$$

となる．この値が大きいほど，より多くの A が有機相に抽出されたことになる．

 もう一つの表し方として抽出率(%E)がある．これは初めに水溶液中にあった物質のうち，何%が有機相に抽出されたかを表すもので，わかりやすく実用的である．%E と D の関係は，水相と有機相の体積をそれぞれ V，V_{org} とすると，

$$\%E=\frac{100 C_{A,org} V_{org}}{C_{A,org} V_{org}+C_A V}=\frac{100 D}{D+V/V_{org}}$$

となる．いま，$V=V_{org}$ とすると，%$E=1$ のとき $D≈10^{-2}$，%$E=50$ のとき $D=1$，%$E=99$ のとき $D≈10^2$ となる．抽出率は両相の体積比によって変わるので，多量の水相から少量の有機相に物質を抽出して濃縮を行うさいには，もっと大きな D が必要となる．たとえば $V/V_{org}=10$ のときには，$D=10^2$ でも %$E=91$ となってしまう．%$E=99$ を得るためには $D=10^3$ という高い値が必要となる．

 分配比が低いため一回の抽出操作で完全に抽出できなくても，抽出を繰り返すことによって目的を達成することができる．たとえば図 6.1 の A のように，抽出後の水相にまだ一部が残っている場合には，その水相を取り出して，もう一度，新しい有機溶媒と振り混ぜれば，残りの A はほぼ完全に抽出することができる．一方，A とともに抽出された少量の B を除くには，その有機相を新しい水相と振り混ぜて B を水相に逆抽出すればよい．これを相洗浄とよぶ．ただし，A の分配比が十分に高くないとその損失も起こる．

 A と B の分離の程度を表すのに，それぞれの分配比の比で定義される分離係数 $α$ が使われる．

$$\alpha = \frac{D_A}{D_B}$$

AとBの分離の目安として，Aの抽出率が99％のときにBの抽出率が1％とすると，$V = V_{org}$ のとき，それぞれ $D_A = 10^2$，$D_B = 10^{-2}$ に対応し，$\alpha = 10^4$ となる．すなわち，α が 10^4 以上あれば1回の抽出操作でAとBは定量的に分離でき，α の値がそれより小さい場合には，相洗浄や抽出を繰り返す必要がある．

b. 分配定数

それでは物質の分配比はどのようにして決まるのだろうか．分配の化学平衡について考えてみよう．物質が水相および有機相で，ただ一種類の同じ分子量をもった化学種（A_1）として存在している場合には，その分配は次のような平衡によって表される．

$$A_1 \rightleftarrows A_{1,org}$$

ここで，添え字の org は，その物質が有機相に存在することを示し，添え字のないものは水相に存在することを意味している．この式の平衡定数は

$$K_D = \frac{[A_1]_{org}}{[A_1]}$$

と書くことができる．K_D は分配定数あるいは分配係数とよばれる平衡定数で，物質の二相間分配におけるもっとも重要な定数である．K_D は温度，圧力，物質と有機溶媒の種類，それに水相の組成が決まれば，物質の濃度とは無関係に一定値をとる．表6.1には，Br_2 と I_2 の水相といろいろな有機溶媒間の分配定数の値が示されている．有機溶媒によって K_D は大きく変化するが，いずれも Br_2 より I_2 の K_D のほうが大きくなっている．分配定数は本質的には，その物質の水相と有機相へのモル溶解度の比と等しくなるので（5.2節参照），同じ物質については，その

表 6.1 臭素とヨウ素の分配定数（K_D）

有機溶媒	Br_2	I_2
ヘキサン	14.5	35.6
四塩化炭素	28.1	86.4
クロロホルム	36.8	122
ベンゼン	87.0	350

水相は 0.01 M $HClO_4$ 溶液
T. Sekine, Y. Hasegawa, "Solvent Extraction Chemistry", p. 110, Table 4.6, Marcel Dekker(1977)より一部引用

溶解度の高い有機溶媒ほど K_D は大きくなっている．

c. 酸・塩基の分配比

溶質がそれぞれの相において，いろいろな異なった化学種として存在する場合には，分配比は次のように表される．

$$D_A = \frac{C_{A,org}}{C_A} = \frac{[A_1]_{org}+[A_2]_{org}+\cdots}{[A_1]+[A_2]+\cdots}$$

たとえば，酢酸やフェノールのような弱酸は水相中で酸解離するので，その分配比は

$$D = \frac{[HA]_{org}}{[HA]+[A^-]} \tag{6.1}$$

と書ける．ここで，HA は酸を，A^- はその共役塩基を表す．よって弱酸の二相間の化学平衡は，図6.2(a)のように模式的に書くことができる．ここで K_D は HA の分配定数である．

$$HA \rightleftharpoons HA_{org} \tag{6.2}$$

$$K_D = \frac{[HA]_{org}}{[HA]} \tag{6.3}$$

図6.2からわかるように，HA の分配比は水相のオキソニウムイオンの濃度によって変わるはずである．図6.3には，フェノールの分配比および抽出率が，水相のpH によってどのように変化するかが示されている．pH が高くなるにつれて，水相中でのフェノールの酸解離が進み，フェノールが水相に溶解してくることがわかる．このような pH によるフェノールの分配比の変化は，次のように定量的に取り扱うことができる．フェノールの酸解離定数 K_a と式(6.3)の K_D を，式(6.1)に代入すると

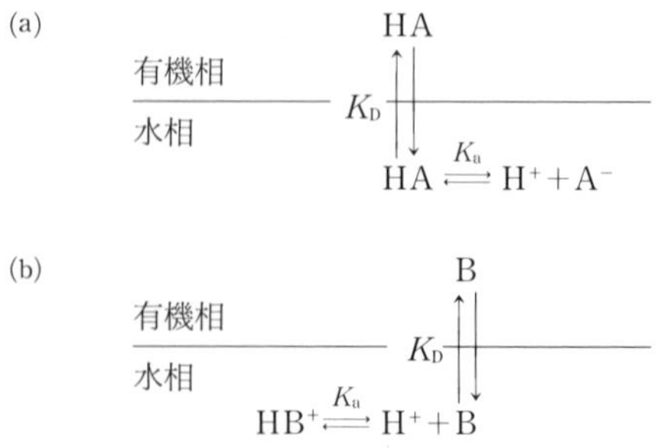

図 6.2 弱酸(HA)と弱塩基(B)の分配

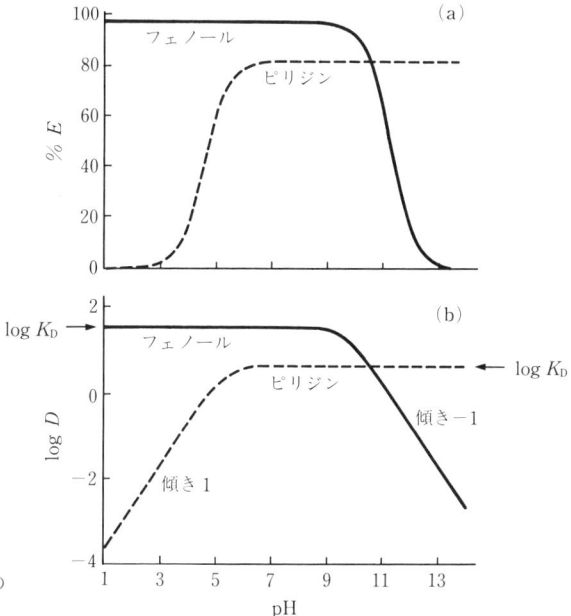

図 6.3 1-オクタノール/水間の
弱酸と弱塩基の分配の例

$$D = \frac{K_D}{1 + K_a[H^+]^{-1}} \tag{6.4}$$

が得られる．オキソニウムイオンの濃度が高くて $[H^+] \gg K_a$ のとき，$1 + K_a[H^+]^{-1} \approx 1$ と近似でき，$D = K_D$ となる．逆に $[H^+] \ll K_a$ のときは，$1 + K_a[H^+]^{-1} \approx K_a[H^+]^{-1}$ と近似できる．近似した式(6.4)を対数をとって書き直すと

$$\log D = -\text{pH} + \log K_D + pK_a \tag{6.5}$$

となり，図6.3(b)にあるように，pHの高いところで傾き−1の直線となることがわかる．

　図6.2(b)および図6.3には，弱塩基(B)であるピリジンの分配平衡と分配比のpH依存性も示されている．フェノールとは対照的に，pHが低くなるにつれてピリジンの分配比は低くなっている．これは酸性でピリジンにプロトン付加が起こって陽イオンとなり，水相に溶解してくるためである．

　いうまでもないが，以上のフェノールとピリジンの液-液分配の特性を使えば，両者を簡単に分離することができる．溶媒抽出は有機化合物の主要な精製法の一つとして利用されている．

分配定数と生物濃縮

医薬品の効果，あるいは化学物質の生物に対する毒性の強さは，それらの化学物質が，どの程度生体内へ取り込まれるかによって大きく異なってくる．化学物質の1-オクタノールと水間の分配定数（この分野では普通，用語として分配係数が使われる）は，生物体による化学物質の取り込み（生物濃縮）の尺度として利用されている．ここで，オクタノール相は生物体の脂質に，水相は水環境に対応している．次々と生み出される新しい化学物質の安全性を評価するために，化学構造から分配定数を推定する理論的な研究も行われており，それらの成果に基づいたコンピューターソフトウェアも登場している．

6.2 金属イオンの溶媒抽出

溶媒抽出は金属元素の分離，精製，濃縮のもっとも重要な方法であり，その用途はきわめて広い．化学分析においては，定量のさいに妨害となる物質から目的元素を分離したり，少量の有機相に濃縮するのに用いられる．工業的には有用元素，とくにレアメタル（希少金属）の精製・回収法として，また核燃料の処理にも用いられている．

金属イオンの抽出のしくみを描いたのが図 6.4 である．水溶液中では金属イオンは強く水和している．これを水と混ざり合わない有機溶媒に溶かすためには，

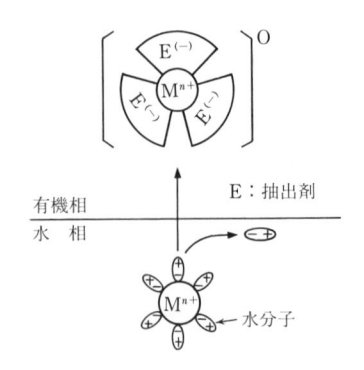

図 6.4 金属イオンの抽出のしくみ

(1) 酸性キレート試薬(HA)

2-テノイルトリフルオロアセトン(Htta)　　　　8-キノリノール(Hq)　　ジエチルジチオカルバミン酸
　　　　　　　　　　　　　　　　　　　　　　　　　　　　　　　　　　　（安定な Na 塩が使われる）

(2) イオン会合試薬
　　陰イオン(X^-)
　　$Cl^-, Br^-, I^-, NO_3^-, SCN^-$　　ClO_4^-, ピクリン酸
　　陽イオン(C^+)
　　$(C_8H_{17})_3N$　　　　　　　　$(C_8H_{17})_3N^+CH_3 \cdot Cl^-$　　　　　　　$(C_6H_5)_4As^+ \cdot Cl^-$
　　$((C_8H_{17})_3NH^+ \cdot Cl^-)$　　　トリオクチルメチルアンモニウム　　テトラフェニルアルソニウム
　　トリオクチルアミン(TOA)　　　クロリド($TOMA^+ \cdot Cl^-$)　　　　クロリド($TPA^+ \cdot Cl^-$)

(3) 中性配位子(L)

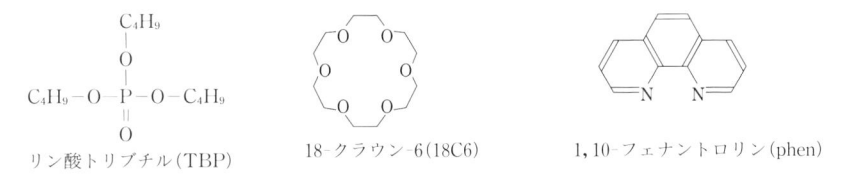

リン酸トリブチル(TBP)　　18-クラウン-6(18C6)　　1,10-フェナントロリン(phen)

(4) 配位性溶媒(S)
　　イソブチルメチルケトン，ジイソプロピルエーテル，酢酸ブチル，ブタノール

図 6.5　抽出剤の例

水和している水分子をはずしてやらなければならない．また，イオンを水から有機溶媒に移すには，電気的な中性を保つため，必ず対イオンが必要となる．したがって抽出剤(E)の役割として，① 金属イオンと錯形成して配位水を置換すること，② 金属イオンの電荷を中和することである．また，抽出剤の親油性あるいは疎水性が高いと，生成した錯体も同様な性質をもち，抽出に有利となる．有機溶媒の役割は，水とは混ざり合わないもう一つの相を形成して，金属-抽出剤錯体を溶かすことであるが，それ自身が抽出剤としてはたらく場合もある．図 6.5 には，抽出剤をそのはたらきから四つに分類し，それぞれの代表的な試薬があげられている．(1)と(2)は電荷をもった抽出剤で，(3)と(4)は無電荷の配位子としてはたらくもので，中性抽出剤とよぶこともできる．これらは互いに組み合わされて用いられる場合が多い．それぞれの抽出のしくみをもう少し詳しくみてみよう．

a. HAのみ，HAとLあるいはHAとSによる抽出

酸性キレート試薬（HA）はその構造からもわかるように，解離し得るプロトンをもつ弱酸で二座配位子である．解離した試薬が金属イオンに，O—O，O—N，S—Sで配位して水和水分子をはずし，同時に金属イオンの電荷も中和して，有機溶媒に可溶なキレートを生成する．たとえばFe^{3+}は，テノイルトリフルオロアセトン（Htta）と次のようなキレート（$Fe(tta)_3$）をつくって，ベンゼンなどの無極性有機溶媒に容易に抽出される．

（構造式：Fe(tta)₃ のキレート構造）

一方，多くの二価金属イオンでは，tta^-が二分子結合して電荷が中和されても，なお配位水分子が残っている場合が多く，抽出性は低い．同様の現象は，配位数の大きな三価のランタノイドイオンについてもみられる．このような場合，中性配位子Lを共存させて抽出すると，残っている配位水分子がそれらの有機配位子によって置換され，金属イオンの抽出が飛躍的に改善される．たとえばNi^{2+}は

$$Ni(tta)_2(H_2O)_2 \xrightarrow{TBP} Ni(tta)_2(TBP)_2$$

のような付加錯体となって，無極性溶媒にきわめて容易に抽出されるようになる．このように二種類の抽出剤を使ったほうが，それらを単独に使ったときよりも抽出性がはるかに高くなる現象を**協同効果**という．有機溶媒として，図6.5の(4)のような配位性溶媒Sを用いた場合にも，同様の効果によって金属イオンの抽出性が飛躍的に高まる．すなわち，それらの溶媒分子は，金属イオンに配位することのできる酸素原子をもっており，中性配位子と同様に，金属イオンに残っている配位水を置換することができる．協同効果ならびに配位性溶媒の効果は，アルカリ土類金属(II)イオン，第一遷移金属(II)イオン，そして希土類金属(III)イオンの抽出においてとくに重要である．

O—O配位のHttaは代表的なβ-ジケトンであり，適当な中性抽出剤と組み合わせれば，アルカリ金属イオンを除くほとんどすべての金属イオンの抽出に利用できる．O—N配位の8-キノリノールは，図6.6にあるように抽出可能な金属イ

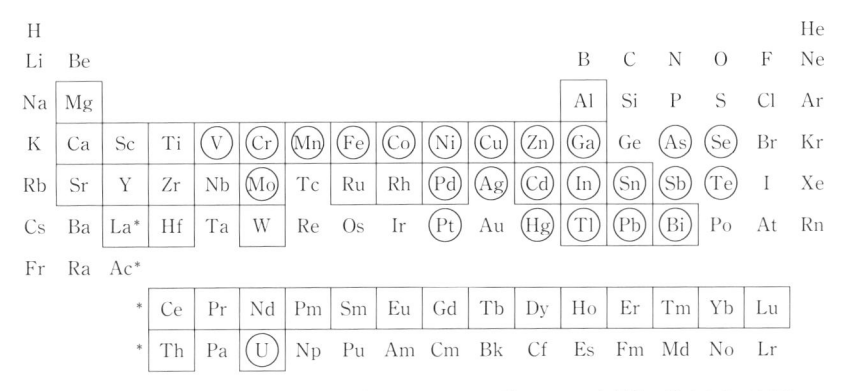

H																	He
Li	Be											B	C	N	O	F	Ne
Na	□Mg□											□Al□	Si	P	S	Cl	Ar
K	□Ca□	Sc	Ti	ⓥ	Ⓒr	Ⓜn	Ⓕe	Ⓒo	Ⓝi	Ⓒu	Ⓩn	□Ga□	Ge	Ⓐs	Ⓢe	Br	Kr
Rb	□Sr□	Y	Zr	Nb	Ⓜo	Tc	Ru	Rh	Ⓟd	Ⓐg	Ⓒd	□In□	□Sn□	□Sb□	Ⓣe	I	Xe
Cs	Ba	La*	Hf	Ta	W	Re	Os	Ir	Ⓟt	Au	Ⓗg	□Tl□	□Pb□	□Bi□	Po	At	Rn
Fr	Ra	Ac*															

*	□Ce□	Pr	Nd	Pm	Sm	Eu	Gd	Tb	Dy	Ho	Er	Tm	Yb	Lu
*	□Th□	Pa	Ⓤ	Np	Pu	Am	Cm	Bk	Cf	Es	Fm	Md	No	Lr

図 6.6　8-キノリノールとジエチルジチオカルバミン酸によって定量的に抽出される元素
　　□：8-キノリノールにより抽出される元素
　　○：ジエチルジチオカルバミン酸により抽出される元素

オンの数は Htta と大差はないが，アルカリ土類金属(II)と希土類金属(III)に対する抽出能力は著しく低くなる．また，遷移金属(II)は Htta よりも抽出されやすくなる．S—S 配位のジエチルジチオカルバミン酸では，アルカリ土類金属(II)も希土類金属(III)もまったく抽出されず，周期表上で S の位置に近い半金属元素類や重金属類が，強酸溶液からでも抽出されるようになる（図6.6）．したがって，抽出の選択性は，ジエチルジチオカルバミン酸がもっとも高いということができる．これは3章で述べたように，配位原子の種類によって金属イオンに対する親和性が異なるからである．抽出剤を選ぶときには，目的元素に対する抽出能力を考慮することはもちろんであるが，分離の対象となる共存元素との抽出性の差（選択性）を考えることが大切である．

b. X^- による抽出

図6.5の(2)イオン会合試薬のうち，破線で囲った陰イオンは，金属イオンに結合してその配位水をはずすことができる．その中でハロゲン化物イオンは，単独でもいくつかの金属イオンの優れた抽出剤としてはたらく．$GeCl_4$, $AsBr_3$, SnI_4, HgI_2 など電荷のない単純な無機化合物が，適当な濃度のハロゲン化物の酸溶液から，ベンゼンなどの無極性溶媒に簡単に抽出される．これらの抽出は選択性も非常に高い．

c. X^- と C^+, X^- と S による抽出

Fe^{3+}, Ga^{3+}, Au^{3+}, Zn^{2+}, Cd^{2+}, Hg^{2+} など,多くの金属イオンはハロゲン化物イオンと錯陰イオンを形成する.それらは,第四級アンモニウム型の大きな有機陽イオンによってイオン対となり電荷が中和され,クロロホルムなどいくらか極性をもった溶媒によく抽出される.たとえば,

$$TPA^+ \cdot GaCl_4^-, \quad HTOA^+ \cdot FeCl_4^-, \quad (TOMA^+)_2 \cdot CdCl_4^{2-}$$

などのイオン対である.水相中の塩酸濃度によってそれぞれの錯陰イオンの生成量が異なってくるので,塩酸濃度の調節によって分離も可能となる.

ハロゲン化物の錯陰イオンは,エーテルやケトンなどの配位性溶媒を用いても抽出することができる.Fe^{3+} の塩酸溶液からエーテルへの抽出は古くから知られており,抽出種は

$$(H_3O)(H_2O)_m S_n^+ \cdot FeCl_4^-$$

と考えられている.溶媒分子がオキソニウムイオンあるいは水和したオキソニウムイオンに結合(水素結合)して,全体として大きな陽イオンとなっている.中性配位子 TBP もこのタイプの抽出に使われる.

d. X^- と L

中性配位子 L は,金属イオンと結合して錯陽イオンを形成するので,ClO_4^- やピクリン酸イオンなどのように金属イオンへの配位性の低い陰イオンでも,錯陽イオンとイオン対を形成して有機相に抽出される.たとえば,クラウンエーテルは,一般に錯形成能の低いアルカリ金属やアルカリ土類金属イオンと安定な錯陽イオンをつくり,ピクリン酸イオンによって容易に抽出される.

有機溶媒としては,イオン対が溶解しやすいようにいくらか極性をもったクロロホルムや 1,2-ジクロロエタンがよく使われる.

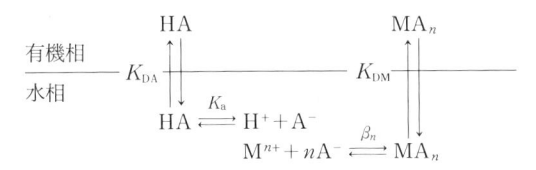

```
              HA              MA_n
有機相  ─── K_DA ↕ ─────── K_DM ↕ ───
水相           │ K_a              │
              HA ⇌ H⁺ + A⁻        │
                        β_n       │
                   M^{n+} + nA⁻ ⇌ MA_n
```

図 6.7 酸性キレート試薬(HA)による金属イオン(M^{n+})の抽出

6.3 抽出平衡と分離の予測

抽出を分離や分析に実際に用いようとするとき，まず，これまで述べたような観点から目的金属イオンに適した抽出系を選ぶことになる．次に実施にあたって，抽出試薬の濃度，pHや酸濃度を最適化しなければならない．そのさい，抽出平衡の理解は大きな助けとなる．

ここでは，キレート抽出平衡をモデルにして考えてみよう．酸性キレート試薬（HA）による金属イオン（M^{n+}）の抽出反応は，図6.7のように考えることができる．有機相に溶かしたHAは，弱酸なので水相に分配して酸解離する．水相中でM^{n+}とA^-が反応して無電荷のキレートMA_nが生成し，それが有機相に分配することによってM^{n+}が抽出されることになる．Le Chatelierの平衡移動の原理から，水相のpHと有機相の試薬濃度によって金属イオンの抽出量が変化することは容易に想像できる．以上の反応式に適当に係数を付けて足し合わせてみよう．

$$\begin{aligned}
& n(HA_{org} \rightleftharpoons HA) \\
& n(HA \rightleftharpoons H^+ + A^-) \\
& M^{n+} + nA^- \rightleftharpoons MA_n \\
+) \ & MA_n \rightleftharpoons MA_{n,org} \\
\hline
& M^{n+} + nHA_{org} \rightleftharpoons MA_{n,org} + nH^+
\end{aligned} \quad (6.6)$$

したがって，金属イオンの抽出反応は，式(6.6)によって簡単に書き表すことができる．また，その平衡定数は抽出定数 K_{ex} とよばれる．

$$K_{ex} = \frac{[MA_n]_{org}[H^+]^n}{[M^{n+}][HA]_{org}^n} \quad (6.7)$$

金属イオンは，水相中では水和イオン M^{n+} のほか，M–Aの逐次錯体として存在しており，分配比は次のように書ける．

$$D = \frac{[\mathrm{MA}_n]_{\mathrm{org}}}{[\mathrm{M}^{n+}] + [\mathrm{MA}^{(n-1)+}] + \cdots + [\mathrm{MA}_n]} \tag{6.8}$$

しかしながら,水相が酸性で配位子 A^- の濃度が十分に低ければ,M-A 錯体の存在は無視できるので

$$D \approx \frac{[\mathrm{MA}_n]_{\mathrm{org}}}{[\mathrm{M}^{n+}]} \tag{6.9}$$

と近似できる.式(6.9)を式(6.7)に代入し,対数をとると式(6.10)が得られる.

$$\log D = \log K_{\mathrm{ex}} + n \log [\mathrm{HA}]_{\mathrm{org}} + n\mathrm{pH} \tag{6.10}$$

分配比は pH と有機相の HA 濃度の関数であることがわかる.有機相の HA 濃度が一定であれば,$\log D$ と pH のプロットは傾き n(金属イオンの電荷に等しい)の直線となるはずである(図6.8参照).また,抽出率が 50 % となる pH を $\mathrm{pH}_{1/2}$ と表すと,水相と有機相の体積が等しいとき $D=1$ となるので,式(6.10)は式(6.11)のようになる.

$$\mathrm{pH}_{1/2} = -\frac{1}{n} \log K_{\mathrm{ex}} - \log [\mathrm{HA}]_{\mathrm{org}} \tag{6.11}$$

この式より,有機相中の試薬濃度を 10 倍にすると $\mathrm{pH}_{1/2}$ が 1 だけ低くなることがわかる.またこの式を使えば,抽出定数から任意の試薬濃度での抽出曲線が簡単に引ける.

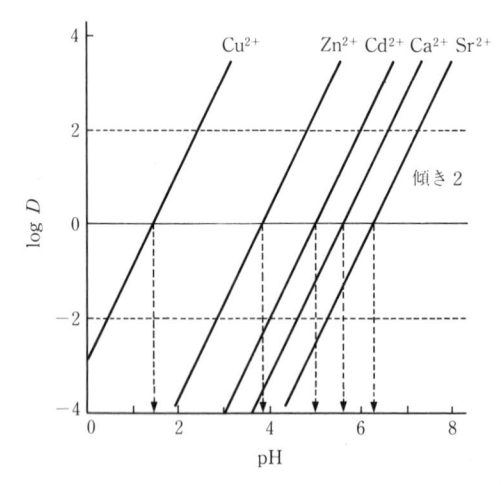

図 6.8 0.1 M Htta による金属(II)イオンのイソブチルメチルケトンへの抽出
↓はそれぞれの $\mathrm{pH}_{1/2}$ を示す

表 6.2 0.1 M の Htta のイソブチルメチル
ケトン溶液による金属(II)の抽出

金属(II)	$\log K_{ex}$	$pH_{1/2}$
Cu	-0.94	1.47
Zn	-5.69	3.85
Cd	-8.00	5.00
Ca	-9.20	5.60
Sr	-10.50	6.25

Htta による金属(II)の抽出定数と, Htta 濃度が 0.1 M のときの $pH_{1/2}$ の計算値を表 6.2 に示す. $\log D$ と pH のプロットは, ($\log D = 0$, $pH_{1/2}$) の点を通る傾き 2 の直線であり, 図 6.8 はそのようにしてつくられた抽出曲線である. 必要ならば縦軸は D から %E にも容易に換算できる. この図より, Cu^{2+} は pH 2.5 以上で定量的 (99% 以上) に抽出され, 他の金属イオンから分離できると予測される. また, 抽出された $Cu(tta)_2$ キレートは, それを含む有機相を 1 M の強酸と振とうすれば水相に逆抽出できることもわかるだろう. このように抽出定数がわかれば, 各金属イオンの抽出条件をあらかじめ決めることができるし, また以下のような分離の予測も可能である.

本章のはじめで, 二つの物質の分離の条件として分離係数が 10^4 以上であることを述べた. このことを式(6.10)に適用すると, イオンの電荷が等しいとき, $\log D$ の差が 4 以上になるには, $\log K_{ex}$ に 4 以上の差が必要となる. 表 6.2 の例では, Cu^{2+} はすべての金属イオンから分離できるが, Zn^{2+} と Cd^{2+}, Ca^{2+} と Sr^{2+} の完全な分離は, pH や試薬濃度をどのように調整しても不可能である. もちろん, 既に学んだ金属イオンのマスキングは, このようなときに有効な場合がある. 抽出性の低い金属イオンと, より安定な水溶性錯体を形成するマスキング剤を加えれば分離を高めることができる. 例えば, Zn^{2+} と Cd^{2+} の抽出の場合には, CN^- や I^- がそのようなマスキング剤となることが期待される (3 章, 表 3.1, 表 3.2 参照).

最後に, 溶媒抽出において金属イオンの分離を支配するものが何かを考えてみよう. 抽出反応式(6.6)は, 実際には図 6.7 に示されるいろいろな反応からなることは既に述べた. したがって, その平衡定数である抽出定数も見かけの定数であって, 図 6.7 の各反応の平衡定数からなっている. すなわち,

$$K_{ex} = \frac{K_{DM}\beta_n K_a{}^n}{K_{DA}{}^n}$$

電荷 n が等しいとき，二つの金属イオン A と B の分離係数は次のようになる．

$$\alpha = \frac{D_A}{D_B} = \frac{K_{ex,A}}{K_{ex,B}} = \frac{K_{DM,A}\beta_{n,A}}{K_{DM,B}\beta_{n,B}}$$

抽出による分離が，水相中での金属キレートの生成定数と，それの二相間の分配定数の違いに基づいていることがわかる．

演習問題

6.1 分配比 (D) が 1 の物質を，10 ml の水相から抽出するとき，
  (i) 1 回で 90 % 抽出するには何 ml の有機相が必要か．
  (ii) 1 回に 10 ml の有機相を用いて 90 % 抽出するには，その抽出を何回繰り返さなければならないか．

6.2 8-キノリノール (Hq) は両性物質であり，酸性溶液中ではプロトン化した H_2q^+ を，塩基性溶液中では解離した q^- を生成する．ここで，それぞれの酸解離定数を K_{H_2q}, K_{Hq} とする．また，中性化学種 Hq は分配定数 K_D に従って二相間に分配する．以上の分配平衡を図 6.2 にならって表せ．

6.3 8-キノリノールの分配比を水相中のオキソニウムイオン濃度の関数として表せ．

6.4 問 6.3 の式を適当に近似することによって，8-キノリノールの $\log D$ 対 pH の図を作成せよ．

6.5 二つの二価金属イオンをキレート抽出によって定量的に分離するには，$pH_{1/2}$ にいくらの差が必要か．ただし定量的分離の条件として，一方の金属イオンは $\%E > 99\%$，もう一方は $\%E < 1\%$ とする．

6.6 問 6.5 において，三価の金属イオンの場合にはどうなるか．

6.7 テノイルトリフルオロアセトン (Htta) による Fe^{3+} のベンゼンへの抽出に関して $\log K_{ex} = 3.30$ と求められている．Htta の初濃度を 0.001 M，水相と有機相の体積がそれぞれ 10 ml のとき，$\log D$ 対 pH，および $\%E$ 対 pH の図を作成せよ．ただし，Htta の $\log K_D = 1.62$, $pK_a = 6.23$ とする．

7 電気化学分析の特徴と種類

- 電気化学分析の特徴
- 電極の分析ツールとしての役割
- 電気化学測定の方法と測定系

7.1 電気化学反応の特徴と利用

　電気化学分析では，一般に電極を溶液中に入れ，その電極から得られる電圧，電流などの情報を解析することにより，主として電子やイオン，金属塩，錯体などの荷電物質の状態変化や移動現象などから生じるエネルギー量の変化を測定する．また，時には外部から電極に電圧をかけたり，電流を流したりして，溶液中の物質を電気分解（電解）し，電解される物質（電解成分）や電解に必要な測定系の条件，電解で変化する電気量などを測定する．つまり，この分析法では，"調べたい物質が本質的にもっている化学エネルギーの一部を電気エネルギーに変換して，二つのエネルギー変換の過程や量的関係を調べて分析に利用する"．このことを念頭においておこう．

　荷電物質がかかわる"電気化学反応"は，われわれの体の中で，生きていくうえで不可欠なエネルギー伝達や痛みなどの信号伝達に重要な役割を果たしている．また電池，メッキなどの電解，さびや腐敗などの腐食，酸化といった日常生活にも深い関係があり，現在までにこの分野の研究はかなり活発に行われてきた．その結果，電気化学の学問大系は理論や機構およびそれらの定量的取扱いが整理され，簡単なイオンの定量から，複雑な溶液内反応の解析までを詳しく調べることのできるいくつかの有用な分析手法を確立している．

　電気化学分析の特徴は，主として溶液中の化学物質の状態をより詳しく，正しく知るための化学形態および活量の決定ができる点にある．化学形態とはイオン

であるのかないのか，価数はいくつか（たとえばFe，Fe(II)，Fe(III)など）といったことである．活量とはこれらが混合溶液中でどの程度直接反応に寄与するのか（濃度ではない）を示す熱力学的物理量である．さらに詳しい電気化学分析の知識を身につければ，電極反応がどのように進行していくかという機構や定量的な変化を調べること（速度論的解析）も可能である．また，電極を使用した分析法は，異なった相界面や電極表面の非平衡状態（たとえば，正イオンと負イオンの数が異なる場や表面あるいは界面でのみ起こる化学反応の解明など）を知ることができる点でも，他の分析法と異なった特徴をもっている*．

歴史的には，Alessandro Volta (1745-1827) による電池の開発が，電気化学の学問体系の始まりであるといわれている．電池は，固体，液体などの異なった相の間で行われる化学反応を通じて，物質本来のもつ化学エネルギーを電気エネルギー（電流）に変えて取り出す巧みな化学系の一つである．電池はさまざまな電気化学反応を考えさせてくれるモデルである．

一例として，図7.1のような単純な電池を考えると，左側の電極では，

$$A^+ + e^- \longrightarrow A \tag{7.1}$$

の反応が，一方，右側の電極では，

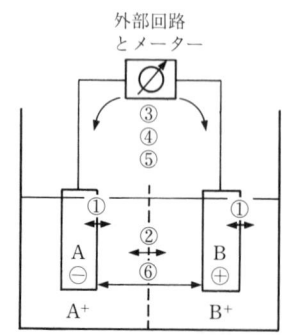

成分Aの還元の場合：
$A^+ + e^- \rightarrow A$
（カソード）

成分Bの酸化の場合：
$B \rightarrow B^+ + e^-$
（アノード）

図 7.1 電池と電極反応
　　　　図中の数字は本文 p.94 に関連

---

* 本章を理解するための基礎として，まず4章を学んでほしい．4章では溶液中の酸化還元反応を中心に考えたが，この章では電極反応から何が起こるのかを理解することが主目的である．

$$B \longrightarrow B^+ + e^- \tag{7.2}$$

の反応がそれぞれ進行する．ここで，右向きの反応，すなわち物質 A^+ が電子を受け取る反応は還元であり，逆に左向きの反応，すなわち物質 B が電子を放出する反応は酸化である．この場合，還元反応の起こっている電極をカソードとよび，酸化反応の起こっている電極をアノードとよぶ*．

この両極の反応を足し合わせると，

$$\underset{(\text{イオン A})}{A^+} + \underset{(\text{固体 B})}{B} \underset{}{\overset{e^-}{\rightleftharpoons}} \underset{(\text{固体 A})}{A} + \underset{(\text{イオン B})}{B^+} \tag{7.3}$$

となり，溶液中成分 A の析出反応と電極中成分 B の溶解反応の二反応が同時に進行することがわかる．ここで，両極をつなぐと電流（電気エネルギー）を取り出すことができる．

このような電気化学系は，通常，

$$A|A^+(C_{A^+})\|B^+(C_{B^+})|B \tag{7.4}$$

のように書き表す．ここで，| は異なる二相の境界（相境界）を，‖ は異なる二種の液層の境界（液-液境界）を，括弧の中は対応する電解質のモル濃度(M)を示す．

この電極系の話をもう少しわかりやすくするために，4 章に例のあった以下のダニエル電池の反応系を考えてみよう．

ダニエル電池の電極の反応は，

$$Cu|Cu^{2+}(1\,M)\|Zn^{2+}(1\,M)|Zn \tag{7.5}$$

$$Cu^{2+} + 2e^- = Cu : \qquad E° = 0.337\,V \tag{7.6}$$

$$-)\ Zn^{2+} + 2e^- = Zn : \qquad \underline{E° = -0.763\,V} \tag{7.7}$$

$$Cu^{2+} + Zn = Cu + Zn^{2+} : \qquad 1.100\,V \tag{7.8}$$

この系を図 7.1 にあてはめれば，A が Cu で，B が Zn ということになる．ここで電流をほとんど流さないように高抵抗を挟んで両電極を導線でつなぐと，理想的には 1.100 V の電圧が測定される．

次に抵抗を入れずに導線をつなぐと Cu^{2+}（イオン）は Cu（金属）に還元され，

---

* アノード，カソードのほかに正極，負極，陽極，陰極などがしばしば混同して使われている．本書では，日本語の表現として，現在もっとも一般に使われているアノード（酸化反応の起こっている電極，あるいは電子を放出する反応を担う電極）とカソード（還元反応の起こっている電極，あるいは電子を受け取る反応を担う電極）という言葉を使用する．

Zn（金属）は Zn^{2+}（イオン）に酸化される反応が起こる．この場合，はじめは大きい電流が流れ，次第に減少して，最後には電流が流れなくなる．これを自然放電というが，化学反応により電気エネルギーが生じ，電流となって観察されたわけである．このような系を**電池**という．

この実験とは別に，外部電源を両極の間に入れ，1.100 V 以上の電圧を電極系で得られる電場と逆向きにかけると，溶液中では，Zn^{2+} が Zn に還元され，同時に Cu が Cu^{2+} に酸化される．このような系を**電解**という．

電解においては，外部電源は電子を電極へ強制的に注入する役割をする．そして，その電子を電極を介して受け取りやすいイオンへ電子を受け渡す．このとき，もう一方の電極では，溶液中でもっとも容易に酸化されやすい物質が電極へ電子を放出する．

このような電極が介在する電極反応の話をさらに進めて，図 7.1 に示す系を電気化学反応系の一つの典型的モデルとして考えてみよう．そうすると，いくつかの定量的な分析手法が理解できるはずである（〈 〉には，それぞれの現象に関連する分析法の名前を示す）．

① 個々の極で，電流と溶液中のイオンとの間で酸化または還元反応が起こっており，両極間で異なった電位が観察される．
   〈酸化-還元電位測定〉
② 電解成分（A^+，B^+）が液-液で接している界面では両層の組成が違うと電位差が生ずる．
   〈液-液界面電位測定〉
③ 高抵抗をはさんで両極を導線でつなぐと①と②に関連した電位が測定される．
   〈電位差分析法（ポテンシオメトリー）〉
④ 単に両極を導線でつなぐと電流（電気エネルギー）が取り出せる．
   〈電流分析法（アンペロメトリー）〉
⑤ 強制的に外部から電流を流したり，電圧を加えると，電極物質（A または B）と溶液中の物質（A^+，B^+ など）の量に変化が起きる．また，これらの物質に関連した独特の電流の変化が観察される．
   〈電解電量分析法（クーロメトリー），電解質量分析法（エレクトログラビメトリー），ボルタンメトリー〉

⑥ 両極の間の溶液の抵抗は，溶液中に存在するイオンの種類と濃度に依存する．
　〈電導度分析法（コンダクトメトリー）〉

7.2 電気化学測定の方法

　電気化学測定とは，目的とする化学物質を電気的な応答（電位や電流など）として取り出し，解析することである．測定する物理量と関連して特徴づけられる代表的な電気化学分析方法を表7.1にまとめた．これらの方法を簡単に述べると，以下のようである．先の図7.1をみながらそれぞれの測定法を考えてみよう．

　（ⅰ）電位差分析法：　電流をほとんど流さない状態で二つの電極間に生じた電位差を測定することによって，溶液中のイオンの濃度を求める方法．

　（ⅱ）電解重量分析法：　電気分解によって目的成分（電解成分）を析出分離し，その質量から目的成分を定量する方法．

　（ⅲ）電解電量分析法：　目的物質（電解成分）をすべて電気分解し，その際に流れた電気量から目的成分を定量する方法．

　（ⅳ）ボルタンメトリー，ポーラログラフィー：　電極の電位を制御して電気分解を行い，流れる電流を測定することによって電流-電位曲線を作成する．その曲線を解析して，電解成分を定性および定量する方法．電極反応の解析にも使われる．

　（ⅴ）電導度分析法：　溶液の抵抗値（電導度）を求めることによって，試料

表 7.1 代表的な電気化学分析法

分析法	測定物理量	おおよその検出限界(M)*	応用
電位差分析法	電位	$10^{-5} \sim 10^{-7}$	pH測定，イオン濃度測定，沈殿滴定など
電流分析法	電流	$10^{-5} \sim 10^{-8}$	イオンクロマトグラフ用検出器など
電解重量分析法	電解析出物の質量	$10^{-5} \sim 10^{-8}$	合金成分分析，電解，有機合成，腐食，防食研究など
電解電量分析法	電位または電流（電気量）	$10^{-5} \sim 10^{-8}$	金属成分精密定量，有機物中水分定量など
ボルタンメトリー，ポーラログラフィー	電位と電流	$10^{-5} \sim 10^{-10}$	無機イオン，有機イオン，金属イオン定量，電解反応解析など
電導度分析法	電導度	$1 \sim 10^{-7}$	イオンクロマトグラフィー検出器，中和，沈殿滴定など

*測定試料量により異なる．

7章 電気化学分析の特徴と種類

●電池
Cell
(Electrode Cells)
化学エネルギー
⇩
電気エネルギー

外部回路とメーター

(ポテンシオメトリー
など)

外部電源
外部回路とメーター

●電解
Electrolysis
電気エネルギー
⇩
化学エネルギー

(アンペロメトリー
ボルタンメトリー
など)

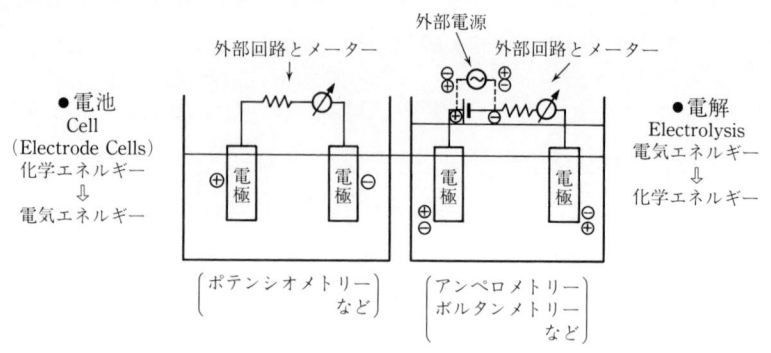

図 7.2　二つの典型的な電気化学測定系(電池と電解)

中の総溶解物質（電解質の総量）を定量をする方法．

このような方法の測定系には，大別して図 7.2 に示すような**電池**と**電解**の二種類の電気化学系があり，いずれの系においても電解質（目的成分を含み，電流を流すことのできる溶液），電極［電位や電流を観察するためのプローブ（探針）］，および外部測定回路や装置［電位を一定に制御できる定電圧源装置（ポテンシオスタットとよばれる）あるいは，電流を一定に制御できる定電流源装置（ガルバノスタットとよばれる）］などを含む．

電池は，化学エネルギーを電気エネルギーに変換する系である．**電解**は，これとは逆に電気エネルギーを系に与えて，化学エネルギーを得る系を意味する．あるいは，これとは違い，電極間に電圧を強制的にかけて酸化または還元反応を行わせる系である．電気化学分析において，電池は電位差分析法の測定系，電解はその他の方法の測定系に用いられる．

このような測定系は，さらに図 7.3 に示す 4 種類の電極系に分けることができ

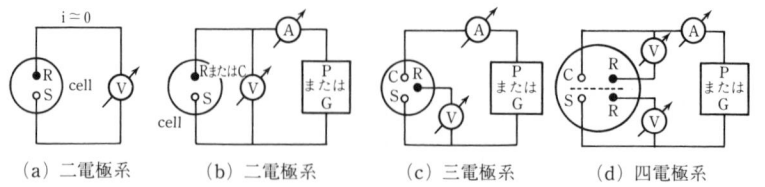

(a) 二電極系　　(b) 二電極系　　(c) 三電極系　　(d) 四電極系

R：基準電極(比較電極)　S：作用電極　C：補助電極(対極)　V：電位差計　A：電流計
P：電圧源　　ポテンシオスタット(Potentiostat)（定電圧を発生）あるいは可変電圧源
G：電流源　　ガルバノスタット(Galvanostat)（定電流を発生）あるいは可変電流源

図 7.3　代表的な 4 種類の電気化学測定系

る．通常，一つの電極では電位や電流を取り出せない（測定できない）ので最低二つの電極が必要となる．二電極系では，2種類の測定系（a）（b）がある．（a）は，電位差分析法に用いられる系であり，外部電源がない．（b）は，二電極間に一定の電位差あるいは，電流を制御する外部電源を有する．この場合，一方の主となる電極を作用極，もう一方を対極という．通常は，作用極に加えられる電圧がきちっと一定になるかどうかが，測定上の問題となる場合が多い．二電極系では，二つの電極間の電位差としてしか制御できない．このため，三電極系（c）や四電極系（d）を使って，それぞれの電極（作用極または対極）の電位を参照電極（比較電極）を使って個別に制御したりモニターしたりする．

どのような測定系を用いるにせよ，微小の電圧や電流（μV や μA 以下）を測定するときには，電極の形状，材質，測定装置の選定や測定系の組み方に十分配慮する必要がある．

また，実際の測定値は，標準酸化還元電位などから算出される理論値とは異なった値が得られることがよくある．これは，電極反応の速度が遅いとき，溶液抵抗が高いとき，電極面積が小さすぎるときなど，反応系や測定系が理想の状態からずれているせいである．こうした要因を念頭において，実際の測定系や測定条件を理想の状態に近づけるよう工夫し，さらに得られた結果を十分検討する．

この章につづく8章から11章では，頻繁に使用されているいくつかの代表的な電気化学分析法を学ぶ．この場合，本章でみてきたように電子やイオンなどの荷電物質が担う電流や電位（電場）が分析対象物質の化学反応とどのように関わっているのかということをよく考えながらみてみよう．

演習問題

7.1 電気化学分析において，単純な二電極系ではなく，三電極系や四電極系を用いる測定の利点は何かを述べなさい（電気化学測定系については，図7.3参照）．

7.2 電気化学分析法のもつ特徴を三つ挙げ，具体的に説明しなさい．

7.3 電気化学分析法の中で，分析時間が比較的短いものと長いものに分類しなさい．そして，なぜ分析に要する時間が短いのか，あるいは長いのかを説明しなさい．

7.4 電解および電池それぞれの電気化学測定系におけるアノードとカソードの役割を説明しなさい．

電気化学測定の感度

電気化学分析を決定づけている一つの重要な要素は，電子一個に与えられた電気量 1.602×10^{-19} クーロン（C）の大きさである．たとえば，その数量を1当量のイオン数（Avogadro 数）と掛け合わせることによって算出されるのが Faraday 定数 $(1.602\times10^{-19}\times 6.022\times10^{23}=96485\ \mathrm{C\ mol^{-1}})$ であるが，電気分解を用いる測定に重要な数値である．この値は5桁と大きいので，ほとんどの電気化学分析は微量分析に適する．

しかし，自然が電子にもっと大きいエネルギー量(定数)を与えてくれたなら，電気化学分析は，光よりもさらに高感度な分析手法ともっと容易な測定を可能にしたことであろう．ただし，光を計測するための光電子増倍管やフォトダイオードなども最終的には光を電子に変換して電気量を測定しており，化学計測において光と電子は，どちらも重要であることに変わりはない．

8 電位差分析法

- 電極電位の発生と電極反応
- Nernst 式の意味（溶液中のイオンと電極電位の関係）
- イオン電極の種類と利用法

8.1 電位差の測定

　溶液中に二つの電極を入れ，両極で得られる電極電位の差を測定して電解成分（主としてイオン）を分析する方法を電位差分析法という．実際には，一定の安定した電極電位を与える参照電極（比較電極）を対極に用い，この極と作用極との電位差を測定する．この場合，作用極の酸化-還元あるいはイオンの濃淡に基づく電極と溶液中の電解成分（イオン）の反応の平衡により，一定の電極電位が発生するので，定量分析ができる．pH 電極，ナトリウム電極などのイオン電極（イオン選択性電極）によるイオン濃度の測定は，その代表例である．電位差分析法では，通常，外部からの電圧や電流を加えずに測定を行う．両極間に電流を流したり，取り出したりすると，電極と電解成分との反応の平衡が崩れ，安定した電極電位の測定ができない．このため，理想的には電流を流さない状態での電極電位測定が望ましく，ゼロ電流電位測定ともよばれる．以前は，その測定系（電池）から得られる起電力（両極間の電位差に相当）とは逆向きで，大きさの等しい電圧を外部から印加して極間電位差を測定していた．いまでは，入力抵抗のきわめて大きい（$10^{13}\Omega$ 程度）直流電圧計（電位差計とよぶ）を用いて測定する．

8.2 イオン濃度と電極電位

　イオン電極を含む実際の電位差測定は，先の図 7.3（a）のような二電極系で行

う．いま，このような系における作用極（イオン電極）において，電解成分 A についての反応が次式のように可逆的に進行し，平衡に達した場合を考える．

$$A^{n+} + ne^- \rightleftharpoons A \tag{8.1}$$

この状態で，電極には，

$$E = E_A^\circ + \frac{RT}{nF}\ln\frac{[A^{n+}]}{[A]} = E_A^\circ + \frac{2.303RT}{nF}\log[A^{n+}]$$

$$= E_A^\circ + \frac{0.0592}{n}\log[A^{n+}] \quad (25°C) \tag{8.2}$$

の電位が発生する．$[A]$ と $[A^{n+}]$ は成分 A および A^{n+} の濃度 (M) で，A のような固体の場合には 1 である*．E_A° は，標準状態［通常は 25°C，1 気圧 (10^5 Pa)］での成分 A の電極電位(V)，R は気体定数(8.3145 J K^{-1} mol^{-1})，T は絶対温度 (K, 25°C = 298.15 K)，F は Faraday 定数($96\,485$ C mol^{-1})，n は電極反応に関与する電子数（ここでは A^{n+} の価数）である．この関係式は成分 A に関する Nernst の式である．ここで重要なのは，溶液中の成分 A^{n+} の濃度の対数 $\log[A^{n+}]$ と実際に電極で発生する電位 E とが比例関係にあるという点である．この電位 E は，混じり合わない二相界面の化学物質の平衡に関連した両相の化学エネルギー量の差に関連している．

同様に，この関係を酸化物質 Ox と還元物質 Red の酸化還元反応にあてはめると，

$$Ox + ne^- = Red \tag{8.3}$$

となる酸化-還元反応では，発生する電位は次のように書き表せる．

$$E = E_{\text{redox}}^\circ + \frac{0.0592}{n}\log\frac{[Ox]}{[Red]} \tag{8.4}$$

ここで，$[Ox]$ と $[Red]$ は成分 Ox および Red の濃度，n は電極反応に関与する電子数である．また，E_{redox}° は，標準酸化還元電位であり，この大きさが，電解物質の基本的な酸化性あるいは還元性の大きさを表す尺度として使われる．

---

* ここでは，他章との関係からわかりやすく説明するために電気化学に関連した物理量を考えるとき，濃度 C と活量 a を同一に扱っている（活量でなく濃度を用いた表記にした）．しかし，電気化学分析法で測定される物理量は濃度ではなく活量である．また，固体の場合には厳密には活量が 1 であるという表記でなくてはならない．濃度と活量については，p. 103 の囲み記事を参照してほしい．

8.2 イオン濃度と電極電位

このような酸化–還元反応以外に，電位差分析法で重要なのは，主として濃淡電池とよばれる電極系の構成によるイオン濃度測定である．

ある n 価のイオン A の濃度がそれぞれ C_1, C_2 である溶液 1, 2 が以下のようにこのイオン A を選択的に透過する膜で分けられているとき，これらの溶液間には電位差が生じ，これを膜電位とよぶ．

$$\text{溶液 1}(C_1)|\text{膜}|\text{溶液 2}(C_2) \tag{8.5}$$

もし，膜がすべてのイオンを透過するなら，溶液 1 と 2 に存在するすべてのイオンの濃度が等しくなり，平衡に達する．しかし，ここで，イオン A^{n+} のみを透過する膜を用いて溶液 1 と 2 を仕切る場合を考えると，A^{n+} のみの拡散が起こる．その結果，溶液と膜の界面付近では陽イオンと陰イオンの数が異なる領域ができる．これは，溶液中のイオン A^{n+} の濃度と膜中のイオン A^{n+} の濃度に差が生じるからである．このイオンの濃淡により電位が生じる．これを Nernst の式を用いて表記すると，

$$E = E_A° + \frac{0.0592}{n} \log \frac{[A^{n+}(2)]}{[A^{n+}(1)]} \tag{8.6}$$

この膜電位は，通常，参照電極を対極として，以下のような系を構成することにより，測定系の起電力（両極間の電位差）として測定することができる．

$$\underbrace{Ag|AgCl|KCl}_{(I)}|\underbrace{\text{溶液 1}(C_1)|\text{膜}|\text{溶液 2}(C_2)}_{\text{試料溶液}}||\underbrace{KCl|AgCl|Ag}_{(II)} \tag{8.7}$$

ORP 測定

通常，ORP（Oxidation–Reduction Potential, ORP）測定とよばれる酸化–還元電位測定では，一方を白金を用いた作用極とし，もう一方を銀–塩化銀に基づく参照電極とした系で，白金電極表面で起こる目的物質の酸化–還元電位（あるいは反応の進行による電位の変化）を計測する．この測定法では，酸化–還元反応それぞれの定量的な取扱いがし難いが，酸化物質と還元物質が混在する系では，両物質の存在比に比例した電位差が発生することが多い．通常は，電極電位の変化や大きさから試料溶液中に酸化物質あるいは還元物質があるのか（あるいはどちらが多いのか），電極反応が酸化反応なのか還元反応なのかなどを知る方法として用いられる．

ここで，溶液1にはイオン種A^{n+}の濃度$[A^{n+}(1)]$既知溶液を，また溶液2には試料溶液（イオン種A^{n+}の濃度：$[A^{n+}(2)]$）を用いれば，膜電位から溶液2の濃度（C_2）を求めることができる．このような電位差分析に使用される作用極を，膜電極あるいはイオン電極（イオン選択性電極）とよぶ．この例からわかるように，膜電極（イオン電極）では特定のイオン種に選択的な透過性をもつ膜を利用することが重要である．

上記の式(8.7)に示す電極系で，（Ⅰ）の系が膜電極（イオン電極），（Ⅱ）の系が参照電極に相当する．参照電極は，電位差分析の場合には比較電極とよばれることが多く，どのような溶液にいれても一定の安定した電位を与えるものでなくてはならない．現在，もっともよく使用される参照電極は，上記の例に示した銀-塩化銀（Ag-AgCl）電極に基づくものである．

一般にイオン電極を用いた電位測定系では，試料溶液中の特定電解成分濃度（厳密には活量）の変化による電位を記録しておき，この値を利用してイオン濃度を測定する．たとえば，目的成分 i の濃度 $C_1([i(1)])$ が濃度 $C_2([i(2)])$ になった場合の電位変化 ΔE は，

$$\Delta E = \frac{0.0592}{n_i}(\log[i(1)] - \log[i(2)]) = \frac{0.0592}{n_i}\log\frac{[i(1)]}{[i(2)]} \tag{8.8}$$

である．ここで，n_i はイオン i の価数である．したがって，イオン電極を用いた電位差測定では，測定対象イオン i に対する電極の応答（測定される電位）は，その

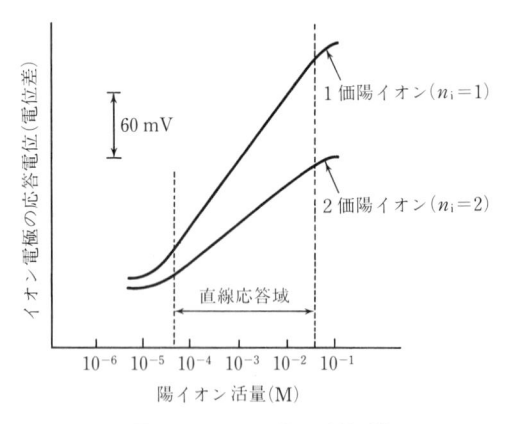

図 8.1 イオン電極の応答電位
（陽イオン電極の例）

イオン濃度の対数に対して直線的となる．イオン濃度を変化させた場合に，電位差分析から得られるイオン電極の応答曲線の例を図8.1に示す．式(8.8)中の，$0.0592/n$（これをNernst定数という）の項が応答曲線の傾きを決定するので，1価の陽イオンあるいは陰イオンを測定する場合（$n=1$あるいは-1の場合）がもっとも感度が大きい．

活量係数とイオン強度

イオン電極は，溶液中のイオン活量に応じた応答電位を生ずる．本文ではわかりやすく説明するために濃度を用いた表記にした．しかし，厳密にはイオン電極を初めとする電気化学分析法で測定される物理量は濃度ではなく活量であることを念頭においた測定が必要である．

活量 a と濃度 c の関係は，

$$a = \gamma c \quad (\gamma \leq 1) \tag{1}$$

で示され，活量係数 γ は溶液中のイオン強度 μ により決定される．イオン強度 μ とは溶液中のすべてのイオン濃度 $\sum c$ とその価数 n に関係した値であり，

$$\mu = 1/2 \sum cn^2 \tag{2}$$

で示される．

イオン強度 μ と活量係数 γ との間には，以下に示すDebye-Hückelの式(3)を修正したKiellandの式(4)で表現される関係がある．

$$-\log \gamma = An^2 \mu^{1/2} \tag{3}$$

$$-\log \gamma = \frac{An^2 \mu^{1/2}}{1 + BK\mu^{1/2}} \tag{4}$$

ここで，AとBは定数（A：0.51，B：3.3×10^7），n はイオンの価数，K はイオンの有効直径を示す．

10^{-3} M以下の希薄溶液の場合には，活量は濃度とほぼ等しくなる．活量は化学便覧などで調べられるほか，活量の詳しい算出法については，以下の文献を参照されたい．

1) J. Kielland, "Individual Activity Coefficients of Ions in Aqueous Solutions", *J. Am. Chem. Soc.*, **59**, 1675-1678 (1973).
2) R. G. Bates, "Ion Activity Scales for Use with Selective Ion-Sensitive Electrodes", *Pure. Appl. Chem.*, **36**, 407-420 (1973).

8.3 イオン電極

代表的なイオン電極を表8.1にまとめる．pH電極をはじめとして，Na^+，F^-，Cl^-，Br^-，I^-，S^{2-}，CN^-，Ag^+，Cu^{2+}，NO_3^-，K^+，Ca^{2+}，NH_4^+，NH_3，CO_2電極など20種類以上の電極が市販されている．それらの電極の構造を図8.2にまとめて示す．これらは，膜の種類により(a)ガラス電極，(b)固体膜電極，(c)液膜電極，(d)隔膜電極(ガス電極)などに分類される．

pH測定用ガラス電極は水素イオンに感応するガラス薄膜が電極膜として使用されている．このガラスの組成を変えると種々のアルカリ金属イオンが定量できる膜が調製できる．このうち，Na^+測定用のガラス電極が実用化されている．

固体膜には，その他に，単結晶および難溶性金属塩加圧成形膜があり，これらは応答するイオンのつくる導電性の難溶性塩をイオン感応膜として用いている．このうち，フッ化ランタン(LaF_3)を固体膜とするフッ化物イオン(F^-)電極は選択性，感度ともに優れており，F^-の代表的な測定法に利用されている．

さらに，高脂溶性有機溶媒とともにイオン交換体やイオン会合体，さらには錯形成剤やイオノホア(イオンと静電的に配位する物質)をポリ塩化ビニル(PVC)などの高分子に含浸させた膜を用いた液膜電極(液体含浸プラスチック膜電極)

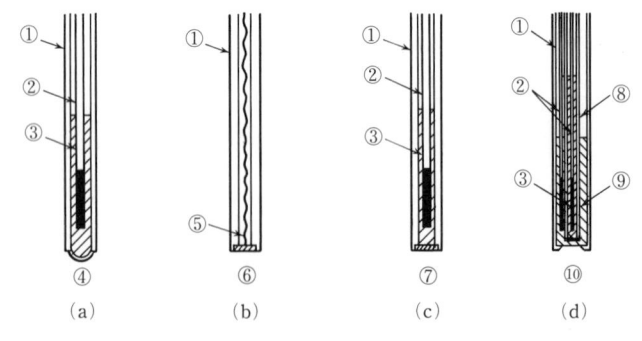

(a) ガラス電極　(b) 固体膜電極　(c) 液膜電極　(d) 隔膜電極
①Ag-AgCl線　②電極ボディー　③内部溶液　④イオン感応膜(ガラス)　⑤導電線　⑥イオン感応膜(固体)　⑦イオン感応膜(液体含浸プラスチック膜)　⑧内部電極ボディー　⑨外筒溶液　⑩イオン感応膜(ガス透過膜)

図8.2　イオン電極の種類と構造

表 8.1 イオン電極の種類と特性

電極の種類	電極の形式	定量範囲	妨害を与える主なイオン
Na^+	ガラス膜電極	$10^{-5} \sim 10^0$	H^+, Ag^+
Cl^-		$5 \times 10^{-5} \sim 10^0$	S^{2-}, CN^-, I^-, Br^-
Br^-		$10^{-6} \sim 10^0$	S^{2-}, CN^-, I^-
I^-		$10^{-6} \sim 10^{-1}$	S^{2-}, CN^-
CN^-		$10^{-6} \sim 10^{-2}$	S^{2-}
S^{2-}	固体膜電極	$10^{-6} \sim 10^0$	
Ag^+		$10^{-7} \sim 10^0$	Hg^{2+}
Pb^{2+}		$10^{-6} \sim 10^{-1}$	Hg^{2+}, Ag^+, Cu^{2+}, Fe^{3+}, Cd^{2+}
Cd^{2+}		$10^{-7} \sim 10^{-1}$	Hg^{2+}, Ag^+, Cu^{2+}, $Fe^{2+}(2 \times 10^2)$, Pb^{2+}
Cu^{2+}		$10^{-7} \sim 10^{-1}$	Hg^2, Ag^+
F^-		$10^{-6} \sim 10^0$	Al^{3+}, Fe^{3+}, OH^-
Cl^-		$10^{-4} \sim 10^{-1}$	ClO_4^-, I^-, Br^-, NO_3^-
NO_3^-		$10^{-4} \sim 10^{-1}$	ClO_4^-, I^-
Li^+		$10^{-5} \sim 10^{-1}$	Na^+
Na^+	液体膜電極	$10^{-5} \sim 10^0$	K^+
K^+		$10^{-5} \sim 10^{-1}$	$Rb^+(2)$
NH_4^+		$10^{-5} \sim 10^0$	K^+, Na^+
Ca^{2+}		$10^{-5} \sim 10^{-1}$	Sr^{2+}
NH_3	隔膜形電極	$2 \times 10^{-6} \sim 10^{-2}$	揮発性アミン
CO_2	(ガス透過膜電極)	$10^{-4} \sim 10^{-2}$	NO_2, SO_2
NO_2		$5 \times 10^{-6} \sim 10^{-2}$	CO_2

などがある．このような電極としては，イオン交換体に抗生物質のバリノマイシンを用いる K^+ 電極，クラウンエーテル誘導体を用いた Na^+ 電極などがあり，近年優れたイオン選択性のある液膜電極が数多く開発されている．

その他，アンモニア電極や炭酸ガス電極など，ガラスpH電極とガス透過膜を組み合わせた隔膜形のガス測定用電極がある．

8.4 比較電極（参照電極）

電位基準として，標準水素電極（Normal Hydrogen Electrode, NHE）が使用される．この電極を図8.3(a)に示す．白金電極が水素イオン活量1の溶液中に1気圧の水素ガスと平衡状態にあるとき，この電極電位を温度と無関係にゼロと定義する．各種の電極の電位は，これに従った換算をして示される．NHEの電極系は $Pt|H^+$, OH^-, H_2 で構成される．

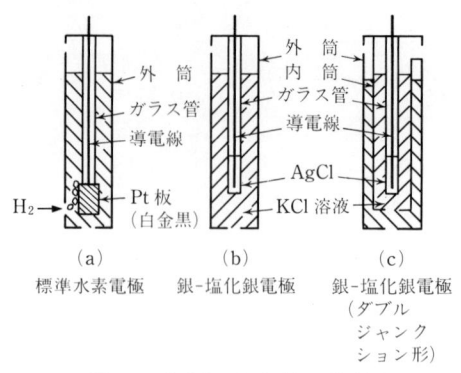

図 8.3 代表的な基準電極の構造例

通常は，電極反応がすみやかに進行するように，電極表面に活性な白金黒がメッキしてあり，電極表面に水素ガスを通気させて使用する．この電極の反応は，

$$\frac{1}{2}H_2 \rightleftarrows H^+ + e^- \qquad (酸性溶液中) \qquad (8.9)$$

$$\frac{1}{2}H_2 + OH^- \rightleftarrows H_2O + e^- \qquad (塩基溶液中) \qquad (8.10)$$

である．したがって，電極電位は溶液中の H^+ または OH^- の濃度によって決定される．

水素電極は安定した可逆電位と良好な再現性を与える優れた基準電極であり，イオン電極や他の作用極を使用する場合の対極（比較電極，参照電極）として使用してもよい．しかしながら，水素ガスの使用を伴うなど実際の測定に使用することは不便であるので，より簡便な他の比較電極（参照電極）が使われる．これには，電位が明確で一定した電極（第2種電極）と，正負のイオンが電荷を運ぶ割合（輸率）が等しく外部試料溶液に比べて十分高濃度な電解質（塩）を含んだ溶液（これを塩橋とよぶ）が組み合わせて使用される．

このような電極として，$Hg-Hg_2Cl_2$（水銀–第一塩化水銀）からなる甘こう電極が参照電極としてよく用いられてきた．しかし，最近は水銀を使用するこの電極の使用は少なくなり，これに代わって Ag-AgCl（銀–塩化銀電極）が多く用いられるようになってきた．

これは通常，以下に示すように，

$$Ag|AgCl|KCl(溶液) \qquad (8.11)$$

の電極系を有する．その構造を図 8.3(b) に示す．
　また，図 8.3(c) は，同様にこの電極系に基づく基準電極であるが，液絡部が二重に設けられているので，二重液絡電極（あるいはダブルジャンクション電極）とよばれる．試料溶液が電極内部溶液中の KCl と反応する場合などにはもう一つ別の塩橋を間に挟める構成になっている．この形の電極は，電位差分析のイオン電極を用いる系で対極としてよく使用される．これらの電極の電極反応は，

$$Ag^+ + Cl^- \rightleftharpoons AgCl \tag{8.12}$$

であり，この反応に基づく電極電位は $+0.2223$ V 対 NHE (25℃) である．また，飽和 KCl 溶液を含んだこの電極系の電位は，$+0.1989$ V 対 NHE (25℃) である．これらの代表的な基準電極は，通常，試料溶液に直接挿入して用いる．試料溶液の特定成分により電極電位が影響を受ける場合，先述の二重液絡形電極を用いるか，セルロースパルプ，寒天，シリカゲル，多孔質セルロースなどに適当な電解質溶液を含ませて作製した塩橋を，試料溶液と基準電極の間にガラス管などで構成して使用する．

8.5 イオン電極法

　イオン電極を用いた電位差分析法をイオン電極法とよぶ．通常は，イオン電極と比較電極（参照電極）とを試料溶液に浸して電位差を測定し，あらかじめ作成した検量線から目的イオンの濃度を求める．この方法を絶対検量線法という．代表的なイオン電極の応答曲線（イオンの検量線）を図 8.1 に示す．式 (8.8) 中の $2.303RT/nF$ (Nernst 定数) の項が応答曲線の傾き，すなわち応答感度を決定する．この傾きを応答勾配といい，Nernst の式から算出される理論応答勾配 $(2.303RT/nF)$ は，1 価イオンでは 59.16 (mV/10 倍濃度変化, 25℃)，2 価イオンでは 29.08 (mV/10 倍濃度変化, 25℃) である．実際のイオン電極を用いた測定でも，たいていの場合，この値に近い応答勾配が得られる．
　pH 電極も H^+ を測定するので，陽イオン電極の一つである．一般に広く用いられているガラス pH 電極の電位応答は，イオン電極の応答と同様に考えることができ，

$$E = E^* + 0.05916\,\mathrm{pH} \quad (25℃) \tag{8.13}$$

である．ここで，E^* は両電極の電位に関係する定数である．この式は pH が 1 だけ変化すると，25°C では 59.16 mV 電極電位が変化することを意味する（式(8.8)参照）．この値は，実際には個々の電極によって多少異なるので，一般的な標準溶液による pH 計の調整では，まず中性付近の標準溶液 (pH 6.86) を用いゼロ点補正で正しい読みを与えるように調節し，pH 計の指示の標準を合わせる．次いで酸性側の標準溶液 (pH 4.01) または塩基性の標準溶液 (pH 9.18) の標準溶液に置き換え，pH 目盛りの正しい読みを与えるように指示計を調節する（実際の pH 計では応答電位の値ではなく，pH 値が直読できるようになっている）．pH 既知の標準溶液としては，JIS で規定されたフタル酸塩標準溶液 (pH 4.01)，中性リン酸塩標準溶液 (pH 6.86)，ホウ酸塩標準溶液 (pH 9.18) などの数種類がある．このような操作により電極の応答勾配，つまり mV と pH 間の正確な直線関係が機器の回路上で補正される．ガラス pH 電極は水素イオンにきわめて選択的に応答する特性をもっている．しかし，pH 11 以上または pH 2 以下ではとくに電極の応答が直線関係からはずれてくる．これはそれぞれ，ガラス電極の"アルカリ誤差"および"酸誤差"とよばれる．これもある程度は測定回路上で補正できるので，実用上は，pH 1 から pH 13 程度まで測定できる．

8.6 電位差滴定

適当なイオン電極と参照電極とを滴定目的の溶液に浸し，滴定液の添加にともなって電位差を測定し，滴下量と電位差とのプロットから当量点を求め，目的成分の濃度を定量する．この場合のイオン電極のことを滴定の指示電極とよぶ．以下に述べる三つの方法がよく用いられる（電位差滴定の基礎は 4 章に記述されている）．

a. 酸塩基滴定

指示電極としてガラス電極などの pH 電極を用い，滴定中の pH 変化を測定して滴定曲線を作成し，pH 変化の最大となる点から当量点を求める．

b. 酸化還元滴定

指示電極として白金などの不活性電極を用い，滴定中の酸化還元電位を測定して，電位の急変する部分から当量点を求める［p.101(ORP 測定) 参照］．

たとえば，以下のような電解酸化成分 Ox_1 と Ox_2，電解還元成分 Red_1 と Red_2 を含む酸化還元系の滴定で，

$$mRed_1 + nOx_2 = mOx_1 + nRed_2 \tag{8.14}$$

の反応が進行したとする．この場合，$Ox_1 \rightarrow Red_1$ および $Ox_2 \rightarrow Red_2$ についての標準酸化還元電位をそれぞれ $E_{OR1}°$，$E_{OR2}°$ とすると，当量点における電位 E_{eq} は次式で与えられる．

$$E_{eq} = \frac{nE_{OR1}° + mE_{OR2}°}{m+n} \tag{8.15}$$

代表的な物質の標準酸化還元電位は，4章に記載してある．

c. 沈殿滴定

沈殿反応に関与するイオンに感応する電極を指示電極として用いる．たとえば塩化物イオンを硝酸銀溶液で滴定する時には，銀電極を指示電極として用いる．このとき，銀電極の電位 E は次式で与えられる．

$$E = E_{Ag}° + 0.0592 \cdot \log[Ag^+] \quad (25℃) \tag{8.16}$$

当量点においては，$[Ag^+]=[Cl^-]$ であるから

$$[Ag^+] = \sqrt{K_{AgCl}} \quad (K_{AgCl}：塩化銀の溶解度積，25℃) \tag{8.17}$$

したがって，当量点の電位 E_{eq} は次式で与えられる．

$$E_{eq} = E_{Ag}° + (0.0592/2) \cdot \log K_{AgCl} \quad (25℃) \tag{8.18}$$

8.7 電位差分析の利用範囲

電位差分析は目的成分を壊さない非破壊分析であり，定量範囲も広い(通常，イオン濃度で4～5桁に及ぶ)．とくに，pHガラス電極の H^+ 測定可能範囲は12桁(pH 1からpH 13)にも及ぶ．20世紀初頭に開発(1909年Haberが開発)されたこのプロトンセンサーはいまでも幅広い分野で使用されている．電位差分析はたいていの場合，電極を溶液に浸すだけで簡単に測定が行え，自動連続計測に適する．

イオン電極を利用した測定は，河川や水質などの管理計測，廃液のモニター，食品中の塩分濃度，臨床医療検査における血中電解質の測定など，様々なところで利用されている．

演習問題

8.1 2×10^{-4} M のナトリウムイオンを含む溶液 100 ml をナトリウムイオン電極と比較電極を含む系で測定したところ，25°C における電極電位（相対電位）は -100 mV であった．また，イオン電極の応答勾配は，1×10^{-4} M～1×10^{-1} M Na$^+$ の範囲で 59 (mV/10 倍濃度変化) であった．この溶液に塩化ナトリウムを何ミリグラム添加すると，電極電位は 18 mV になるかを求めなさい．

8.2 銀-塩化銀電極は，どのようなイオンに応答するイオン電極になり得るのか．また，その場合どのような電位応答を示すであろうか．

8.3 Nernst の式を熱力学的な見地から導きなさい．

8.4 pH 指示薬を用いる中和滴定法と pH 電極を用いる中和滴定法ではどちらがより正確な分析ができるのかを具体的な例を挙げて比較しなさい．

9 電解分析法

- 電気分解に伴う化学反応（電解反応）
- 電解反応の進行と得られる電解曲線（電位-電流曲線）の解釈
- 電解の進め方と電解により析出した成分の質量の測定方法
- Faradayの法則の利用とその意味（電解成分量と電解に要した電気量の関係）
- 電量滴定の方法と特長

9.1 電気分解の利用

　電解成分を含む試料溶液に二つの電極を入れ，その両極間に電圧を徐々に加えていくと，あるところから急に電流が流れ出す．これは，電解質が電気分解されるためである．電解電圧は試料（電解成分）の種類により異なる．電気分解を最後まで行って，その後に一方の電極上に析出した成分の重さを測定することにより，電解成分の定量ができる．これを一般に電解重量分析法あるいは，単に電解分析法とよぶ．このときの電解分析にどのくらいの電気量が必要であったのかという電気量を測定し，電解成分量を定量することもできる．この方法を電解電量分析法，または電量分析法という．

　電解重量分析法は，定電流電解法と定電位電解法の二法に大別される．定電流電解法は，二極間に流れる電流を一定に保って電解する方法であり，目的対象成分の電極反応が単一の場合に有効である．この定電流電解を行うには，ガルバノスタットを利用した二極系[図7.3(b)]を用いる．一方，定電位電解法は，図7.3(c)に示すポテンシオスタット（定電圧源）を含む三極系を用いて電解分析を行う方法である．この方法では，作用極での電極反応を目的対象物質の電解のみに規制することができるため，他の物質が混在していても目的対象物質の定量が可能である場合が多い．

　電量分析法は，電解重量分析法とほぼ同じ電極系で測定が行われ，測定法も同様に定電位電量分析法と定電流電量分析法に大別される．定電位電量分析法は，

一定電位のもとで電解電流がほぼゼロになるまで電解を行い，電解に要した電気量から物質を定量する方法である．この場合，電解を完全に終了させず，ある時間における電解電流の大きさから物質を定量する方法を電流分析法（アンペロメトリー）とよぶ．一方，100％電解に要する電気量から物質を定量する方法をクーロメトリーとよぶ．後者の方法が電量分析の主法である．また，一定電流のもとで目的対象物質と定量的に反応を起こす物質を電解により発生させ，その発生に要した電気量から，目的対象物質の定量を行う方法が定電流電量分析法である．このときの反応終点は，電位差法，比色法などによって知ることが多く，いわゆる滴定の一種であるので，この方法は電量滴定法ともよばれる．

電量分析法は電気化学分析法のなかでも微量分析に適している．とくに，クーロメトリーは，直接的な絶対定量分析法であり，通常の分析で必要とされる標準溶液の調製や検量線の作成が不要であるという特長をもつ．

9.2 電解反応

a. 定電流電解法

電解反応を理解するために，図9.1に示す系を例として考える．電解反応はやや複雑に起こるため，ここでは少し詳しくみてみよう．この場合，電解液は硫酸と銅(II)イオンとし，電極は両極とも白金極とする．実際にこのような電解分析は，銅合金中の銅イオンの分離や定量に用いられている．

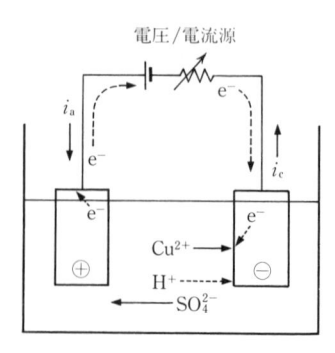

図 9.1 $CuSO_4$ 溶液の電解系

溶液中にはほかに多量の水分子や H^+ および SO_4^{2-} イオンが混在している．カソードには，外部電源から多量の電子が供給されて負電荷の電子が満ちており，電極に Cu^{2+} が到達すると電子が供与され，そのイオンは銅原子として電極上に付着，析出する．もちろん，負に帯電した電極であるので，他の陽イオンも静電的に引きつける．この現象を電気泳動という．電極（カソード）に接した Cu^{2+} は電子を受け取り，

$$Cu^{2+} + 2e^- \longrightarrow Cu \tag{9.1}$$

の反応で銅原子になる．ここで，電極の電子は減少するが，その減少分はただちに電源から供給される．したがって，負電荷を有する電子（e^-）は電源からの接続線内を図9.1に示したような破線の矢印方向に移動し，それに相当する電気量の電流（i_c）が実線の矢印方向に流れる．このとき，水素イオンも陽イオンであるから，電極に到達したときには電子を受け取り，

$$2H^+ + 2e^- \longrightarrow H_2 \tag{9.2}$$

の反応が起こって水素が発生してもよいはずであるが，実際には水素イオンは銅イオンよりも酸化還元電位（イオン化傾向）が大きいため，銅イオンが優先的に電子を受け取り，銅イオンがあるうちは上記の水素イオンから水素分子ができる反応は起こらない．

一方，もう一方の極（アノード）では電源に電子を供給し，十分に正の電位になっている．ここで電解電流を生ずる電極反応は，

$$2H_2O - 4e^- \longrightarrow O_2 + 4H^+ \tag{9.3}$$

である．ここで，SO_4^{2-} の電解酸化反応

$$2SO_4^{2-} - 2e^- \longrightarrow S_2O_8^{2-} \tag{9.4}$$

も考えられるが，この反応はもっと高電位で起こるため，水分子が多量にある反応系ではこの反応は考えなくてよい．水分子から酸素分子ができる反応において，水分子から奪い取られた電子の移動は，それに相当する電流として系内を流れる．このときアノードでの電流の強さ i_a は，図9.1のカソードから流れだす電流 i_c に等しくなければならない．ただし，その方向は i_a が電極→溶液，i_c が溶液→電極と電極に関して逆の関係にある．

二つの電極間に加える電圧をゼロから徐々に増大すると，ある電圧（分解電圧）を越えたところで電解が始まり電流が流れだす．その電流値をそれぞれの電極に

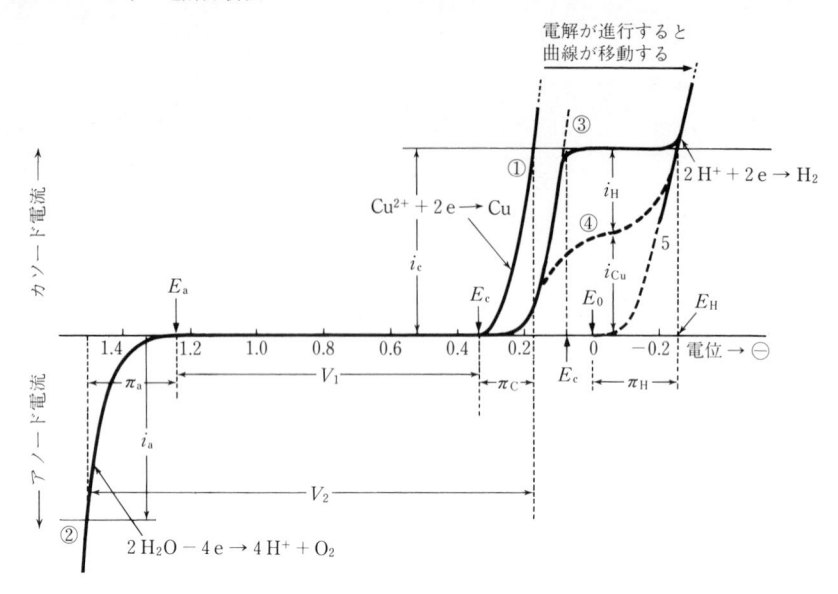

図 9.2 CuSO₄溶液の電解(電流-電位)曲線

ついて縦軸にとり，電位軸を横軸にして種々の電流における両電極の標準水素電極（NHE）に対する電位差の値を描くと，図9.2の曲線 ①（カソード電流曲線）および，②（アノード電流曲線）を得ることができる．このとき，電解還元方向の電流を縦軸の上方向にとると，電解酸化電流は曲線②のように下向きになる．実際の電解では，この両方向の電流値は等しく $|i_a|=|i_c|$ という関係にある．このとき，実際のメーターで測定される電圧 V は，図9.2の V_1 よりも高い値 V_2 である．電解の始まる電圧 V_1 は，その状態におけるアノードとカソードの標準水素電極に対する電位を表すので，理論分解電圧という（ただし，実際の電解はこの電圧よりやや大きい電圧から始まる場合が多い）．この分解電圧よりも大きい電圧をかけて電解を始めると，図9.2の曲線①および②のように，アノードの電位はより正の，カソードの電位はより負の方向に移動する．このとき，系を流れる電流 I はつねに $|i_a|=|i_c|$ の関係にあり，図9.2に示すように，一定電流を保った電解においてはその分だけ余分な電圧（$\pi_a+\pi_c$）を必要とする．この電圧（$\pi_a+\pi_c$）を過電圧とよぶ．実際の測定における過電圧は，金属イオンの析出や金属の溶解反応などでは小さいが，気体が発生したり電極反応が複雑なときにはかなり大きくなる．

また，電極として使用する金属の種類によってもかなり異なる．このほかにも，実際は電極や電解質を含む電解系そのものに固有の電気抵抗があることが多く，その値を $R\,\Omega$ とすると，オームの法則より，

$$V_R = IR \tag{9.5}$$

の電圧 V_R が余分に必要となる．つまり，実際の測定で，$I(\mathrm{A})$ の電流で電解するときの必要印加電圧 $V(\mathrm{V})$ は，以下のような関係になる．

$$V = V_1 + V_R = E_a + \pi_a - (E_c - \pi_c) + IR \tag{9.6}$$

以上のことは，電解を始めた初期についての現象である．ところが，電解が進行して Cu^{2+} の濃度が減少すると，初めよりもカソードに到達する Cu^{2+} の数が減るため，図9.2の曲線が①から③へと負に移動する．このため，同じ i_c の電流を維持するためには印加電圧をもっと大きくしなければならない．その印加電圧の増加量は，Cu^{2+} 濃度の減少に応じた分を次式から決定することができる．これは，式(8.8)に示した Nernst 式から，

$$E = E_{Cu}° + \frac{0.0591}{2} \log [Cu^{2+}] \tag{9.7}$$

ここで，$E_{Cu}°$ はその金属の標準酸化還元電位である．これより計算される電圧を付加する．

電解がさらに進行して Cu^{2+} 数がもっと少なくなると，もはや電極面に到達する Cu^{2+} だけでは電極に供給される電子を全部受け取れなくなる．しかし，外部電源（ガルバノスタット）により制御された電流がほぼ一定に保たれるためには，電子はそれまで通り供給されるので，電極には電子が蓄積され，その結果として電位が負の方向に移動する．こうなると，それまでは電子の授受には無関係であった H^+ が電子を受け取れるのに十分なだけ，電極電位が負に移動する現象が起こる．ここで，カソードは図9.2の E_H の電位までしだいに移動し，Cu^{2+} に加えて H^+ も電子を受け取り，Cu^{2+} の濃度不足を補うようになる．これは式(9.2)に示す反応であり，電極表面から水素が発生(H_2)しだす．Cu^{2+} がさらに減少すると，このイオンによる電子の授受はさらに減少し，それだけ H^+ の加担分がさらに増す．図9.2の曲線④のところでは，Cu^{2+} は i_{Cu} の電流分を負担し，H^+ の電流の加担は i_H となる．ここで，Cu^{2+} の電解の電流効率は i_H の分だけ低下する．この後 $i_{Cu}=0$，つまり i_c がすべて i_H となった時点（曲線⑤）で銅イオンの電解が終了す

る．この例のように，$i_{Cu}=0$ になるまで電流を一定にする操作は，銅の電解効率を基本に考えると最適な方法とはいえないが，電解をなるべく速く終了させるためには都合がよい．このため，通常の電解重量分析の操作では，電解が終了に近づくと，両電極間の印加電圧を上げて最後まで電流をほぼ一定に保つようにし，電解終了後は電圧をかけたままで電極を洗浄しながら取り出し，乾燥後，電極の重量をはかって析出した物質（この場合は銅）を定量する．

b. 定電位電解法

上記の例に挙げた銅の電解を一定電位による電気分解（定電位電解）で行うと，図 9.2 の電流-電位曲線において，銅イオン濃度がかなり低下したことを意味する曲線③のところでは，カソードの電位は E_H まで急激に低下して水素の発生が始まる．そのため，Cu^{2+} の電解の電流効率は著しく低下する．その他，発生した水素が金属銅に吸収されて高値を与えることもあるので，カソードの電位を測定しながら電解電圧 V を調節して，図 9.2 の E_c の位置よりは負の方向へいかないように制御する．こうすることで，Cu^{2+} 濃度が減少するにつれて電解電流は減少し，水素の発生も起こらず，電流効率を高く保てる．この条件を満たすためには，図 9.2（c）のように電解液中に電位がつねに一定である参照電極を追加した三電極系とし，参照電極とカソードとの間の電位差を電位差計でつねに監視しながら，カソードの電位が図 9.2 の E_c より負側へいかないように電位を調節して電解すればよい．なお，この際アノードで発生した酸素がカソードで還元されるのを厳密に防ぐためには，隔膜で二つの電極を分離する必要がある．こうすれば，カソードで還元されるものは Cu^{2+} だけであり，電解電流はその濃度に応じて徐々に減少し，最後にはゼロに近い一定値になったところで電解は終了する．その後の定量操作は先の定電流電解の場合と同様に，電極を洗浄後，乾燥して重量の増加を測定することにより析出した物質（この場合は銅）を定量する．

その他，電解重量分析法には内部電解法とよばれる簡易的な方法があるが，この方法は金属の酸化還元電位（イオン化傾向）の差をそのまま電解に利用するものである．原理としては，電解の系そのものを電池として使用し，電解によりその電池のエネルギーを消耗させることを想像するとよい．

電極の選択と電位窓

電解を利用した分析をするさい，作用電極にどのような材質のものを使用したらよいかという疑問には，それぞれの電極材により異なる水の電解電位が参考になる．

通常，水を電解するときの電流-電位曲線は 9.2 節で述べたように，特別な場合をのぞいて下図のような形となる．ここで，電流がほとんどゼロの領域を電位窓とよび，実際に電解分析に使用できる電解電位の範囲を意味する．つまり，この範囲の電位域で電解を行えば，残余電流の影響がなく，電解電流を観察（測定）できる．

代表的な電極材である白金(Pt)，水銀(Hg)，炭素(C)の電位窓は溶液の pH や添加塩（支持電解質）の種類によっても多少変化するが一般に，Pt はカソード側（正電位方向；約 $-0.7 \sim +1.0$ V 対 NHE），Hg はアノード側（負電位方向；約 $-2.7 \sim 0$ V 対 NHE）に電位窓が広く，C はそれらの中間（約 $-1.0 \sim +1.0$ V 対 NHE）にある．電解電位とこれらの電位窓を考慮して電極を選択するとよい．

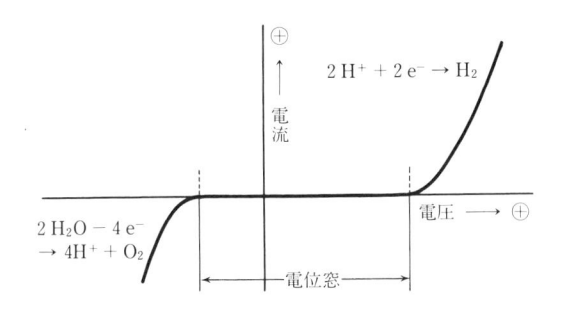

電解分析に使用できる電位域（電位窓，図の例は水の電解曲線を示す）

9.3 電解と電気量

電解電量分析法においては，電解時の条件をうまく整えて，電解の電流効率を100％にすることができれば，消費された電気量を測定することにより，以下のFaradayの法則によって目的成分の量が正確に求められる．

$$W = QM/nF \tag{9.8}$$

ここで，W は Q クーロン(C)の電気量の消費によって生成する分子量 M の物質の質量で，n はその電極反応に関与する電子数である．F は Faraday 定数(96 485 C mol^{-1})である．この式からも明らかなように，試料のひょう量と電解電気量 (Q) または電解電流 i と電解時間 t (次項参照)の測定により，絶対分析値 W を導き出せる．

9.4 電量測定法

電量分析の電解系は，定電位電解法と同様に，図 7.3(c)に示したような三電極

Faraday 過程と Faraday 電流

電極反応は主として二種類に分類される．一つは電荷が電極とそれに接した溶液の界面を移動するものである．この過程においては通常，酸化あるいは還元反応が起こるが，電荷の授受が Faraday の法則に従って行われる時，この過程を Faraday 過程といい，ここで流れる電流を Faraday 電流という．

一方，このような電荷移動が起こらない場合もある．電解反応での荷電物質の吸着，蓄積や電荷移動の過程が遅い場合に，電極界面で分極が起こる．それらの結果として，電流や電圧が発生することがある．このような過程を非 Faraday 過程という．

一般に Faraday 過程は定量的であり，非 Faraday 過程はそうでないとされている．しかし，非 Faraday 過程であっても電位差分析法のように，電極電位が溶液中のイオン活量と定量的関係をもつ場合がある．専門の電気化学ではむしろ，非 Faraday 過程を詳しく解析し，電極反応の機構を詳しく調べることが重要となっている．

系の装置を用い，作用極の電位を一定に保って電解をする．

電解と電気量の関係を理解する例として，前項の銅(II)イオンの電解を考えてみよう．いま，図9.2のE_cよりも負にならないように電位を調節して電解を行うと，溶液中のCu^{2+}イオンよりも還元されやすい物質が存在しなければ，カソードではCu^{2+}イオン以外のものの還元反応は起きない．そのため，この電解から得られる電流すべてがCu^{2+}イオンに依存するはずである．したがって，作用極側に電量計（クーロメーター）を入れて電気量を測定すれば，その測定値からFaradayの法則を用いて銅を直接定量でき，電解重量分析法のように電極を取り出してひょう量する操作は不要である．

一般に電極上で，ある物質が電解されたとき，その物質の濃度Cは減少する．その程度は物質の初濃度をC_0とすると，電解時間tにおける濃度Cは，

$$C = C_0 \exp(-Kt) \tag{9.9}$$

の関係に従って減少する．ここでKは，その物質の電極面への拡散速度や電極表面積などによって決まる定数である．

この電解が1種類の成分に限って行われるときには，流れる電流はその成分の濃度に比例する．そこで，初めの電流i_0，時間tを経たときの電流をiとすると，$i_0 = K'C_0$，$i = K'C$（K'は定数）であるから，

$$i = i_0 \exp(-Kt) \tag{9.10}$$

ここで，自然対数を常用対数に変換すると次式のようになる．

$$i = i_0 \times 10^{-K''t} \quad (K'' は定数) \tag{9.11}$$

つまり，ある成分の電解において，その電解電流iは時間tに対して指数関数的に減少する．たとえば回路の抵抗などがあまり大きくなければ，その電解電流は図

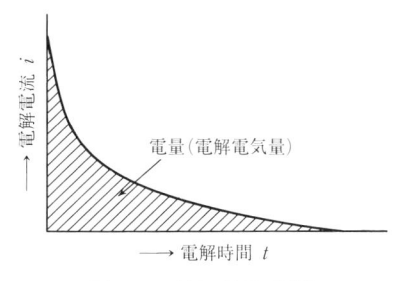

図9.3 電解と電量の関係

9.3のように減少する．消費された電気量は，i（電流）とt（時間）の積に関係し，図9.3に示した斜線部分の面積に相当する．したがって，記録計を用いて図9.3のような電流-時間曲線を描き，その面積を測定して電気量を求めるか，または測定系に直接電量計を入れて電気量を測定するなどして，Faradayの法則から目的成分の量を定量する．

この方法は，定電位電解法よりもはるかに広範囲の試料に応用できる．たとえば，電極の質量を測定する必要がないことから，Fe^{3+}をFe^{2+}に還元してそのときの電気量からFe^{3+}が定量できるというように，電解生成物が固体に限定される必要はない．このため，金属やイオン以外に，有機溶媒中の水分，硫化水素や二酸化硫黄などのガスが測定可能である．

9.5 電解分析法の利用範囲

電気分解から得られる基礎的情報の解析は，電解分析を理解するうえで重要なことなのでやや詳しく述べたが，現在の装置では設定電流や電位の調節のみならず，電解時間などを自動で設定できるものもある．電解重量分析法は古典的な重量分析手法の一つだが，合金中の金属成分の分離，定量，妨害物質の除去，さらには化学反応によっては合成が困難な有機化合物の効率的な合成，金属の腐食，防食に関する研究などに利用されている．

一方，電解電量分析法は，分析に多少時間がかかる場合が多いが，分析方法としては数少ない絶対分析法であるため今日でも重宝されている．この電気分析法の特徴は，5桁の数値をもつFaraday定数そのものが正確に求められているから，電流と時間（または電気量）および試料の質量を正確に測定すれば，分析結果も正確で，誤差も少ないことである．このため，金属標準試料の標定や化合物の組成の精密測定などに用いられている．さらには，計測装置を手元におくだけで実験を遠隔操作できるという特徴もあり，未知物質，危険物質の実験にも利用されている．その他にも，水質測定においてのCOD（化学的酸素要求量）計や有機物中の水分測定装置（カールフィッシャー水分計），大気汚染物質測定におけるSO_2計，H_2S計に利用されている．

演習問題

9.1 白金電極を作用極とした二電極系で，Zn^{2+}，Cu^{2+} を 1 M 含む溶液を電解するとどのように電解反応が進行するか．また，この溶液にさらに Ag^+ を 1 M 加えた場合には，電解反応はどのようになるか．

9.2 Cu^{2+} と Ag^+ をともに 0.1 M ずつ含む溶液が 200 ml ある．それぞれのイオン量を電解重量分析でうまく測定できるかどうか．

9.3 Pt と Ag の極を用いて塩酸の電解を行う場合，どのような電解反応が起こるか．酸の濃度はどのような方法で求めることができるか．

9.4 正負の電極に白金を使用して 1 グラムの Cu^{2+} を含む溶液 100 ml を電解した．電流を 1 A（アンペア）に保った場合，100％電解するのに要する時間はいくらか．また，この通電を電解後も続けるとどのようなことが起こるか．

9.5 電量滴定の例として，Karl Fischer（カールフィッシャー）法による微量水分定量法を説明しなさい．

10 ポーラログラフィーとボルタンメトリー

- ポーラログラフィー，ボルタンメトリーの特徴
- 電解の進行と得られるポーラログラム，ボルタムグラフの解析法
- ポーラログラフィー，ボルタンメトリーの種類と利用法

10.1 電解反応の測定と利用

　溶液中に二本の電極を浸して，両電極間に連続的に変化する電圧を加え，その際に流れる電解電流と電圧との関係を記録して得られる電流-電圧曲線を解析する．このことにより，物質の定性，定量，さらには，電極の反応機構，電極反応の可逆性の有無などを調べる方法を総称してボルタンメトリーという．前述した電解重量分析や電解電量分析と同様に電気分解を利用したものであり，測定系は基本的には同じであるが，ボルタンメトリーは，得られる電流と電圧の両方の関係を詳しく解析する手法である．そこで，ここでは，電極反応における電流と電圧の関係を少し詳しくみてみることにしよう．

　ボルタンメトリーのうちで，一方の電極に滴下水銀電極を用いるものをポーラログラフィーとよぶが，よくこの二つのよび方は混同して使用されている．この方法は，電位-電流関係分析法などとよんでもよさそうであるが，このカタカナで書き表される名称（ボルタンメトリーやポーラログラフィーなど）は，日常的に使われている．

　ボルタンメトリーの対象となる物質は，酸化還元性の無機，有機物，塩やイオンと広範囲にわたり，微量分析が可能である．また，数種の混合試料が同時に分析でき，一般に電解電位（厳密には半波電位）から定性分析を，電解電流（厳密には拡散電流）から定量分析を行う．さらに，電解で得られた電流-電圧曲線（ボルタムグラム，あるいはポーラログラムとよぶ）を解析することにより，電極と

電解溶液に関する詳しい反応の情報を得ることができる．

一般に，ボルタンメトリーに使用する電気化学測定系は，図7.3(b)～(d)に示した電解分析装置であり，二極式から四極式の測定系を適宜使用する．このようなボルタンメトリーの種類には，直流ポーラログラフィー，交流ポーラログラフィー，パルスポーラログラフィー，微分パルスポーラログラフィー，サイクリックボルタンメトリー，アノーディックストリッピングボルタンメトリーなどのさまざまな方法がある．ここではこれら各種の方法の基本となる直流ポーラログラフィーを中心に，ボルタンメトリーの利用法を考えてみよう．実際の微量分析には，微分パルスポーラログラフィーやアノーディックストリッピング法が，電極反応の解析にはサイクリックボルタンメトリーがよく利用される．

10.2 電流-電位曲線

いま，目的電解物質を含んだ溶液を図10.1に示す装置の電解容器の中に入れる．細管を通じて3～5秒程度で成長，滴下を繰り返す水銀滴をカソードに，水銀プールをアノードにし，外部から電圧をかけてカソードの電位を掃引（約0～－2Vの範囲）して電解を行い，電流-電圧曲線（ポーラログラム）を記録する．このような測定系を有する装置をポーラログラフという．

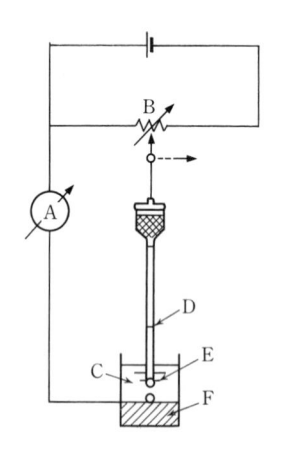

A：電流計　B：可変抵抗
C：試料溶液　D：細管
E：水銀滴(カソード)
F：水銀プール(アノード)

図 10.1　ポーラログラフ装置

このような系での電解溶液は，一般に試料溶液に支持電解質や必要であれば極大抑制剤を添加して試料を調製する．直流電圧を電解に用いる直流ポーラログラフィーでは試料濃度を通常 10^{-3}〜10^{-5} M 程度とする．支持電解質は試料の電極反応に関与せず，試料と直接反応を起こさないもので，通常はアルカリ金属塩類がよく用いられる．添加量は電解液の溶液抵抗を小さくするため，通常は 0.1〜1 M 程度になるように加える．水素イオンが電極反応に関与する場合には，緩衝溶液を用いて適切な pH に調整する．ポーラログラムに極大が現れてしまうような場合には，極大抑制剤として，ゼラチン，水溶性ポリマーなどを添加する．ただし，これらの添加は必要最小量にしないと，ポーラログラムの波形に影響する．電解の溶液（溶媒）としては，水がもっともよく用いられる．有機化合物など水に難溶性の溶液の場合には，有機溶媒（アルコール，ジオキサンなど）との水の混合溶媒あるいは比較的極性の大きい非水溶媒（ジオキサン，アセトニトリル，ジメチルホルムアミドなど）が用いられる．

このような電解分析で得られる代表的なポーラログラムの例を図 10.2 に示す．図中の電流が急変する部分をとくにポーラログラフ波とよび，変化量を波高という．このときの波高に相当する電流 i_d の大きさの半分に相当する滴下極の電位を半波電位 $E_{1/2}$ という．半波電位は還元される化学種特有のものであり，これを用いて定性分析を行うことができる．代表的な半波電位の値を図 10.3 にまとめて示す．波高は電解電流を意味し，この値は通常，電解物質の濃度と比例関係があるので定量分析が行える．

図 10.2 に示すポーラログラムにおいて，AB の部分は残余電流といわれ，電解試料が含まれていない場合にも観察される電流である．印加電圧を増して滴下極の電位が電解物質の電解電位（B 点）に達すると，電解還元反応が始まり，電流が増加し始める．電位がさらに高くなると，電解反応速度が大きくなり，電流は急激に増す（BC）．しかし，これより電位を高くしても電流は増加せず，一定となる（CD）．これを限界電流という．水銀を使用しない場合の通常の電解分析では，このような一定した限界電流は現れない．この点が水銀滴下電極の最大の特徴であり，定性，定量分析を容易にしている．以下ではこのような電解曲線の解釈の仕方についてもう少し詳しく考えてみよう．

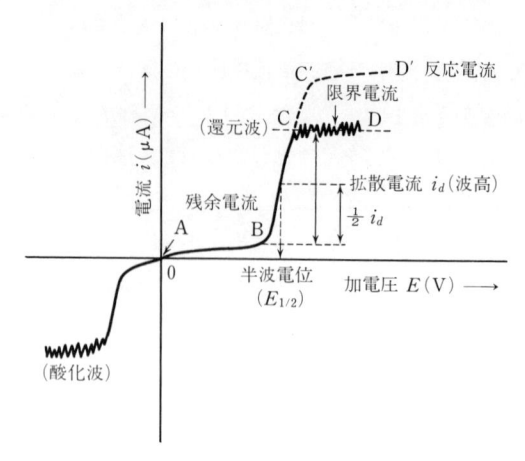

図 10.2 典型的なポーラログラム

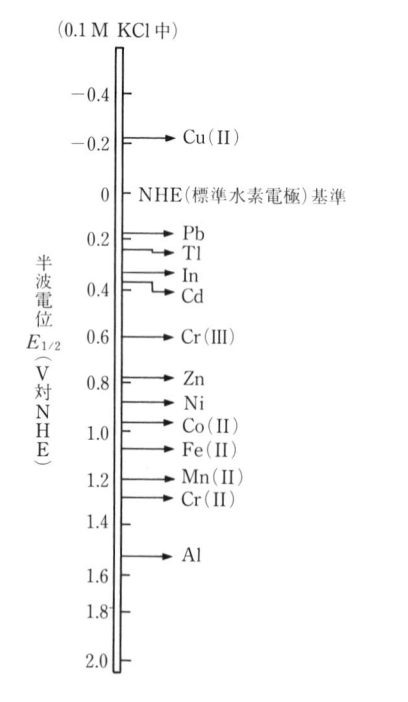

図 10.3 代表的な金属の半波電位(V 対 NHE)

a. 拡散電流

電解における電極上での酸化還元反応では，たいていの場合，電極と溶液の界面で分極が起こる．ポーラログラフィーでは作用極（滴下水銀電極など）は通常カソードであり，電極上に電子が帯電し，溶液界面には陽イオンが集まる．これが分極であり，この分極した層を電気二重層とよぶ．カソードでは，拡散によって電極表面に到達した陽イオンが還元され，その還元物が電極，または溶液中に生成する．この過程において分極は消失されることになるので，電解成分（この場合は陽イオン）は"復極剤"とよばれる．また，電極と溶液の界面では電解成分（復極剤）は時間的に消費されるので濃度勾配が生じ，それによって電解成分（復極剤）は電極に向かって拡散する．このような物質移動（物質輸送）過程を通じて得られる電流のことを"拡散電流"という．

電気化学反応で問題となる物質移動には，このほかに電位勾配による泳動，対流（かくはんも含む）があり，その結果生じる電流を，それぞれ泳動電流，対流電流とよぶ．泳動は，溶液中のイオンが電極からの電場による静電的作用で引き寄せられる現象である．実際のポーラログラフィーでは，電解成分（復極剤）の50～100倍以上の濃度で電極反応に関与しない電解質（これを支持電解質という）を加えると泳動電流はほとんど無視できる．一方，対流は溶液中での電極の移動，溶液のかくはん，あるいは溶液の不均一な温度分布によって起こる．このような対流はたいていの場合，定常的な流れにはならず，対流による物質移動量を求めることは一般には難しい．このため，対流電流については電解溶液をかき混ぜずに静止させることにより，無視できるようにする．その結果，電解成分については拡散のみが問題となるような拡散電流がポーラログラムより得られる．このとき得られる拡散電流が目的対象成分の真の電解電流である．

電解溶液中に溶存している酸素は測定時の電位（バックグラウンド電位）を増加させ，誤差の原因となるので，通常は窒素を電解溶液中に通気するなどして除去する必要がある．得られる拡散電流（i_d）は，電極形状，電解時間，電解成分の濃度および拡散の関数として以下のIlkovičの式で表される．

$$i_d = 607\, nD^{1/2}m^{3/2}t^{1/6}C \tag{10.1}$$

ここで，i_d は拡散電流（μA），n は電解成分1分子の電極反応にあずかる電子数，D は電解成分（復極剤）の拡散係数（$cm^2\,s^{-1}$），m は1秒間に滴下極から流出す

る水銀の質量（mg s^{-1}），t は水銀滴1滴の滴下時間（滴下水銀電極の寿命，s），C は電解成分の濃度（mM）である．

通常は電極形状（水銀滴下管形状など）の特性に依存する m および t の諸因子を一定にするようにし，さらに電解溶液条件を一定にして，D が電解物質によって定まれば，拡散電流は濃度に比例することになる．このようにして定量分析を行う．

b. 半波電位

ポーラログラフィーでは拡散電流の半分の電流を与える電圧を半波電位という（図 10.2 参照）．半波電位は電解成分の種類によって特定の値をとるので，物質の定性に利用される．半波電位は，簡単には以下のように説明される．まず，酸化形物質 Ox と還元形物質 Red との間で，Ox $+ ne^- =$ Red なる酸化還元電極反応が起こる場合，式(8.8)に示したように，Nernst 式から電極電位は以下のように求められる．

$$E = E° - \frac{2.303RT}{nF} \log \frac{[\text{Red}]°}{[\text{Ox}]°} \tag{10.2}$$

ここで，$E°$ は標準電極電位，[Ox]° および [Red]° は電極近傍の Ox および Red の濃度である．

ところで，先に述べたようにポーラログラフィーの電解系での物質輸送は主として拡散によるので，電解電流 i_d は溶液中の Ox 濃度 [Ox] と電極近傍の Ox 濃度 [Ox]° との差に比例する．

$$i = k([\text{Ox}] - [\text{Ox}]°) \tag{10.3}$$

ポーラログラムの電流が平衡に達した拡散電流 i_d のところでは [Ox]°$=0$ となるので，

$$i = k[\text{Ox}] \tag{10.4}$$

$$[\text{Ox}]° = \frac{i_d}{k} - \frac{i}{k} \tag{10.5}$$

また，電解の結果として生成される電極近傍の還元形物質の濃度 [Red]° は，

$$[\text{Red}]° = [\text{Ox}] - [\text{Ox}]°$$

となるから，式(10.4)により

$$[\text{Red}]° = \frac{i}{k} \tag{10.6}$$

式(10.5)，式(10.6)の関係を式(10.2)に代入すると，

$$E = E° - \frac{0.0591}{n} \log \frac{i}{i_d - i} \tag{10.7}$$

ここで，$E=E°$，すなわち電極電位が標準電極電位に等しくなったときは，式(10.7)により

$$i = 1/2\, i_d$$

となり，電解電流値が拡散電流の半分となる．このように，ポーラログラフィーの半波電位は，電極反応が可逆反応ならば，反応物質（あるいはイオン）の標準酸化還元電極電位に等しい．

一般に，きわめて近接した半波電位を有する物質が共存する場合には，それらを分別定量することはかなり難しい．このような場合，適当な錯体生成剤（錯化剤）を添加すると，重複を分離して定量することが可能になる場合もある．これは錯イオンの半波電位は，錯体を形成していないイオンに比べて負側に移動し，錯体の生成定数の差により共存する物質どうしの半波電位に差が生じるためである．

c. 容量電流

実際の電気化学測定では，試料からの Faraday 電流（9.3節参照）のほかに，充電電流や残余電流が含まれている．これらは，容量電流（または容量性電流）とよばれる．充電電流は電極界面に生じる電気二重層がコンデンサーの働きをするために起こる電気二重層への充電による電流である．ときには電圧が小さくても電解が起こるような微量の還元性不純物の電解電流との和になることもある．通常は，電極面積が大きいほど充電電流も大きくなる．残余電流は試料溶液中に含まれる目的物質以外の酸化還元物質の Faraday 電流である．

一般にポーラログラムには図10.2に示したような残余電流がみられる．残余電流は電極成分を加えない支持電解質のみのポーラログラムを測定したときに流れる電流と考えてよく，非 Faraday 電流である．これは作用極（水銀表面など）に分極の結果形成される電気二重層の容量変化により観察される電流である．したがって，電解物質の正確な拡散電流を求めるためには，その残余電流を差し引かなくてはならない．残余電流は通常，印加電圧に比例して増大する傾向がある．目的物質を高感度で検出するためには，これら妨害電流の寄与をできるだけ小さく押さえる必要がある．

d. 反応電流

　限界電流には上述のような電解成分の拡散が律速となる電極反応による拡散電流のほかに，同一の電極で起こる別の反応により限界電流が影響を受ける場合がある．このような電流のことを反応電流とよぶ．

　たとえば，溶液中に存在する物質 a は電極で還元されず，これと平衡にある物質 b が電極ですみやかに還元される場合には，b の還元に相当する電流が拡散電流に加わる．つまり反応電流＋拡散電流が観測される．図 10.2 の C′ から D′ までに示された曲線部分は，このような反応電流の存在する場合の代表的なポーラログラムである．

10.3　作　用　極

　ポーラログラフィーの作用極に利用される電極は通常，滴下水銀電極である．滴下水銀電極は，滴下にともなって電極（水銀滴）の表面積が変化するので，電流が振動するように測定される欠点があるが，① つねに新しい電極表面で電解が行われること，② 水銀滴(電極)が新しくなるたびに拡散層も新たになるため，振動電流を平均すれば一定値が求められること，③ 固体電極の表面に比べて水銀は精製しやすく，再現性のよい測定が行えることなどの特長がある．ただし，極の電位が甘こう電極（SCE）に対して ＋0.4 V 付近（＋0.6〜0.7 V 対 NHE）になると水銀の溶出が始まるので，それ以下の電位においてしか使用できない．したがって，酸化反応を利用する場合には他の電極(回転微小白金電極など)を使用する．白金電極では，酸素発生電位 ［甘こう電極に対して ＋1.5V 付近（＋1.7〜1.8 V 対 NHE)］まで有効である．しかしながら，上記三つの特長から，滴下水銀電極に匹敵するほど優れたものはまだ開発されていない．

10.4　ボルタンメトリーの種類

　電解電流が直流である場合の装置を直流ポーラログラフといい，その基本原理については上述した．以下には，それ以外によく分析に用いられる交流ポーラログラフィー，矩形波ポーラログラフィー，パルスポーラログラフィーについて簡

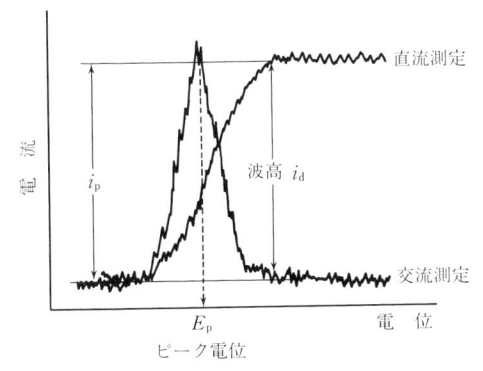

図 10.4 交流ポーラログラムと直流ポーラログラムとの比較

単に述べる．

a. 正弦波交流ポーラログラフィー

この方法は一定の微小な交流電圧を直流印加電圧に重畳して電極に印加し，電解で生じた電解電流の交流成分と加えた直流電圧との関係からポーラログラムを得る方法である．この方法のうち，交流ブリッジポーラログラフ装置は回路が簡単で，かつ拡散電流の測定上の問題点も少なく，一般的に用いられている．

この方法で得られる典型的なポーラログラムは図 10.4 に示すように山形であり，電極反応が可逆の場合は，頂点電圧を中心とした左右対称形となる．このとき，定性分析に重要な半波電位は得られたポーラログラムの頂点電位 E_p に位置し，この位置の波高（ピーク電流値 i_p）を測定して，定量する．なお，i_p および E_p は，次式に示す関係があり，電解成分濃度 C は i_p に比例する．

$$i_p = \frac{n^2 F^2}{4RT} A D^{1/2} \omega^{1/2} \frac{\Delta E}{\sqrt{2}} C \tag{10.8}$$

ここで，A は作用極の表面積を，ω は $\Delta E \times \sin \omega t$ で表現される電解正弦波交流電圧の角速度を意味する．t は時間である．

b. 矩形波ポーラログラフィー

この方法は，矩形波電圧を直流印加電圧に重畳して電極に加え，電解で生じた電解電流の矩形波成分についてのポーラログラムを求める方法である．図 10.5(a) の例に示すように，測定上妨害となる容量電流（充電電流）は，矩形波の方向が変わった瞬間には大きいが，その後直ちに減衰する．そこで，容量電流を多

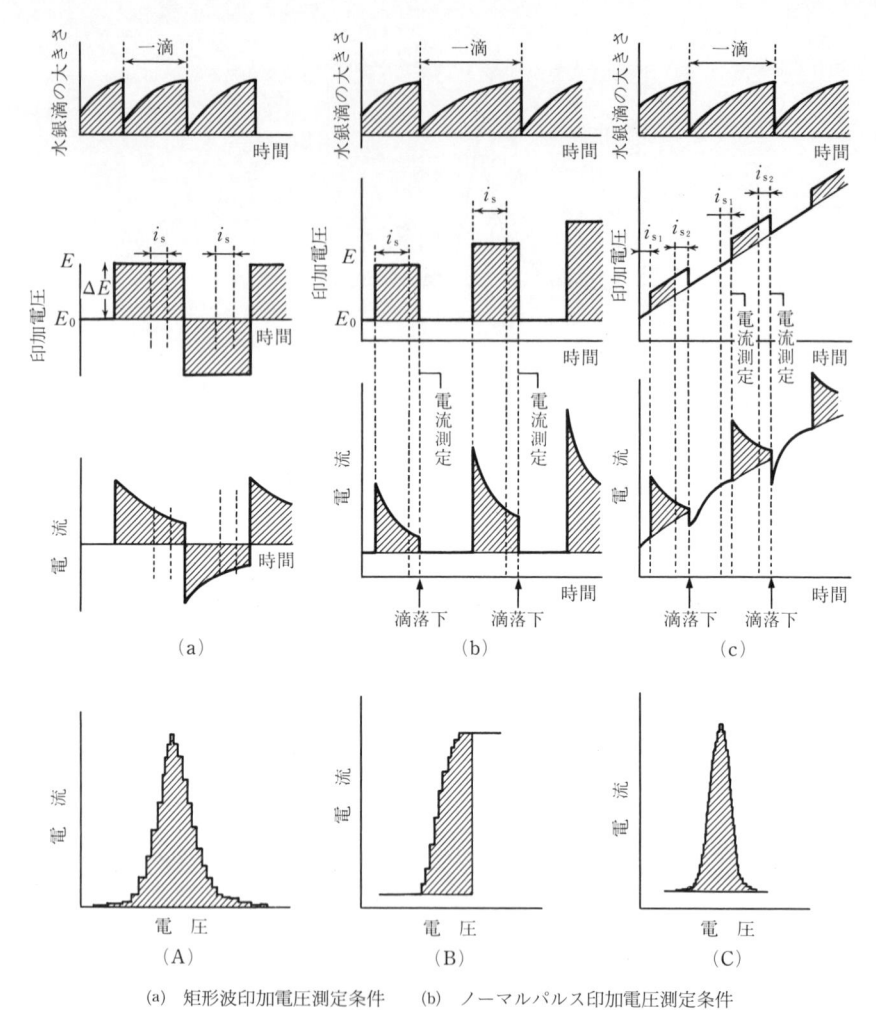

(a) 矩形波印加電圧測定条件　(b) ノーマルパルス印加電圧測定条件
(c) 微分パルス印加電圧測定条件
(A) 矩形波ポーラログラム　(B) ノーマルパルスポーラログラム
(C) 微分パルスポーラログラム

図 10.5　各種ポーラログラフィー

く含む部分を測定回路上で除外し，残りの電解電流部分を全電解電流から取り出す．得られるポーラログラムは図 10.5(A) に示すように鋭い山形である．半波電位は，山形のピーク位置から求められる．

c. パルスポーラログラフィー

　この方法は，容量電流を除き，感度を上げるために考案されたものである．基本的には上述の矩形波を用いる方法と類似する．たとえば，数10分の1秒間隔の矩形波電圧をパルス状に繰り返して水銀滴生成中に1回ずつ印加する．容量電流は，矩形波ポーラログラフィーと同様の方法で除去する．図10.5(b)，(c)にパルスの印加方法の例を示す．(b)は時間に比例して増加する振幅の電圧パルスを，一定の直流電圧に加える方法である．(c)は一定のパルス電圧を直流印加電圧に重畳し，パルス電圧を加える前と加えた末期（滴下水銀電極の成長の終わり）に生じた電解電流の差を，連続的に印加電圧に対して記録して微分波形を得る方法である．(b)の方法をノーマルパルスポーラログラフィー，(c)の方法を微分パルスポーラログラフィーとよぶ．実際には後者の測定感度が高く，一般によく用いられている．これらのパルスポーラログラフィーで得られるポーラログラムは図10.5(B)，(C)のような形となる．このうち，微分パルスポーラログラフィーで得られるポーラログラム［図10.5(C)］は，頂点をもった山形となり，この山のピークの電位（半波電位に相当）により定性を，ピークの高さにより定量分析を行う．

　以上の三つの方法に共通する特長は，基本的な直流ポーラログラフィーに比較して，半波電位が決定しやすく，共存する妨害電解物質の影響が比較的少ないことである．微分パルスポーラログラフィーではこれらの特長がより著しい．

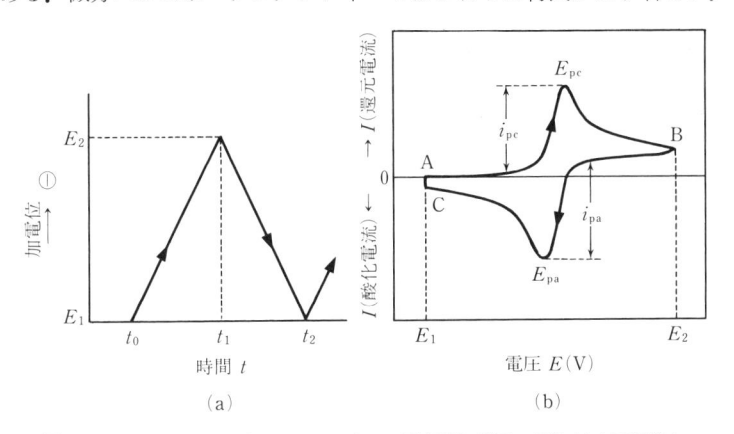

図 10.6　サイクリックボルタンメトリーの可変印加電圧の条件(a)と可逆的な電極反応で得られる典型的なサイクリックボルタムグラム(b)

d. サイクリックボルタンメトリー

図10.6(a)に示すように,電解に加える電位を時間に対して直線的に変化させた三角波を加え,酸化と還元を連続的に行わせると図10.6(b)のようなボルタムグラムが得られる。この場合,電極には水銀だけでなく,白金や炭素(グラファイト)などが用いられることが多い。作用極には $t_0 \sim t_1$ の時間は還元電流が,$t_1 \sim t_2 (= 2t_1)$ までの時間には酸化電流が観察される。

加える電位の掃引速度は通常,$1\,\mathrm{mV\,s^{-1}}$ から $100\,\mathrm{V\,s^{-1}}$ の範囲であり,このような条件では電極への電解物質の拡散は定常的に行われないので,得られる波形は図に示すようなピークをもつ形状となる。

$t_1 \sim t_2$ までの時間の酸化電流は,先に一度還元された物質が再び酸化される反応に対応する。したがって,ボルタムグラムには還元ピークとは逆の酸化ピークが得られる。このため,一般にボルタムグラムは電解反応が可逆的に行われれば,図10.6(b)に示すような点対称の図形となる。また,加える三角波の電位を幾度か繰り返し変化させて測定しても,類似したボルタムグラムが得られる。一方,これらの反応が不可逆であるときには,還元および酸化ピークの大きさが異なり,複数回の繰り返しの電圧掃引で得られるボルタムグラムはつねに異なった形となる。

可逆反応の場合には,還元ピークと酸化ピークの大きさが等しく,$I_\mathrm{pc} = I_\mathrm{pa}$ であり,それぞれのピーク電位値の差 $(E_\mathrm{pc} - E_\mathrm{pa})$ は Nernst 定数と等しくなる ($0.05916/n$ V,25℃,ここで n は電極反応に関与する電荷数)。このような系でのピーク電流値 $I_\mathrm{p} (= I_\mathrm{pc} = I_\mathrm{pa})$ は一般に次式の Randles-Sevcik の式で表される。

$$I_\mathrm{p} = 2.69 \times 10^5 n^{3/2} S D^{1/2} V^{1/2} C \quad (25\,℃)$$

ここで S は電極表面積 ($\mathrm{cm^2}$),D は拡散係数 ($\mathrm{cm^2\,s^{-1}}$),C は電解成分の濃度 (mM),V は印加電圧の掃引速度 ($\mathrm{V\,s^{-1}}$) である。

この測定法は,電解液や作用極に種々の試料や研究材料を用いることで電極反応(不可逆反応も含む)を解析する手法として重宝されている。

e. ストリッピングボルタンメトリー

この方法では,一度電解成分(主として陽イオン)を電極上に還元して電着させ,これを再び酸化溶解(ストリッピング)させた場合に得られるボルタムグラムから定量を行う。この反応は通常,カソードで行われるが,酸化溶解させるた

10.4 ボルタンメトリーの種類　135

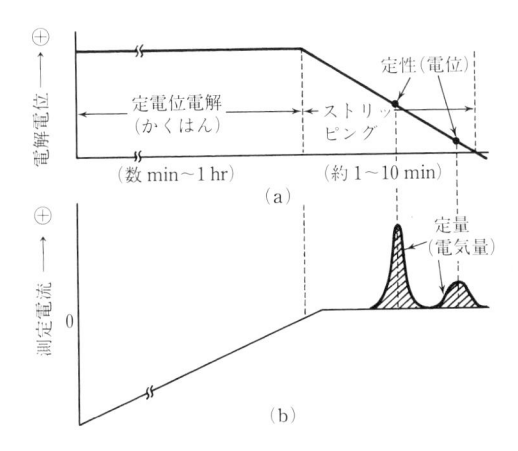

図 10.7 ストリッピングボルタンメトリーの印加電圧測定条件(a)と典型的なストリッピングボルタムグラム(b)

めにアノーディックストリッピングボルタンメトリーとよばれる．物質を一度濃縮した後定量するので，電気分析法の中ではもっとも微量分析に適する．

操作は通常，金属イオンが十分還元されるように一定電位（−0.6〜1.2 V 対 NHE）の電圧を加え，一定時間（数分〜1時間程度）の電解（電着）を行った後，かくはんしながら一定速度で電位を掃引して定電位電解（0.01〜1 V min^{-1}）を行う．この場合，水銀電極を作用極に用いると，水銀との合金（金属アマルガム）が形成される場合もある．

代表的なストリッピングボルタムグラムを図10.7に示す．通常はピークをもつ山形のボルタムグラムが得られ，これを溶出曲線とよんでいる．クロマトグラフィーと同様に，成分の定性は溶出曲線の電位をかくはん溶液のもの（あるいはかくはん酸化還元電位を参考にする）と比べたり，定量をピークの高さや面積から行う．

この方法では，先述の微分パルスポーラログラフィーと比較しても10倍から100倍の高感度分析が実現されている．

酸 素 電 極

酸素電極にはいくつかの種類がある．一般的によく用いられるのは，隔膜電極である．溶液酸素分圧［DO（Demand of Oxygen）濃度とよぶ］を酸素の還元による拡散電流(限界電流)から求めるものである．このような隔膜電極には以下の二種類がある．

ガルバニ式隔膜電極あるいはクラーク形電極とよばれる酸素電極は後述する酵素電極の中で示す構造で，酸素に対する透過性の高い隔膜(多孔性テフロン膜等)が使用されている．電極の材料は対極に銀を，作用極に白金などを用い，電解液としてアルカリ水溶液を使用する．この電極は自ら電解電池系を構成しており，外部電源が不要である．この電極では隔膜を透過した酸素が作用極で還元され，DO 濃度に比例した還元電流が発生する．

他方，ポーラログラフ式隔膜電極とよばれる酸素電極は，電解液には塩化カリウム水溶液が通常用いられ，外部から両極間に酸素の限界拡散電流を生じる電圧を印加する点が前者の酸素電極と異なる．電極構造は，ガルバニ式隔膜電極とほぼ同じである．

この他の電極として，気体中の酸素を測定できる酸化ジルコニアを使った酸素電極がある．これは，ZrO_2 に CaO や Y_2O_3 を加えて得た固体電解質(これを安定化ジルコニアとよぶ)が，高温で酸素イオン電導体となることを利用した電気化学センサーである．図に示すように，数 mm 厚の安定化ジルコニア膜の両側に多孔質の白金電極を張り付け，850℃ 程度に加熱した状態で両側に気体を接しさせると両極間に次式に示す電位差が発生する．

$$E = \frac{RT}{4F} \cdot \ln\frac{P_2}{P_1} \qquad (1)$$

この場合，白金極では酸素の分解あるいは生成反応が起きる．ここで，P_1 と P_2 は，それぞれジルコニア膜の両側に接した酸素の分圧である．通常は，どちらかの層の酸素分圧（P_1 または P_2）を一定にして，試料ガスの酸素分圧を測定する．

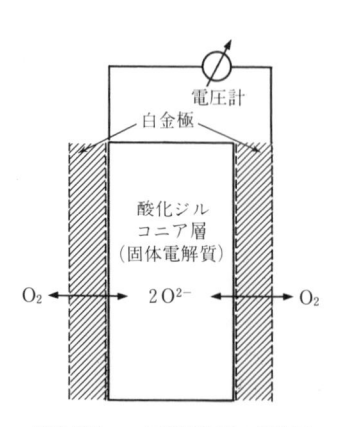

酸化ジルコニア酸素電極の構造図

酵 素 電 極

生体中には，酵素や抗体にみられるように，特異な分子識別機能をもつ物質が数多くある．こうした分子識別機能をもつ生体物質を利用して，特定の化学物質を選択的に検出するためにつくられたセンサーを総称してバイオセンサーという．

血糖測定用として実用化されているグルコースセンサーは酵素を利用した電気化学バイオセンサーの代表例であり，酵素電極とよばれる．

グルコースはグルコースオキシダーゼ（GOD）の触媒作用下で次のように酸化される．

$$\text{グルコース} + O_2 + H_2O \xrightarrow{\text{GOD}} \text{グルコン酸} + H_2O_2 \quad (1)$$

グルコースセンサーは，図のような構造で，GOD を固定化酵素膜が隔膜酸素電極のガス透過膜の表面を覆うように取り付けられている．これを試料溶液に浸すと膜内で上記の反応が進み，その結果 O_2（溶存酸素）が減少し，同時に H_2O_2 が生成する．したがって，O_2 の減少量あるいは H_2O_2 の生成量を電気化学的に測定すれば，グルコースが定量される．このため，酸素電極の酸素透過膜，あるいは過酸化水素電極の過酸化水素透過膜の外側に，GOD 固定化膜を密着させればグルコースセンサーができる．酸素電極では，酸素の電解還元電流が測定され，過酸化水素電極では過酸化水素の電解酸化電流が測定される．したがって，これらの測定はアンペロメトリー（電流測定法）に属する．

グルコースセンサーは，GOD 固定化膜がグルコースを識別するので共存物質の妨害が少なく，酸素もしくは過酸化水素がそれぞれの透過膜を通過して電極面に達し，さらに印加電圧によって電極反応が制御されるので選択性が高い．そのため通常は前処理の必要もなく，グルコースを測定できる．

欠点は，式(1)に示されるように，反応に酸素が必要なため，電流応答が溶液酸素分圧にも依存することである．酸素の役割は，グルコースを酸化して自らは還元形となったグルコースオキシダーゼの反応活性部位を再酸化することにあるので，酸素の代りに他の還元物質（メディーターという）を介在させて反応を行わせるセンサーの開発が進められている．

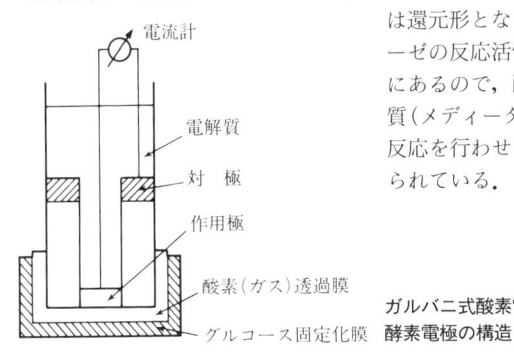

ガルバニ式酸素電極を利用した酵素電極の構造

10.5 ボルタンメトリーの利用範囲

　ポーラログラフィーの問題点は，人体に有害な水銀を使うことである．そのため，滴下水銀電極の代りに静止微小電極や回転微小電極なども用いられるようになった．しかしながら，滴下水銀電極は，つねに新しい電極表面を提供し，他の固体電極に比べて再現性がよいので，この電極の使用をあきらめきれない．ポーラログラフ法はもっとも多方面に応用される分析法の一つであり，無機イオンに加えて，酸化性や還元性のある多くの有機物や生体成分へも応用でき，また，非水溶媒中での分析も可能である．実際には，水道水，天然水，河川や海水，工場排水などの水質管理における特定重金属の分析や鉄綱，めっき液，食品中などの微量金属イオンの分析などに利用されている．また，サイクリックボルタンメトリーは電極反応の解析には不可欠の重要な分析法の一つである．

演習問題

10.1　ポーラログラフィーを用いて，ある金属イオンを含む試料の拡散電流を測定したところ，5 μA であった．この溶液 100 ml に 0.01 M の同種の金属イオンを含む溶液を 10 ml 添加したところ，拡散電流が 5 倍になった．試料中の金属イオンの濃度はいくらか．

10.2　ポーラログラフィーにおいては，なぜ水銀電極が多用されるのか．ほかに水銀に変わり得る電極や測定法がないのか．

10.3　電流-電圧曲線から酸化および還元反応の電子数を求めるにはどのようにしたらよいか．

10.4　サイクリックボルタムグラムの電流ピーク，そのときの印加電圧，ピーク面積はそれぞれどのような意味をもつか．

10.5　アノーディックストリッピングボルタンメトリーは主に金属イオンの定性，定量に用いられるが，カソーディックストリッピングボルタンメトリーはどのような物性の定性，定量に用いることができるのか．

11 電導度分析法

- 溶液組成と溶液電導度の関係
- イオンの当量電導度のもつ意味
- 溶液電導度の測定法

11.1 溶液抵抗と電導度

　溶液中に白金のような表面が腐食されにくい金属を使った電極を二本入れ，溶液の電気伝導度（電導度）あるいは溶液の抵抗の測定から，溶液の成分を定量する方法を電導度分析法（コンダクトメトリー）とよぶ．

　溶液の電導度は通常，溶液中に含まれるイオンが電荷の担い手であり，イオンに関する定量に用いることができる．しかし，電極の酸化，還元反応を行わせない条件で溶液抵抗を測定するので，成分が何であるのかといった同定はできない．

　図11.1に示すように，溶液の抵抗 $R(\Omega)$ の測定において，電極の面積 A (cm^2)，電極間の長さ L(cm) とすると

$$R = \rho \cdot L/A \tag{11.1}$$

で表される．ここで，ρ は比電導度とよばれる．

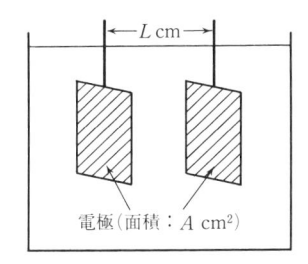

図 11.1 溶液電導度の測定系の例

A を $1\,\mathrm{cm}^2$, L を $1\,\mathrm{cm}$ とすると,

$$R=\rho \tag{11.2}$$

であり, この ρ の逆数 $1/\rho$ を電導度とよぶ. したがって, 電導度を λ とすると,

$$\lambda=1/\rho=L/(RA) \quad (\mathrm{cm}\,\Omega^{-1}\,\mathrm{cm}^{-2}) \tag{11.3}$$

であり, $\Omega^{-1}\,\mathrm{cm}^{-1}$ の単位系をもつが, Ω^{-1} のことを S(シーメンス, siemens) とよび, 通常は $\mathrm{S\,cm}^{-1}$ として表す.

実際の測定では, 溶液の電導度を X とすると

$$X=K\rho \quad (\mathrm{S\,cm}^{-1}) \tag{11.4}$$

として測定される. ここで K は電極の形状などで決まる定数でセル定数とよばれる. 一般に, 測定セルがある固有の抵抗値をもつ場合には, 比電導度 ρ が既知の溶液を用いてこの値を算出する.

11.2 イオンの電導度

濃度 $C_\mathrm{m}(\mathrm{M})$ の溶質を含む $V(\mathrm{ml})$ の溶液に電極面積 $1\,\mathrm{cm}^2$, 電極間距離 $1\,\mathrm{cm}$ の電導度測定セルを入れて, この溶液の電導度 X を測定する(測定のさい, セル定数は補正されており, 1 とする)と,

$$X=1\,000\rho/C_\mathrm{m}=\Lambda_\mathrm{m} \quad (\mathrm{S\,cm}^{-1}) \tag{11.5}$$

となる. ここで測定される電導度 Λ_m のことを分子電導度とよぶ. 1 グラム当量の溶液を同様に測定すると,

$$X=1\,000\rho/C=\Lambda \quad (\mathrm{S\,cm}^{-1}) \tag{11.6}$$

であり, 当量電導度 Λ が求まる. Λ はその成分濃度が希薄になると, ある一定値を示す. この値を極限当量電導度 Λ_∞ とよぶ. 実際には, Λ_∞ は電解質の陽イオン成分 ($\Lambda_{\infty+}$) と陰イオン成分 ($\Lambda_{\infty-}$) の和として測定され,

$$\Lambda_\infty=\Lambda_{\infty+}+\Lambda_{\infty-} \tag{11.7}$$

のように, 加成性が確かめられている. 代表的なイオンの極限当量電導度を図 11.2 に示す. H^+ と OH^- がきわめて大きい値であるので, 中和滴定などに利用される.

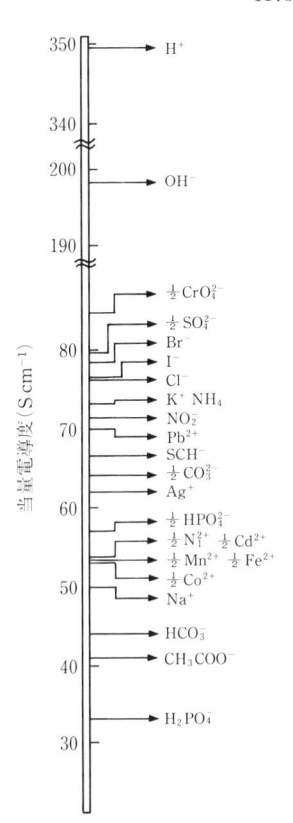

図 11.2 代表的なイオンの極限当量電導度(25°C)

縦軸：当量電導度 (S cm⁻¹)

目盛と対応イオン：
- 350 : H^+
- 200 : OH^-
- 85 : $\frac{1}{2}CrO_4^{2-}$
- 80 : $\frac{1}{2}SO_4^{2-}$, Br^-
- 78 : I^-
- 76 : Cl^-
- 73 : K^+, NH_4^+
- 71 : NO_3^-
- 70 : Pb^{2+}
- 68 : SCN^-
- 67 : $\frac{1}{2}CO_3^{2-}$
- 62 : Ag^+
- 57 : $\frac{1}{2}HPO_4^{2-}$
- 55 : $\frac{1}{2}Ni^{2+}$, $\frac{1}{2}Cd^{2+}$
- 54 : $\frac{1}{2}Mn^{2+}$, $\frac{1}{2}Fe^{2+}$
- 52 : $\frac{1}{2}Co^{2+}$
- 50 : Na^+
- 45 : HCO_3^-
- 41 : CH_3COO^-
- 33 : $H_2PO_4^-$

11.3 電導度測定

　溶液の電導度を測定する代表的方法には，電極法と電磁誘導法との二つがある．

　電極法は，溶液中に白金やステンレス鋼などの金属電極を2本入れ，溶液抵抗を測定するもので，交流電圧方式がよく用いられる．測定系は，図7.3(b)に示す単純な二電極系で，電極間には交流電圧を印加して，得られる電流から溶液の電導度を算出する．実際の機器では温度補償を行い，25°Cに換算した場合の電導度が表示されるようになっているものが多い．

　電磁誘導法は，図11.3に示すように，二つのトランス1と2を含む測定プローブを試料溶液中に入れ，C_1のコイルに交流電流を流すと，C_3のコイルには溶液の導電率に比例した誘導電流が流れる．そのさい，トランス2側のコイルC_2には誘

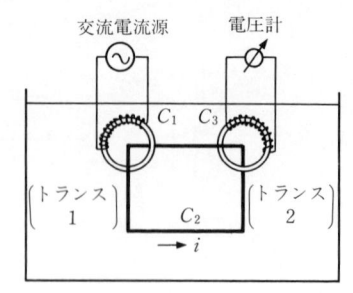

図 11.3 電磁誘導法による溶液電導度の測定法

導電流に比例した電圧が発生するので，この電圧を電圧計により測定することにより電導度が求められる．一般に，この測定方法は濃度の大きい電解質溶液などの電導度が比較的高い場合に使用されることが多い．

11.4 電導度分析法の利用範囲

電導度の測定では，電極のセルを選択することにより広範囲な測定（$0.01\,\mu\text{S}\,\text{cm}^{-2}$ から$100\,\text{mS}\,\text{cm}^{-2}$）ができる．実際には，純水やイオン交換水製造管理，ボイラ給水や上下水道の水質管理，河川水の水質監視，電解プロセスの水質管理，溶液系での生産プロセス制御，農業や漁業の水質管理などに利用されている．

今後の発展

電気化学分析は，分析化学法の中では古典的なものに分類される．しかし，物質計測の手段は，そこから得られる最終的な情報としての光，電子，熱，磁気などの基礎的物質量の測定であり，したがって，電子や荷電物質の計測は，普遍的なことで，今後なくなることはあり得ない．

電気化学分野も着実に進歩を続けており，近年の研究では，特殊な微小電極の開発，それらを用いた反応解析や微小場の観察，次世代を担う高性能化学センサーや高分離電気泳動クロマトグラフィーの開発などにその例がみられる．近年における超伝導物質などの新規材料開発やエレクトロニクス機器と技術の急速な進歩は，われわれの生活様式までも変えようとしているが，このような技術革新は電気化学分析法にも新たな発展をもたらすであろう．

演習問題

11.1 電導度測定セルが固有の抵抗値をもつ場合には，どのように測定に利用したらよいか．

11.2 一定量の強酸 HCl を同濃度の塩基 NaOH で滴定するときに得られる溶液電導度の変化を図示しなさい．また，強酸 HCl をアンモニアのような弱塩基で滴定した場合はどうなるか．

11.3 0.1 M の弱酸の DH の電導度を 25°C で測定したところ，1.5×10^{-3} (S cm^{-1}) であった．この酸 DH の解離度 α と平衡定数 K はいくらか．ただし，この酸の当量電導度は 400 (S cm^{-2}/eq) である．

12 クロマトグラフィーの仲間

・どんな種類があるか
・分離の原理
・保持値のもつ意味
・定性分析はどう行うか
・定量分析はどう行うか

12.1 はじめに

われわれのまわりに満ちあふれている各種の物質,材料はそれらの特性についての評価を必要としている.通常,化学分析が重要な役割をはたすことが多い.化学分析法としては重量分析法,容量分析法の時代を経て,現在使われている主な手法は機器分析法とよばれる手法である.ところがこれらの手法で使われる機器はたいてい試料をそのままでは分析できない.そこで何らかの処理をして,それら機器が扱いやすい形にしてやる必要がある.化学反応を使って扱いやすい化学形に誘導する,分離法を駆使して目的成分を取り出す,あるいは妨害成分を除去する,などが行われることになる.

分離法としては沈殿させる,抽出する,蒸留するなどのいろいろな手段がある.それらの中で,クロマトグラフィーはもっとも効率の高い分離法であり,そのままで分析手法ともなっている.すなわち,クロマトグラフィーは化学物質を扱ううえで欠くことのできない重要な分離手段,分析手段となっている.その仲間は主要な機器分析法の前処理の手段として使われている一方,機器分析法としても確立している.化学工場,研究所はもとより,環境測定や病院での臨床検査などでも大活躍している.

本章では,まず,分析法としてのクロマトグラフィー全般について共通する基礎的事項を解説する.

クロマトグラフィーの誕生

クロマトグラフィーの歴史は今から100年以上も昔にさかのぼることができる．しかし，今世紀初頭，ロシアの植物学者 Mikhail Tswett は植物色素の分離を行い，この手法にクロマトグラフィーという名前を付けた．そこで，一般には Tswett をその創始者としている．

Tswett は粉末にしたイヌリンや炭酸カルシウムのような吸着性粒子をつめたガラス管（カラムとよぶ）をまず用意した．そして植物の乾燥した緑葉から石油エーテルあるいは二硫化炭素を使って混合物の状態で色素を抽出し，これをカラムの頂点から注ぎ入れた．色素は上端に吸着した．続いて石油エーテル，あるいは石油エーテルに極性溶媒を少量混ぜた物を流した．含まれていたいくつかの色素は異なる速度で下降し，はっきりとした層にわかれた（下図）．それぞれの層は特有の色をもっていた．さらに洗い流すこと，あるいは充填物ごと取り出して極性溶媒で洗うことにより個々の色素を分け取ることができた．個々の化学物質の性質を研究するうえで画期的な分離・精製手法をつくり出したということができる．Tswett はこの手法をギリシャ語の chroma（色）と graphos（記録）とからクロマトグラフィー（chromatography）と名付けた．

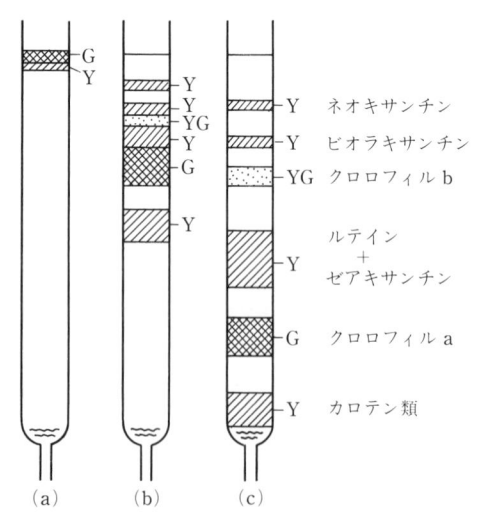

（a）　（b）　（c）

固定相：イヌリン粉末　　移動相：プロパノールを0.5％含む石油エーテル
Y：黄色　　G：緑色

植物色素の分離

12.3 分離の原理

表 12.1 クロマトグラフィーの分類

移動相	固定相	名称	
液体	固体	液-固クロマトグラフィー	⎫ 液体クロマトグラフィー(LC)
液体	液体	液-液クロマトグラフィー	⎭
気体	固体	気-固クロマトグラフィー	⎫ ガスクロマトグラフィー(GC)
気体	液体	気-液クロマトグラフィー	⎭
超臨界流体	固体	流-固クロマトグラフィー	⎫ 超臨界流体クロマトグラフィー(SFC)
超臨界流体	液体	流-液クロマトグラフィー	⎭

12.2 クロマトグラフィーの分類

現在，クロマトグラフィーには多くの手法が開発，利用されている．それらに共通した特徴は試料成分が二つの相の間に分配され，しかも各成分が分配され方の相違によって互いに分離されることである．この二つの相の一つはTswettの実験におけるイヌリン，あるいは炭酸カルシウムのように静止している相，他の一つは，石油エーテルのように，静止している相の隙間を通る，あるいは表面を伝わって浸透する相である．前者を固定相，後者を移動相とよぶ．

固定相と移動相の組合せには表 12.1 に示す 6 種がある．

ここで，試料成分の2相間への分配の機構にはいろいろなものが考えられる．固定相が固体の場合の機構としては，固体表面での可逆的吸着，イオン交換，錯形成などが考えられる．液体の場合には液体への溶解度で決まる試料成分の分配である．これらの組合せを実現させるための系は種々考えられる．以下には現在もっとも多く用いられている，カラムを使う系を中心に話を進める．

12.3 分離の原理

前述のように，試料成分はいろいろな機構によって移動相と固定相とに分配される．クロマトグラフィーにおける分離を考えるとき，その前提として以下の2項が重要である．

（1）移動相はカラムの入口から出口まで試料成分を運ぶ役目をし，試料成分は移動相中にある時だけ前方へ移動する．

（2）ある成分について移動相中の濃度（C_m）と固定相中の濃度（C_s）とは平

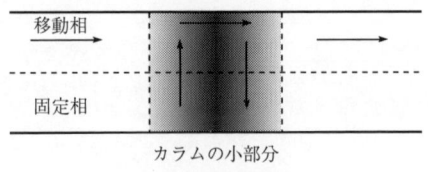

12章 クロマトグラフィーの仲間

図 12.1 試料成分の分配と移動

（カラムの小部分）
簡単化して，移動相はカラムの上半分，固定相は下半分にあるとした

衡関係にあり，固定相と移動相の種類，温度，圧力が決まると一定値を示す．

$$K = C_s/C_m \tag{12.1}$$

K を分配係数とよぶ．

これらのことから，① 図12.1に示すように，試料成分はカラム中を進行しながら，平衡を保つうえで，前方では移動相から固定相への，後方では固定相から移動相への移動が顕著な現象として起こっている．また，② 各成分はそれぞれ異なる分配係数をもっているため，K の値が小さいものほどカラム中を速く進行する．分離が起こることになる．

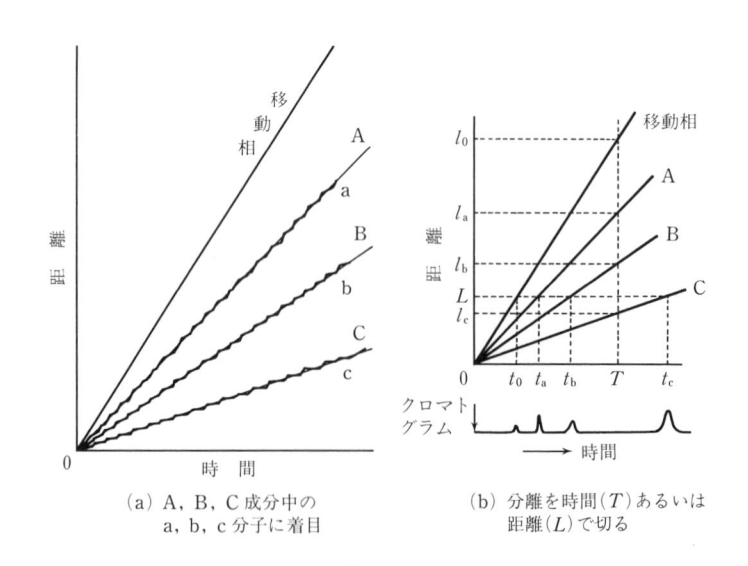

(a) A, B, C 成分中の a, b, c 分子に着目

(b) 分離を時間(T)あるいは距離(L)で切る

図 12.2 試料成分の移動の様子

図12.2(a)にはA, B, C 3成分の分離についてそれぞれに含まれる各1個の分子 a, b, c の移動の様子を示した．階段状に示されるが，移動相の線と並行にあるときは移動相に乗って移動していることを示している．また，水平の時は時間だけが経過し，固定相中にとどまっていることを示している．実際は多数の分子の集合が移動することになり，平均化されて A, B, C で示される直線がそれぞれの成分の移動を示すことになる．

図12.2(a)を書き換えた図12.2(b)から，分離法には，① 距離を一定(L)にして，各成分がその距離を通過するのに要した時間，あるいは移動相が流れた量を測定する方法と，② 時間を一定(T)にして，各成分が移動した距離を測定する方法とが利用できることがわかる．

カラムを使う分離法は一般的であり①の方法に属す．一方，後述するペーパークロマトグラフィーと薄層クロマトグラフィーは②の方法に属す．

12.4 クロマトグラフ

クロマトグラフィーを行うための装置をクロマトグラフとよぶ．その主要部は図12.3に示すように，移動相送入部，試料導入部，カラム，検出部および記録部からなる．

試料導入部から導入された試料成分はカラムで分離されたのち，検出部に送られる．検出器の応答は電圧にかえられて記録部へ送られる．記録された図形をクロマトグラムとよぶ．

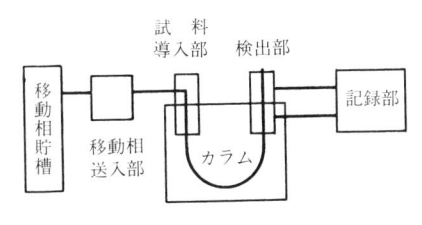

図12.3 クロマトグラフの概要

12.5 保 持 値

次に，A，B，C 3 成分の分離を行ったところ得られたクロマトグラムの内容について，よく使われる用語とともに図 12.4 に示す．

試料導入時点から各成分ピークの頂点が描かれるまでの時間 t を保持時間とよぶ．移動相の流量を F (ml min^{-1}) とすれば，$t \cdot F$ は移動相の流れた量 V に対応し，これを保持容量とよぶ．

ここで，V_0 は固定相に分配されない成分が溶出する点を表している．すなわち，試料導入時にカラム内にあった移動相がすべてカラムから押し出されてしまう点を示している．前述のように，試料成分は移動相中にある時だけ前方に移動する．そこで，最初からカラム中にあった V_0 (ml) の移動相は分離に役立たない移動相ということになる．保持容量または保持時間から V_0 または t_0 を差し引いたものが意味をもつことになる．これらは空間補正保持容量または空間補正保持時間とよばれる．

実際のカラムでは，入口の圧力と出口の圧力とが異なる．そこで圧力補正が必要となる．圧力補正係数 j を空間補正保持容量または空間補正保持時間にかけたものを全補正保持容量または全補正保持時間とよぶ．

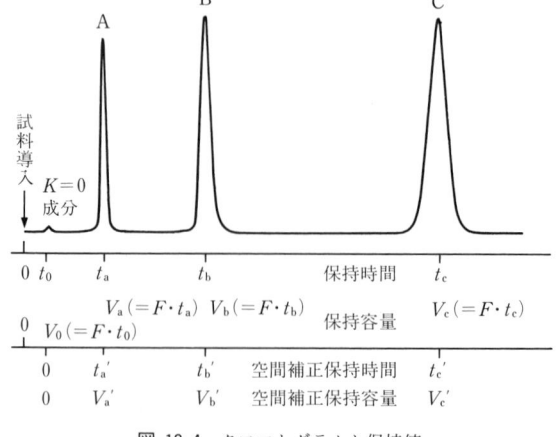

図 12.4 クロマトグラムと保持値

A, B, C 各成分の全補正保持容量を V_{a0}, V_{b0}, V_{c0}, 分配係数を K_a, K_b, K_c, 固定相量を V_s とすると，

$$V_{a0} = V_a' \cdot j = t_a' \cdot j \cdot F = K_a \cdot V_s$$
$$V_{b0} = V_b' \cdot j = t_b' \cdot j \cdot F = K_b \cdot V_s \qquad (12.2)$$
$$V_{c0} = V_c' \cdot j = t_c' \cdot j \cdot F = K_c \cdot V_s$$

となる関係がある．V_s は各成分に共通であるので，分離は分配係数 K の差によって起こることを示している．

（ⅰ）保持比(relative retention)： 通常，全補正保持容量は求めず，適当な基準物質を決めて，その空間補正保持容量（または空間補正保持値）を1.00としたときの相対的な値である保持比，α で表すことが多い．

いま，B を基準物質としたとき，A と C の保持比 $\alpha_{a/b}$，$\alpha_{c/b}$ は式(12.2)から

$$\alpha_{a/b} = V_{a0}/V_{b0} = V_a'/V_b' = t_a'/t_b' = K_a/K_b$$
$$\alpha_{c/b} = V_{c0}/V_{b0} = V_c'/V_b' = t_c'/t_b' = K_c/K_b \qquad (12.3)$$

で表される．

（ⅱ）保持係数（retention factor, k）： 前にも述べたように，成分 A がカラムに導入されてから出て来るまでの時間 t_a のうち，t_0 の間は移動相中に，残りの $t_a - t_0 = t_a'$ の間は固定相中にあったことになる．両相中にあった時間の比を k_a とおき，成分 B，成分 C についても同様に k_b および k_c とおくと，

$$k_a = t_a'/t_0 = V_a'/V_0 = K_a \cdot V_s/V_0$$
$$k_b = t_b'/t_0 = V_b'/V_0 = K_b \cdot V_s/V_0 \qquad (12.4)$$
$$k_c = t_c'/t_0 = V_c'/V_0 = K_c \cdot V_s/V_0$$

k を保持係数とよぶ．

（ⅲ）R_f 値： 次に，A 成分がカラムを通過する，すなわち V_0 だけ移動したとき，移動相は V_a だけ移動する．そこで，両者の比，（A 成分の移動速度）/（移動相の速度）を R とおくと，

$$R_a = V_0/V_a = V_0/(V_a' + V_0) = V_0/(K_a V_s + V_0)$$
$$R_b = V_0/V_b = V_0/(V_b' + V_0) = V_0/(K_b V_s + V_0) \qquad (12.5)$$
$$R_c = V_0/V_c = V_0/(V_c' + V_0) = V_0/(K_c V_s + V_0)$$

R は後述のペーパークロマトグラフィーや，薄層クロマトグラフィーにおいて R_f 値とよばれているものである．

12.6 分離の理想と実際

次の(1)～(4)に示した条件が満足されればクロマトグラフィーにおける分離は理想的と考えられる．すなわち，

(1) カラム全域どこででも平衡が瞬時に達成される．
(2) 試料分子は移動相の中にあるときだけカラムの中を前進し，移動相，固定相液体いずれの側でもカラムの長さ方向にそった拡散がない．
(3) 移動相と固定相は均一に分布している．
(4) 分配等温線は直線である．

これらの条件が満たされると，カラム頂に幅の狭い状態で導入された試料成分ピークは幅が広がったり，形が違ったりすることなしに，カラムから出て来る．

しかし，実際の分離過程は理想的ではない．たとえば $K=C_s/C_m$ はいつも一定とは限らない．図12.5 には C_s/C_m の関係(分配等温線)とそのピーク形への影響を三つに分けて示した．

12.7 段理論と速度論

実際のカラムでは，①カラム全域で瞬時に分配平衡が達成されない，②カラムの長さ方向に試料成分の拡散がある，③1本のカラムの中でも移動相流路に長短

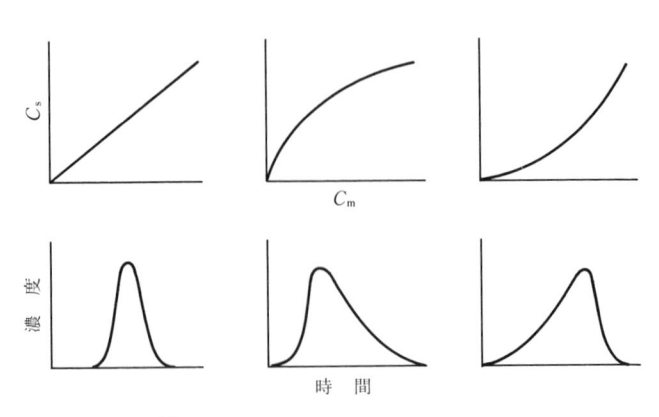

図 12.5 分配等温線のピーク形状への影響

ができる，などの理由からも理想状態からずれる．一方，ずれるとしてもその程度は重要であり，ずれが小さければ鋭いピークが得られる．

12.7.1 段理論

カラム内における分配平衡はどこにおいても瞬間的には成立していない．そこでカラムを分配平衡が成立すると考えられる最小の単位，すなわち理論段が多数集まったものと考える．等容積の各理論段にはそれぞれ等しい量の固定相と移動相が入っていると考える．また，試料成分量は無限小であり，そのすべてがまず第一段目に収容されると考える．そこで各段における物質収支が計算できる．すると，カラムから出て来たときのピークの広がりが予測できる．実際に得られたクロマトグラム上の各成分ピークにこの理論を当てはめれば，使用したカラムのもっている理論段の数を求めることができる．

理論段数 N を求めるために導かれたよく使われる式として次の二つの式がある．両式の結果はピークがガウス曲線の場合一致する．

$$N = 16(t_r/\omega)^2 \tag{12.6}$$

$$N = 5.54(t_r/\omega_{1/2})^2 \tag{12.7}$$

ここで，t_r, ω, $\omega_{1/2}$ は図 12.6 に示されている．ピーク形状がガウス曲線であるとすればその幅に関連する標準偏差 σ を使って，

$$\omega = 4\sigma$$

と表される．そこで式（12.6）は

$$N = t_r^2/\sigma^2 \tag{12.8}$$

理論段数 N は分散に反比例することになる．

最近は記録計の代りにデータ処理装置やインテグレータを使う例が多い．その場合，ピーク面積 S は自動的に表示される．S とピーク高さ h を使うと

$$N = 2\pi(t_r \cdot h/S)^2 \tag{12.9}$$

となる．計算する時は N が無名数になるよう各項の単位に気をつける．

理論段数はカラム効率を評価するための尺度としてよく使われる．一方，カラムの長さを倍にすれば理論段数も倍になるため，1 理論段に相当する高さ (Height Equivalent to a Theoretical Plate, HETP) を考慮する必要がある．HETP はカラムの長さを L とすれば HETP$=L/N$ で与えられる．

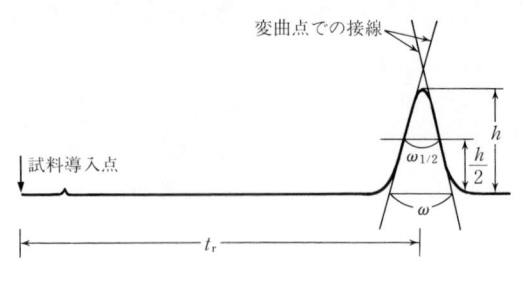

図 12.6　理論段数の計測

12.7.2　速度論

　段理論はどうしたら理論段数を大きくして分離効率を上げられるかという点については示唆してくれない．そこでvan Deemterらはこの点を速度論的に扱い，理論式を導き，当時のガスクロマトグラフィーの発展に貢献した．その後も理論式の検討，修正が行われているが，基本的には

$$\text{HETP} = H_p + H_d + H_s + H_m \tag{12.10}$$

で示される．すなわち，HETPはH_p, H_d, H_s, H_m因子の和として表される．それぞれは充填物の粒子の大きさと均一性に由来する多流路拡散（H_p），カラム長さ方向の拡散（H_d），固定相中での物質移動に対する抵抗による拡散（H_s）および移動相中での物質移動に対する抵抗による拡散（H_m）に基づく．

　充填カラムを使うガスクロマトグラフィーの場合H_m項が無視でき，

$$\text{HETP} = 2\lambda d_p + \frac{2\gamma D_m}{u} + \frac{2}{3} \cdot \frac{k}{(1+k)^2} \cdot \frac{d_f^2}{D_s} \cdot u \tag{12.11}$$

で与えられる．ここで，d_p：充填剤粒子の平均直径，λ：構成流路の不規則性を示す係数，D_m：移動相中の相互拡散係数，γ：移動相流路が曲がりくねっているための補正係数，u：移動相線速度，D_s：固定相中拡散係数，d_f：固定相の厚み，k：保持係数である．ガスクロマトグラフィーでキャピラリーカラムを使う場合には移動相流路が単純になるためH_p項がなくなる．一方，移動相中での物質移動の速さが問題になり，H_m項が入る．

$$\text{HETP} = \frac{2D_m}{u} + \frac{2}{3} \cdot \frac{k}{(1+k)^2} \cdot \frac{d_f^2}{D_s} \cdot u + \frac{1+6k+11k^2}{24(1+k)^2} \cdot \frac{r^2}{D_m} \cdot u \tag{12.12}$$

rはカラムの内径である．

充塡カラムを使う液体クロマトグラフィーの場合には H_d は移動相中での拡散係数が小さいので無視できるが，移動相中での物質移動が平衡に対して抵抗となるため，H_m が加わる．

$$\text{HETP} = 2\lambda d_p + \frac{2}{3} \cdot \frac{k}{(1+k)^2} \cdot \frac{d_f^2}{D_s} \cdot u + \frac{\omega d_p^2}{D_m} \cdot u \tag{12.13}$$

これらの式をまとめ，簡単に書くと，

$$H = A + B/u + C \cdot u \tag{12.14}$$

式 (12.14) は図 12.7 に示す双曲線となる．これからわかるように，HETP を最小にする移動相線速度，$u = \sqrt{B/C}$ がある．一方，式(12.14) において A，B，C の三つの項ができるだけ小さくなるような条件を選ぶことも大切となる．充塡剤粒子径を小さく均一にし，固定相の厚さを薄くする，またキャピラリーカラムの場合は内径を小さくする，などの事項がすぐに考えられる．

12.8 分　離　度

隣り合った 2 成分の分離の程度は，両成分の分離系数 α ($\alpha > 1$ となるように，速く溶出する成分を基準とした後から溶出する成分の保持比)，およびピークの尖鋭度 (理論段数 N) によって決まる．あまり分離効率の高くない (N の小さい) カラムでも α が大きければ比較的容易に分離できる．しかし，α が1に近づくと，N の大きいカラムを使う必要がある．よく使われる分離の程度を表す尺度として分離度 R がある．

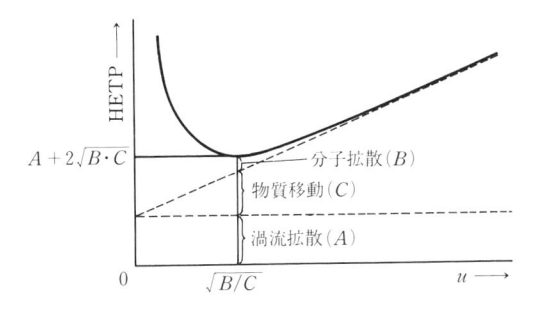

図 12.7　HETP と移動相線速度 u との関係

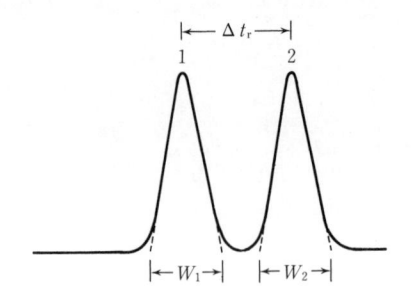

図 12.8 分離度を求めるさいの測定

$$R = 2\Delta t_r / (W_1 + W_2) \tag{12.15}$$

Δt_r, W_1, W_2 は, 図 12.8 に示すとおりである.

なお, $W_1 = W_2$ とし, R を N, α および k (後溶出成分の保持係数) と関係づけた式として式 (12.16) が重要である.

$$R = (\sqrt{N}/4)[(\alpha-1)/\alpha][k/(k+1)] \tag{12.16}$$

$R < 0.5$ では二つのピークはほとんど重なり, $R=1$ の時 2 %, $R=1.25$ の時 0.5 % の重なりが生じる. $R=1.5$ で両成分をほぼ完全分離できる.

12.9 定性分析

クロマトグラフィーにおいて, 検出器は入って来た試料成分について, その濃度あるいは質量に比例した応答は示すが, それが何であるかを指示することはできない. 以下に定性法として通常使用される手法を述べる.

12.9.1 保持値による定性

保持値は固定相の種類, カラムの長さ, 移動相組成と流量, 圧力, 温度などの実験条件に従い成分ごとに固有なものとして決まる. そこで, 同一の実験条件で未知成分の保持値と既知成分の保持値とが一致すれば, 両者は同一のものであると推定される. 確実性を高めるには試料に関するほかの情報が必要となる. たとえば, 試料には芳香族化合物は含まれないとか, 目的成分の元素組成はこれこれであるとかの情報である. また, 1 種類のカラムと移動相の組合せによって得た保

持値を比較するだけでなく，固定相あるいは移動相を変えてクロマトグラムを得てピーク位置の変化を調べるともっと確実な定性ができる．対象成分の炭素数や沸点のような物性と保持値との関係が利用できる場合もある．

12.9.2 選択的検出器の利用

クロマトグラフィー用の検出器には対象成分の含有する元素や官能基などを選択的に検出できるものがある．たとえば，ガスクロマトグラフィーで使われる電子捕獲検出器はハロゲン化合物などには高い応答を示すが，炭化水素類に対してはほとんど応答を示さない．このような選択的応答を示す検出器と選択性のない検出器，あるいは異なった選択性を示す検出器とを組み合わせることにより，溶出成分の定性がより確実に行える．

12.9.3 試料の前処理の利用

特定の成分だけを吸着するカラム，たとえばイオン交換カラムによるイオンの捕集，アルカリ溶液による酸性ガスの捕集，あるいは選択的反応試薬による特定の成分の誘導体化を行うなどの前処理法を利用することにより，対象となる化合物群が狭められる．より確実な定性分析が行えることになる．

12.9.4 スペクトルの利用

もっとも確実な定性法として，分離成分を質量分析計や赤外線分析計などにかけて得られるスペクトルから定性する方法がある．これらの機器は化合物と1対1に対応した情報を提供してくれるためである．ガスクロマトグラフと質量分析計，フーリエ変換赤外吸収分析計あるいはマイクロ波誘導プラズマ原子発光分光装置とを直結した装置 (GC-MS, GC-IR, GC-AES)，液体クロマトグラフと質量分析計を直結した装置 (LC-MS) その他が市販されている．とくにLC-MSは研究用，現場分析用にと広く使われており，威力を発揮している．また，コンピューターによるデータの検索，比較が容易に行えるため，信頼性の高い同定が迅速に行える．

12.10 定量分析

被検成分に対する検出器の応答量はその成分量と 1：1 に対応している．そこで定量分析ではまず応答量としてのピーク面積を測定する．

12.10.1 ピーク面積の測り方

近年，従来の記録計に代り，コンピューターを利用したデータ採取，処理が手軽に行える．そこで，面積や保持値の測定にはマイクロコンピューターを応用したデータ処理装置，インテグレータが身近で信頼性の高い方法として広く利用されている．とくにキャピラリーカラムを使う多成分分離，分析のさいにはインテグレータは不可欠であろう．また，多くのクロマトグラフの同時制御，データ採取，処理などにはより大型のコンピューターの使用も行われている．

従来法としてはいくつかあるが，よく使われる手法として半値幅法がある．図 12.9 に示すように，ピークを三角形に近似し，ピークの高さ h と $h/2$ の高さにおけるピーク幅 d を測定し，ピーク面積 $= h \cdot d$ として求める方法である．特別な道具を必要とせず，簡単なためよく用いられてきた．ピーク幅が狭いと測定誤差が大きくなるので，記録紙送り速度を速め，幅広にする工夫も必要となる．

なお，時としてピーク高さをピーク面積の代りに使用する場合もある．

12.10.2 絶対検量線法

純物質あるいは濃度既知の試料を用いて成分量とピーク面積の関係線（検量線）をつくり，これを使って定量する方法である．導入量を正確にすること，および

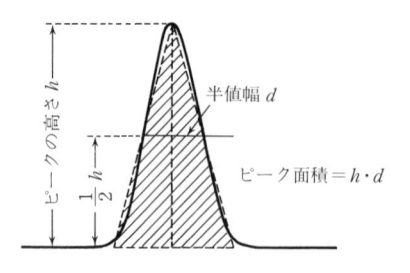

図 12.9 半値幅法によるピーク面積の測定

12.10.3 感度あるいは補正係数を用いる方法（ピーク面積と成分量の関係）

検量線は被検成分の種類，検出器の種類や操作条件によって異なる．通常，直線関係となる条件下で定量することが必要である．この直線関係が成分量の広い範囲にわたって成立するならば，この直線の傾きである感度，

$$\text{感度} = \text{ピーク面積}/\text{成分量}$$

あるいは，この逆数である補正係数

$$\text{補正係数} = \text{成分量}/\text{ピーク面積}$$

をあらかじめ測定しておき，これらを用いてピーク面積を成分量に換算することができる．

感度および補正係数は，基準物質を決めて，その物質に対する相対値で表すのがよい．そのさいに成分量をモルで表せば相対モル感度あるいはモル補正係数，重量で表せば相対質量感度あるいは重量補正係数ということになる．

試料中の全成分がクロマトグラム上に現れ，それらの補正係数や感度がわかっていれば，補正係数をかけたり，感度で割ることによりピーク面積を補正できる．そこで各成分の含有百分率を求めることができる．

12.10.4 内標準法

決められた量の試料を正確に導入することは難しい．そこで定量誤差を小さくできる方法として内標準法がある．

試料中の各成分とピーク位置が重ならない物質を内標準物質として選ぶ．その既知量に対して被検成分の純物質既知量を何段階か量を変えて加え，均一に混合したものを試料とする．これらの試料を標準物質のピークがほぼ一定の大きさになるように導入し，それぞれクロマトグラムを得る．各クロマトグラム上の両成分のピーク面積を測定する．次に，図 12.10 のように横軸に（被検成分量，M_X）/（標準物質量，M_S），縦軸に（被検成分のピーク面積，A_X）/（標準物質のピーク面積，A_S）をとって検量線をつくる．

未知試料の既知量に対して内標準物質の既知量を検量線の範囲内に入るように加えて均一に混合する．次に内標準物質のピーク面積が検量線をつくったときと

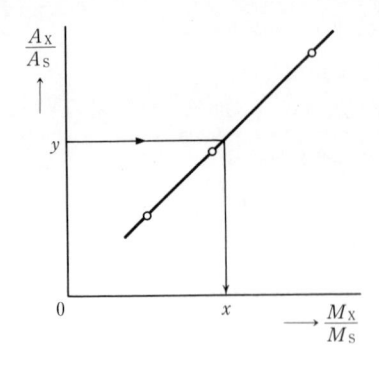

図 12.10 内標準法における検量線とその利用

ほぼ同じ大きさになるように導入量を加減し,同一実験条件でクロマトグラムを得る.両成分のピーク面積を測定し,A_X/A_S を求め,検量線により M_X/M_S を得る.この方法では試料の導入量を正確にする必要がなく,とくに微量含まれている成分を定量するさいに便利である.

12.10.5 被検成分追加法

適当な内標準物質が得られないときによく使われる手法として本法がある.まず,試料のクロマトグラムを得て被検成分 A と任意の他成分 B のピーク面積 a_1 と b_1 を求める.試料の一定量 M に成分 A の純物質の既知量 ΔM_A を加え,再びクロマトグラムを得る.両成分のピーク面積 a_2 と b_2 を求める.図 12.11 にクロマトグラム例を示す.次の式によって含有率 $Y(\%)$ を求める.

$$Y = \frac{\Delta M_A}{\left(\dfrac{a_2}{b_2} \cdot \dfrac{b_1}{a_1} - 1\right)M} \times 100$$

12.10.6 標準添加法

この方法は定量結果に対して,試料のマトリックスの影響が無視できないときに利用されることが多い.いくつかの試料を一定量 W ずつとり,既知量の被検成分を段階的に添加し,それぞれについてクロマトグラムを得る.横軸に被検成分の添加量を,縦軸にピーク面積をとり,図 12.12 のような関係線を作成する.外挿値 Δw から含有率 $C(\%)$ を次式により計算する.

$$C = (\Delta w / W) \times 100$$

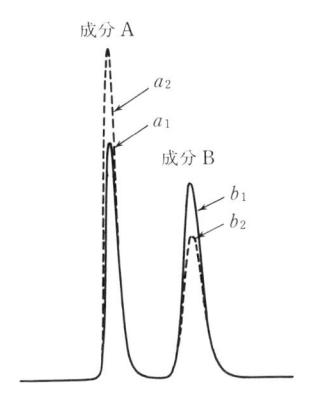

12.10 定 量 分 析   161

図 12.11 被検成分追加法における測定
実線：原試料のクロマトグラム
点線：被検成分 A を加えたときの
　　　クロマトグラム

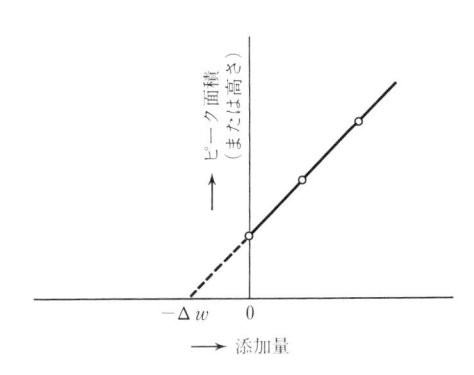

図 12.12 標準添加法における検量線

演習問題

12.1 あるクロマトグラフィーで van Deemter の式の係数 A, B, C は，それぞれ $0.07\ \mathrm{cm}$, $0.14\ \mathrm{cm^2\ s^{-1}}$, $0.04\ \mathrm{s}$ であった．このカラムの最適移動相速度はいくらか．対応する H の極小値はいくらか．

12.2 あるカラムを使って物質 P と Q を分離したとき，分配係数はそれぞれ 425 および 380 と計算された．どちらの成分が分離のさいに先に溶出するか．

12.3 保持時間 13 分のあるピークのピーク半値幅 ($\omega_{1/2}$) を測定したところ 12 秒であった．このカラムの理論段数を計算せよ．

12.4 相対モル感度が既知である A, B, C, D, 4 成分混合試料のクロマトグラムを得て，測定した．各成分ピークの高さと半値幅は次のようであった．各成分の含有モル％を求めよ．

成分	相対モル感度	ピーク高(mm)	半値幅(mm)
A	67	123.4	4.0
B	99	54.6	8.3
C	110	89.0	14.3
D	125	70.6	17.5

もう一歩先へ

　生体タンパク質はほとんど L-体のアミノ酸からできている．もう一方の光学異性体である D-アミノ酸は納豆やタコなどに例外的に見出されるだけである．糖，アミン，カルボン酸，医薬その他われわれの身近なところで使われる物質を始めとして，光学異性体識別の重要性はますます増している．

　ところで，光学異性体を識別することはクロマトグラフィーでもたいへん難しい．立体的な差異以外は物理的，化学的性質に差がないからである．クロマトグラフィーでは通常二つの方法が使われる．一つは光学活性物質と反応させてジアステレオマーとした後，通常の固定相で分離する方法である．

$$L\text{-体} + L\text{-試薬} \longrightarrow L\text{-}L$$
$$D\text{-体} + L\text{-試薬} \longrightarrow D\text{-}L$$

となり，両者を区別できるからである．試薬の純度が 100 % でないと誤差が生ずる．

　もう一つの方法は光学活性な固定相を使う方法である．L-アミノ酸，D-アミノ酸，タンパク質，セルロース，シクロデキストリンなどを利用する各種の光学活性固定相が開発，利用されている．立体的な差異が，試料分子との水素結合その他の相互作用のしやすさに影響して，互いに分離する結果をもたらすものと考えられる．これら固定相は万能ではなく，識別できる光学異性体が限られている．そこで試料分子に適した固定相を選択する必要がある．

　現状では光学活性カラムを利用する液体クロマトグラフィーがよく使われており，工業的な分離をするため，内径が数 10 cm のカラムも使われている．

13 ガスクロマトグラフィー

- 装置の構成はどうなっているか
- 試料を導入する方法
- カラムの種類と中身はどうか
- 検出器の種類とそれらの特性は

　ガスクロマトグラフィー（Gas Chromatography, GC）は移動相にガスを使うクロマトグラフィーの総称である．1950年代の初頭に出現するとともに，それまで困難であった複雑な組成をもつ試料の取扱いが非常に容易になった．そのため急速に発展し，またたく間に利用が広まった．現在では高速液体クロマトグラフィーと並んで分離分析法の中心的存在となっている．最近のGCではキャピラリーカラムの利用が多くなっている．通常GCの対象となる成分は加熱(450℃くらいまで)によって気化できるものである．

　前述したように，GCには気–固クロマトグラフィー（GSC）と気–液クロマトグラフィー（GLC）とがある．GSCは無機ガスや低沸点炭化水素類などの分析に，GLCは有機化合物一般の分析に適している．利用範囲は後者のほうがずっと広い．両者の取扱いに大差はないので，以下ではGLCを中心に話を進める．

13.1　ガスクロマトグラフ（装置）

　ガスクロマトグラフの基本構成を図13.1に示す．移動相気体はキャリヤーガスとよばれる．高圧ボンベ（～15 MPa）から減圧弁を通して数100 kPaに圧力を下げて装置に供給される．これを装置内でさらに減圧してカラムに供給する．

13.2　キャリヤーガス

　キャリヤーガスには化学的に不活性なものが使われる．試料成分や固定相など

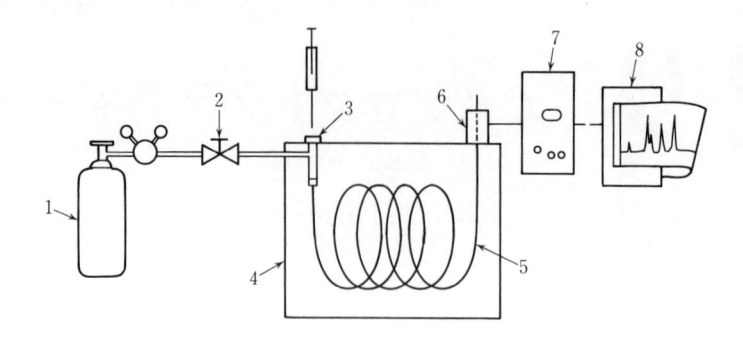

1：キャリヤーガス用ボンベ　　2：減圧弁　　3：試料導入口　　4：恒温槽
5：カラム　　6：検出器　　7：増幅器　　8：記録部

図 13.1　ガスクロマトグラフの構成

と反応するものは使えない．ヘリウムあるいは窒素をよく使用するが，水素，アルゴン，二酸化炭素などを使うこともある．キャピラリーカラムの場合にはヘリウムが主として使われる．HETP の式と関連するが，カラム効率を高くするには高い密度のものが好ましいが，窒素があまり使われないのは，流量変化による HETP 変化が大きく，分析時間が長くなるためである．図 13.2 に内径 0.22 mm のキャピラリーカラムを使う場合のキャリヤーガスの種類による HETP の変化の様子を示す．キャリヤーガス流量を高くして，分析時間を短くするには密度の小さいもののほうが都合がよい．なお，使用する検出器によってはキャリヤーガ

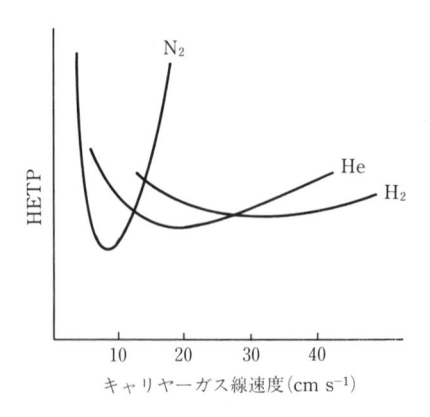

図 13.2　キャピラリーカラムでのキャリヤーガスの種類と HETP

スの種類が決められている場合もある．

　使用にあたっては配管やカラムの接続部からキャリヤーガスの漏れがないように気をつける．キャリヤーガス流量の測定には，せっけん膜流量計や各種流量センサーが使われる．

13.3 試料導入

　GC への試料の正確な導入をするために，気体，液体，固体，それぞれ異なった道具を使って導入される．

　気体試料はキャリヤーガス流路に6方バルブを組み込んだ気体試料導入機構を利用して，あるいは通常のガスクロマトグラフの試料導入口から空気の混入を防ぐ機構をもつ気体試料用シリンジ（1〜10 ml）を使って導入される．

　液体試料はマイクロシリンジ（1〜50 μl）を使って試料導入口から導入される．

　固体試料の場合には適当な溶媒に溶解し，溶液として導入したり，特殊な固体試料導入器を使って導入するなどの工夫を必要とする．

　なお，液体あるいは固体試料を扱う場合には試料を瞬間的に揮発させるため，試料導入口はカラムとは別の加熱機構をもっていなければならない．

　近年，キャピラリーカラムを使う例が増加している．その場合，後述するように充塡カラムに比べて，内径が小さく，単位長さあたりの固定相量が少ない．そこで試料量を少なくしなければならない．試料導入機構に工夫が必要となる．現在までに各種のものが考案，利用されている．図13.3 に代表的な導入機構であるスプリット/スプリットレス試料導入流路を示した．成分濃度が高いときは導入口で試料の100分の1とか，50分の1とか，試料の一部だけをスプリット法でカラムに導入すればよい．しかし，大部分が溶媒である場合のように，対象成分が低濃度の場合にはスプリットすると検出器感度が不足する場合が生じる．そこでスプリットせずに目的成分を導入する工夫（スプリットレス法）が必要になる．スプリットしないで導入する方法にはこのほか各種の方法が工夫されている．

　なお，試料導入口のセプタム（シリコーンゴム主体）から加熱により揮発してくる成分があり，これがカラムに入るのを防ぐため，セプタムパージガスを流す．

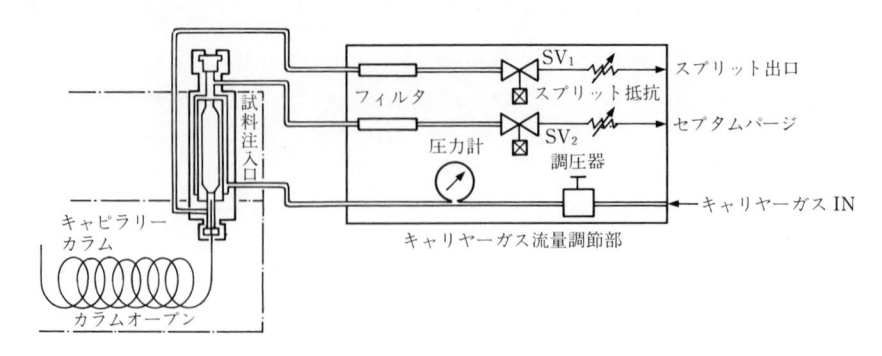

図 13.3 キャピラリーカラム用スプリット/スプリットレス試料導入機構例

13.4 カラム

　カラムを大別すると充填カラムとキャピラリーカラムの2種になる．充填カラムは内径数 mm，長さ数 m のガラス管やステンレス鋼管に吸着剤粒子や，非揮発性の液体を塗布した不活性粒子（担体）を充填したものである．つくりやすく，導入できる試料量もキャピラリーカラムよりずっと大きい．一方，キャピラリーカラムにはいく種類かあるが，通常使われるのは内径 0.3 mm 前後の管の内面に非揮発性液体や吸着性粒子を保持させたものである．圧力降下が小さいため，数10 m あるいはそれ以上の非常に長い（理論段数の大きい）ものが利用できる．そこで現在，高分離能であるキャピラリーカラムの利用が主流となっている．

13.4.1 充填カラム

a. 担体

　前述のように，固定相液体を担持するために用いられる担体は化学的に不活性であることが必要である．キャリヤーガス，固定相液体あるいは試料成分などと相互作用しないものが使われる．また，脆いものは不適当で，単位体積あたりの表面積が大きいことが必要である．けいそう土耐火れんがを適当な粒度に砕いたもの，これに特殊な処理を施したもの，テフロン，ガラス，石英などの微粒子などが用いられる．80～100 メッシュ，100～120 メッシュというように粒度がそろっているものを使う．

b. 固定相液体

カラムの使用温度において十分低い蒸気圧をもち，化学的に安定で，試料成分を適度に溶解し，粘性が小さいことが求められる．また，その極性を考慮することも重要である．いままでに使われた固定相は多種多様である．一般に無極性固定相液体（シリコーン油，炭化水素，スクアランなど）を使って無極性成分（飽和炭化水素など）を分離する場合，溶出順序はほぼその沸点順となる．一方，極性の強いものを使うと極性成分（官能器をもった成分）は無極性成分に比べて相対的に溶出が遅れる傾向がある．

固定相液体量は試料成分の性質，量，カラム効率などを考慮して決められる．通常，充塡物（担体＋固定相液体）重量のうち，固定相液体比率は数%～数10%である．なお，固定相液体は加熱により流出したり，分解したりする．そこで最高使用温度の目安が与えられている．流出しないように固定相を担体に化学結合させることも行われている．

c. 充塡剤の選択

（ⅰ）無機系吸着剤： 常温において気体である成分を分析対象にする場合，GSCが使われる．表13.1によく使われる吸着剤をその対象成分の溶出する順に示した．

なお，これら吸着剤は使用にさいし，あらかじめキャリヤーガスを流しながら加熱するなどにより，吸着物の脱着，活性化を行う．

（ⅱ）多孔性ポリマー： 常温で気体であるものから分子量の比較的小さい液体，とくに水を含む試料を扱うさいに有効な充塡剤に各種多孔性ポリマーがある．代表的なものとしてPorapak系およびChromosorb系のものがある．水は極性が強く，吸着等を起こして分離，定量がしにくい場合が多い．そのような場合にもこれら充塡剤の使用がすすめられる．

表 13.1 よく使われる吸着剤とその対象成分

吸着剤	主な対象成分(溶出順)
モレキュラーシーブ	H_2, O_2(Ar), N_2, Kr, CH_4, CO, Xe
シリカゲル	O_2, N_2, CH_4, C_2H_6, CO_2, C_2H_4, C_2H_2
活性炭	H_2, O_2, N_2, CO, CH_4, CO_2, C_2H_2, C_2H_4, C_2H_6
活性アルミナ	空気, CO, CH_4, C_2H_6, C_2H_4, C_3H_8, C_2H_2, C_3H_6

13.4.2 キャピラリーカラム

キャピラリーカラムは GC が世に出て間もなく，1957 年に Golay によって開発された．当初は中空のガラスキャピラリーであったが，その後充填物を入れたものや，内表面積を大きくする処理をしたものなどが研究・開発されている．現在，中空の高純度合成石英を材料としたヒューズドシリカキャピラリーカラムが広く利用されている．キャピラリーの外表面を耐熱性のポリイミド樹脂あるいはアルミニウムで覆ったことにより，強く曲げても折れにくいという特徴をもっている．さらに，ステンレス鋼管の内面を特殊な処理をして不活性化したキャピラリーも出現している．

内面に担持させた固定相液体も，後述するようにカラム中での移動や溶出の心配のないものとなっている．

以下にはキャピラリーカラムに特徴的な事項について概説する．

a. HETP

図 13.4 に保持係数 k の異なる成分について内径 r_0 と HETP の最小値 $H_{\min}$ との関係を示す．カラムの内径を小さくすれば $H_{\min}$ を小さく（理論段数を大きく）できるという利点がある．通常，高い分離効率を目指している場合，内径0.2～0.3mmのものが多用される．内径0.25mm，長さ25m，固定相液体膜厚0.25 μm の標準的キャピラリーカラムの $k=1$ の成分に対する理論段数は約 14 万段とな

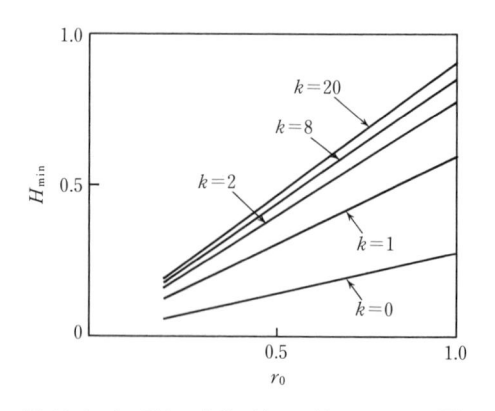

図 13.4 k の異なる成分に対する内径 r_0 と $H_{\min}$ の関係

キャピラリーカラムの再生

下図には水から抽出した非イオン界面活性剤の連続分析に使用していたカラムを塩化メチレン，メタノールおよびペンタンで洗浄して再生したさいのテスト化合物に関するクロマトグラムの変化を示した．ol ピークにはっきりと認められるように分離能が回復していることがわかる．

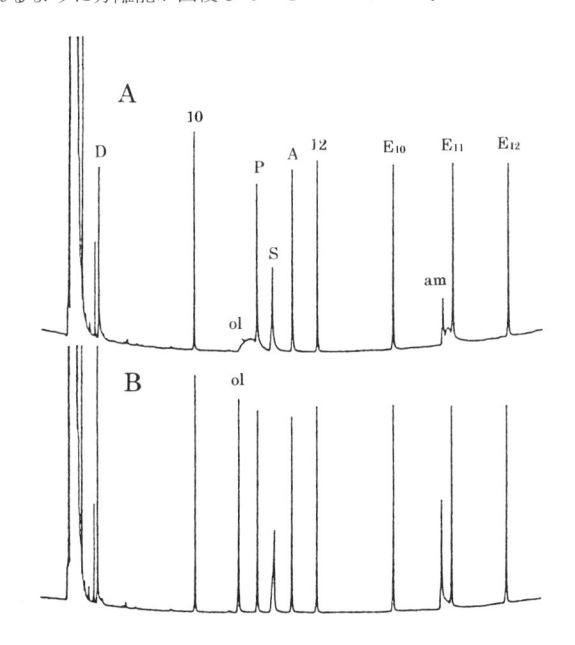

カラム：13 m×0.32 mmi.d.
HMDS 処理後 0 V-1 の架橋相(厚さ 0.3 μm)
試　料：Grob の test mixture
D：ブタンジオール，P：ジメチルフェノール，S：エチルヘキサン酸
A：ジメチルアニリン，am：ジシクロヘキシルアミン
10：デカン，12：ドデカン，ol：1-オクタノール
E_{10}：デカン酸メチル，E_{11}：ウンデカン酸メチル，E_{12}：ドデカン酸メチル

劣化したカラムの洗浄による再生前(A)後(B)のクロマトグラム
K. Grob, G. Grob, *J. Chromatogr.*, **213**, 211(1981) より

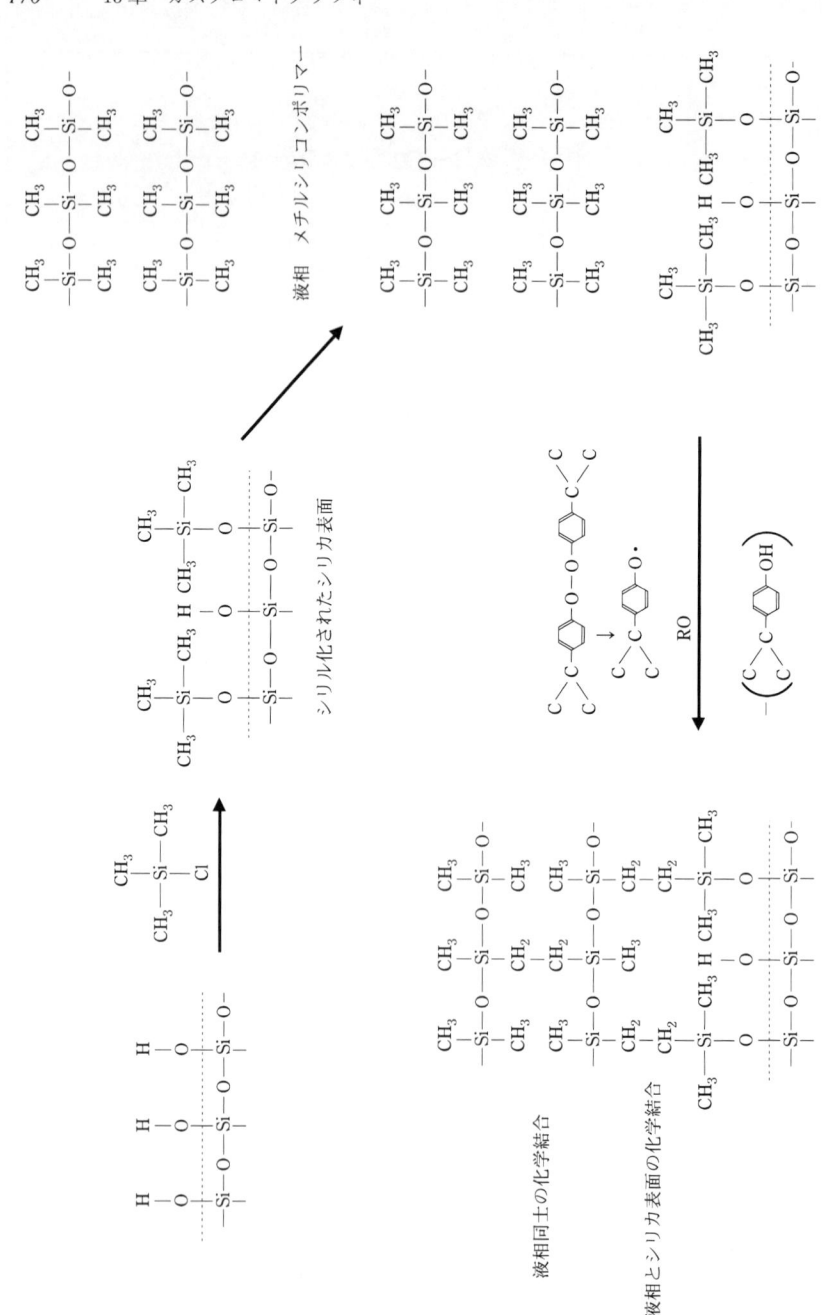

図 13.5　シリカ表面への固定相の固定化例

る．

　b. **化学結合型固定相**（chemically bonded phase）

　化学結合型固定相は単に内表面に固定相を塗布したものと比較して，① 耐熱温度が高い，② カラムからの液相蒸気の流出が少ない，③ カラムを急速に昇温したり冷却したりできる，④ 極端な例ではカラム中を溶剤で洗浄できる，という特長をもっている．

　図 13.5 にはポリメチルシロキサンを化学結合型固定相とする場合の処理の様子を示す．固定相同士の架橋に加え，固定相がシリカ（キャピラリー）表面とも化学結合しており，安定な固定相が形成される．

13.5　ガスクロマトグラフィーにおける保持特性

13.5.1　保持値と炭素数あるいは沸点との関係

　カラム温度を一定に保つ分離条件のもとでは，保持比の対数と炭素数との間には同族列ごとに図 13.6 に示すような直線関係がみられる．保持比の代りに空間補正保持値を使っても同じである．この関係を利用すると，ある同族列の中のいくつかの化合物の保持値がわかれば，同族列内の他の化合物の保持値の推定が可能となる．逆に不明成分のピークがある時，それが既知成分の同族体ならば保持

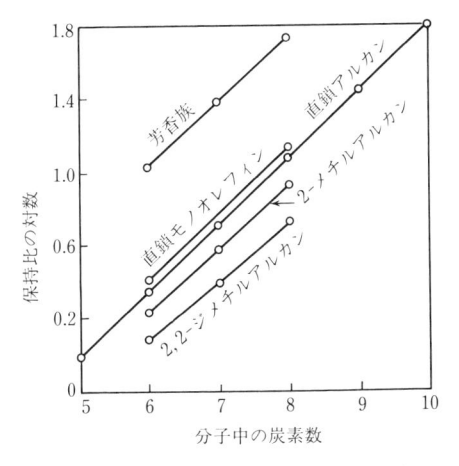

図 13.6　炭素数と保持比の対数との関係例

保持容量とカラム温度との関係

固定相液体の密度および質量を ρ および W とすると式(12.2)は $V_0 = K \cdot j(W/\rho)$ と書ける．固定相単位質量あたりの保持容量を求めると，$V_0/W = j \cdot K/\rho$．さらに，カラムの絶対温度を T_c，この温度における ρ を ρ_c とおき，標準状態に換算する．これを V_g とおくと，

$$V_g = 273 \cdot j \cdot K / (T_c \cdot \rho_c) \tag{1}$$

V_g を比保持容量とよぶ．

ここで，各化合物について V_g と T_c の関係を調べてみると，下図にみるように V_g の対数と $1/T_c$ との間に直線関係が成立する．このことは，熱力学的取扱いによっても証明される．

図から同族体同士は傾きがだいたい似ており，温度が変わっても相互の関係はあまり変わらないことがわかる．一方，左右二つのグラフを重ねあわせてみるとわかるが，異なる同族列に属すものは傾きが異なり，カラム温度を変えることにより分離がよくなったり溶出の順序が変わったりすることがわかる．

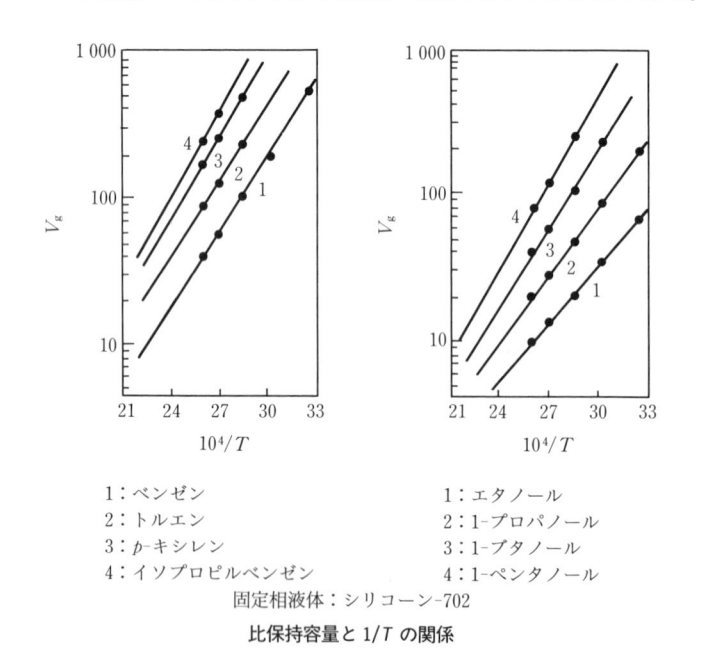

1：ベンゼン
2：トルエン
3：p-キシレン
4：イソプロピルベンゼン

1：エタノール
2：1-プロパノール
3：1-ブタノール
4：1-ペンタノール

固定相液体：シリコーン-702

比保持容量と $1/T$ の関係

値から炭素数の推定ができる．

　炭素数との関係と同様に，保持比の対数は溶出成分の沸点との間にも直線関係が存在することが知られている．この関係も保持値の推定や，沸点の推定に利用できる．

13.5.2 保持指標

　保持指標（retention index）とは化合物の溶出位置を直鎖アルカンの溶出位置を使って表そうとするものである．前述のように保持比の対数と炭素数の間には直線関係がある．直鎖アルカンの場合，この直線関係が良好であるところから基準物質とされた．図13.7に示すように，ある直鎖アルカンの保持指標はその炭素数を100倍した数値で表され，この尺度を使って他の化合物の溶出位置が決められる．図13.7の例で化合物Xはn-C_7H_{16}とn-C_8H_{18}の間に溶出しており，その保持指標は765となる．同じ結果は計算によっても求めることができる．すなわち，ある化合物Xの保持指標I_Xは次の式により計算できる．

$$I_X = 100 \cdot N + 100 \cdot n \cdot \frac{\log R_X - \log R_N}{\log R_{N+n} - \log R_N} \tag{13.1}$$

　ここでR_N，R_{N+n}およびR_Xはそれぞれ炭素数Nおよび$N+n$の直鎖アルカンとXの保持比または空間補正保持値である．

　保持指標によれば化合物の溶出位置が簡単明瞭に示される．また，同族体の中ではCH_2が増すごとにほぼ100だけ保持指標が大きくなり，無極性固定相液体に

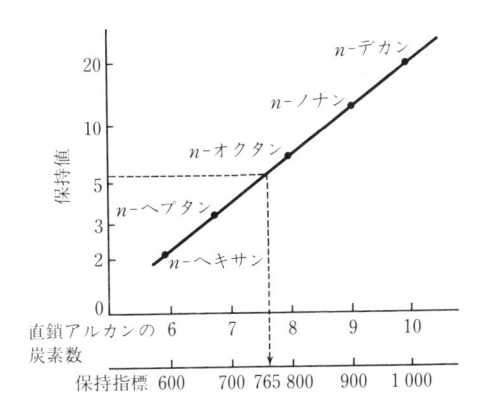

図 13.7　保持指標のグラフ表示

よる保持指標は互いに類似する等の性質をもっているため，その値をある程度予測することができる．なお，昇温分離（p.181）の時は式(13.1)中log記号をはずした式となる．

13.6 検出器

検出器はキャリヤーガス中の微量の試料成分を連続検知できなければならない．また，広い範囲にわたって成分濃度あるいは質量と比例した応答を与えることが要求される．

以下には，多くの検出器の中から，よく使われているものを紹介する．

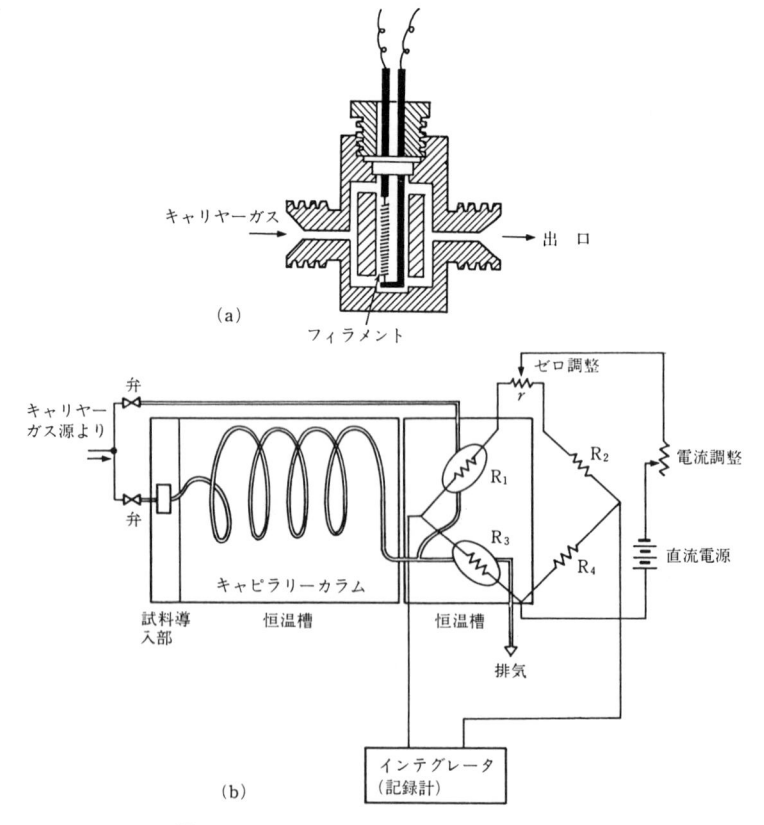

図 13.8 TCDフィラメント設置例(a)と構成例(b)

13.6.1 熱伝導度検出器（Thermal Conductivity Detector, TCD）

成分濃度に対応した応答を与える検出器として広く用いられてきた．GCの発展はこの検出器の出現に負うところが大きい．典型的な熱伝導度検出器は検出素子としてフィラメントを用いている．タングステンやレニウム等がフィラメントとしてよく用いられる．

図13.8(b)にはキャピラリーカラムに接続した例を示した．フィラメントの一本（抵抗 R_1）は参照用でキャリヤーガスが流されている．もう一本（同 R_3）は分離された試料成分が通過する．これらを固定抵抗と組み合わせてブリッジ回路が構成されている．

ヘリウムや水素のような熱伝導度の高いキャリヤーガスを用いた場合，フィラメントからは絶えず一定の大きさの熱が奪われている．そのためフィラメント温度が一定に保たれ，その抵抗値も一定となる．試料成分がキャリヤーガスとともに入ってくると，熱伝導度が低くなり，フィラメントから奪う熱量が小さくなる．その結果，フィラメント温度が上昇し，抵抗値が高くなる．この試料側フィラメント抵抗値の変化（参照側の抵抗値は一定）を電圧の変化として取り出し，記録する．なお，感度は小さくなるが，熱伝導度の小さい窒素その他をキャリヤーガスとする場合もある．

熱伝導度は化合物ごとに異なり，従って感度も変わるので，定量分析の際には各化合物ごとにそのピーク面積(応答量)を補正する必要がある．キャリヤーガスにヘリウムを用いる場合，相対モル感度は同族列内では分子量と直線関係がある．

TCDは汎用検出器である．分離された成分を分解や破壊したりせず，また構造が単純で堅牢であるという特徴をもっている．一方，感度が目的によっては十分でない点が短所である．

13.6.2 水素炎イオン化検出器（Flame Ionization Detector, FID）

FIDは最初の高感度検出器として開発されたもので，今日広く普及し，利用されている．炭化水素を代表とする有機化合物に対して高感度を示すと共に，広い濃度範囲にわたり検量線が直線性を示すという特徴をもっている．気体試料1 ml中0.01 ppm（ppmとは百万分の1を示す）の n-ブタンを検出した例も報告され

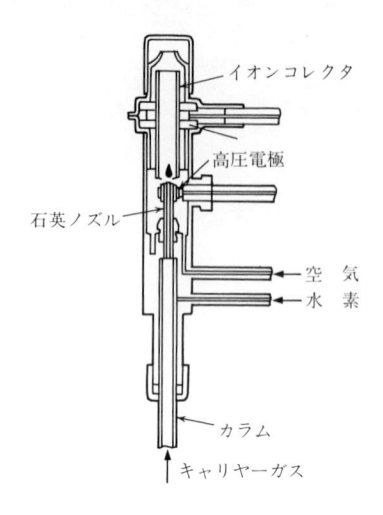

図 13.9　FID 構造例

ている．一方，酸素，窒素，一酸化炭素，二酸化炭素，水など，無機化合物に対してはほとんど，またはまったく応答を示さない．

　FID の構造例を図 13.9 に示す．カラムから出てくるキャリヤーガスに水素を混合し，細いノズルの先で水素炎をつくる．炎のそばにおいた二つの電極（この場合はノズルとコレクター電極）の間に 150 V 程度の電圧をかけておくと，被検成分が溶出してきた時，炎中でイオン化が起こり，ノズルとコレクター電極間に電流が流れる．この電流を増幅し記録する．

　水素炎イオン化検出器は比較的簡単な構造をしており，感度も高く，しかも応答の直線領域が広いという優れた特性をもっている．

13.6.3　電子捕獲検出器（Electron Capture Detector, ECD）

　ECD の構造例を図 13.10 に示す．この例はキャピラリーカラムに接続した例である．この検出器は図にあるようにニッケル 63(^{63}Ni) のような β 線源を使う．β 線源を陰極（− 数 10 V）とし，陽極は増幅器につなぐ．

　キャリヤーガスには主に高純度窒素が使われる．検出器内にキャリヤーガスだけが存在する時は，β 線と反応して生じた電子電流が流れているが，ハロゲン化合物のような電子を捕獲しやすい物質が入ってくると，電子電流は減少する．減少量を記録することでクロマトグラムを得る．この検出器はハロゲン化合物，含酸

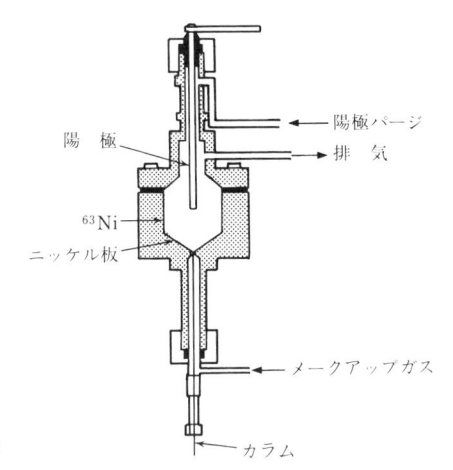

図 13.10 電子捕獲検出器構造例
ヒューレットパッカード社カタログより

素あるいは含硫黄化合物などに選択的に非常に高い感度を示す．そこで残留農薬，大気汚染成分の分析などに広く応用されている．たとえば，塩素系の農薬について，10^{-10} g 以下でも検出することができる．

ECD の短所は検量線の直線範囲が狭く，検出器の汚染により感度が著しく下がることである．また，β 線源に放射線源を使う場合，「放射線障害防止法」の遵守とともに文部科学省への届出が必要となる．

13.6.4　炎光光度検出器（Flame Photometric Detector, FPD）

硫黄化合物およびリン化合物に対し選択性の高い，しかも高感度な検出器である．構造を図 13.11 に示す．通常，水素炎中で生成した励起 S_2(394 nm) あるいは励起 HPO(526 nm) が基底状態に戻るさいの発光をフィルターを通し，光電子増倍管に受けて，測定する．

メチルパラチオン（$C_8H_{10}NO_5PS$）に対して，394 nm 測光の時 8×10^{-11} g s^{-1}，526 nm 測光のとき 1.1×10^{-12} g s^{-1} という感度を示すという．また硫黄化合物について ppb レベルでの直接定量をした例も報告されている．最近では，使用条件，フィルターの選択によりスズその他の元素を対象とした検出にも利用されている．

この検出器の最大の欠点は硫黄化合物に対する検量線が 2 次曲線に近い曲線となることである．このため，定量分析のさいに計算が複雑になる．

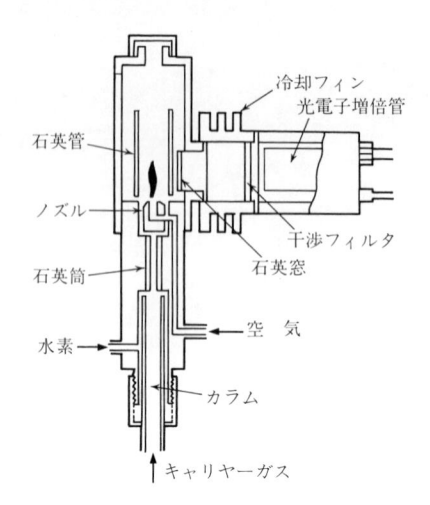

図 13.11 FPD の構造例
㈱島津製作所カタログより

13.6.5 熱イオン化検出器 (Thermionic Detector, TID)

たとえば操作条件は異なるが，FID のノズルとコレクター電極の間に Rb_2SO_4 のようなアルカリ金属塩を置くと，ハロゲン，リンあるいは窒素含有化合物に選択的かつ高感度に応答を示す TID になる．最近では窒素およびリン含有化合物に対し特に感度の高いものが市販されている．この場合，NP 検出器（NPD）とよばれる．検出器の構造は製造会社によって大きく異なる．

構造例を図 13.12 に示す．

応答の機構は解明されていないが，窒素化合物に対する応答について有力な説は熱分解して生じた CN，PO，PO_2 などがアルカリ金属から電子を奪ってイオンとなり，これが応答電流を与えるという説がある．

13.6.6 質量分析計 (Mass Spectrometer, MS)

質量分析計では物質のイオン化，生成イオンの分離，分離されたイオンの検出を真空中で行う．生成するイオンの分布に関する情報，質量スペクトルを得ることができる．スペクトルは物質と 1：1 に対応するところから信頼性の高い定性分析が可能となる．現状ではガスクロマトグラフとの直結装置が GC-MS として広く利用されている．

13.6 検出器

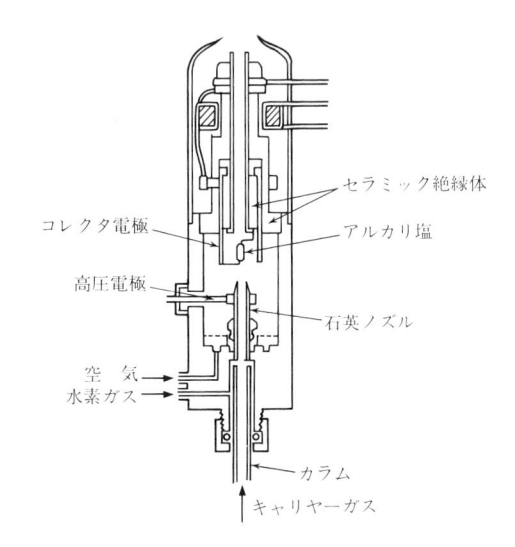

図 13.12 TID 構造例
㈱島津製作所カタログより

(図中ラベル: セラミック絶縁体、コレクタ電極、アルカリ塩、高圧電極、石英ノズル、空気、水素ガス、カラム、キャリヤーガス)

質量分析法におけるイオン化法，イオン分離法に関する最近の進歩は目覚ましいものがある．

化合物に特徴的なイオンを選択，検出してクロマトグラムを描かせることにより，ng以下の定量も容易に行える．そこで，定性，定量用装置として重要な位置を占めている．

以上の検出器の特性を表13.2に比較した．

表 13.2 ガスクロマトグラフィー用検出器とその特徴

検出器	特徴	タイプ†	検出下限	定量範囲
熱伝導度検出器 (TCD)	汎用，感度低い	C	$50\ \mathrm{ng\ ml^{-1}}$	10 ppm–100 %
水素フレームイオン化検出器 (FID)	有機物に高感度，汎用，検量線の直線範囲広い	M	$10\ \mathrm{pg\ s^{-1}}$	10 ppb–10 %
電子捕獲検出器 (ECD)	ハロゲン化合物に高感度 PAH, N_2Oに応答	C	$0.1\ \mathrm{pg\ ml}$	0.1 ppb–10 ppm
炎光光度検出器 (FPD)	SおよびP化合物に高感度 Sの検量線に問題	M	$1\ \mathrm{ng\ s^{-1}}(S)$ $10\ \mathrm{pg\ s^{-1}}(P)$	10 ppb–100 ppm
熱イオン化検出器 (TID, NPD)	NおよびP化合物に高感度	M	$1\ \mathrm{pg\ s^{-1}}(N)$ $0.1\ \mathrm{pg\ s^{-1}}(P)$	1 ppb–100 ppm
質量分析計 (MS)	定性，定量に威力	M	$1\ \mathrm{ng\ s^{-1}}$(TIM) $1\ \mathrm{pg\ s^{-1}}$(SIM)	0.1 ppb–100 %

† C：濃度依存型検出器，M：質量依存型検出器

ジェットセパレーター

図に充填カラムと MS を結合するためによく利用されているジェットセパレーター例を示す．キャリヤーガス，ヘリウムを除去し，濃縮した状態で分離成分を MS に導ける．キャピラリーカラムは直接イオン源に接続するだけでよい．

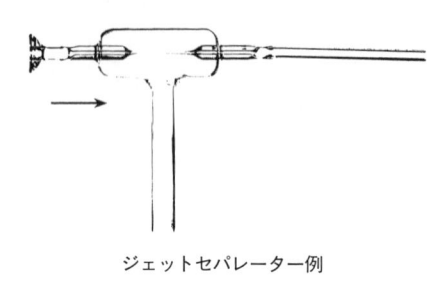

ジェットセパレーター例

13.6.7 その他の検出器[*]

その他の検出器として種々のものがある．たとえば，ハロゲン，窒素あるいは硫黄を含む化合物を高温で酸化あるいは還元した後，溶媒に溶解して電導度を測定する電導度検出器，紫外線照射によるイオン化を利用する光イオン化検出器などがある．さらに，前述の GC-MS と同様に MS の代りにフーリエ変換赤外分光分析計を直結した装置（GC-FT-IR）や，マイクロ波誘導プラズマ原子発光検出器を直結した装置（GC-MIP-AES）も市販されている．GC-MIP-AES によれば ng レベルの溶出成分の元素組成に関する情報が得られる．

---

[*] 検出器は濃度依存型と質量依存型に大別される．濃度依存型は，
$$S = \frac{\text{ピーク面積 (mV min)} \times \text{キャリヤーガス流量 (ml min}^{-1}\text{)}}{\text{成分量 (mg)}}$$
で表され，単位は $S = \text{mV ml mg}^{-1}$ となる．
一方，質量依存型では，キャリヤーガス流量には関係なく，
$$S = \frac{\text{ピーク面積 (A s)}}{\text{成分量 (mg)}} = \frac{\text{クーロン}}{\text{mg}}$$
となる．

昇温法と昇圧法

カラム温度は保持値を左右する重要な因子である．カラム温度を一定にして分離，検出を行うと，始めのほうに溶出してくる成分ピークは幅が狭く，互いに接近している．一方，後ろのほうになるに従いピーク幅がだんだん広がり，高さは低くなっていく．また，互いの間隔も広がる．そこで，沸点範囲の広い混合物の分離をする場合，温度の設定はたいへん難しい．

時間の経過と共に温度をプログラム上昇させる方法，昇温法は各成分ピークを適当な間隔で，しかもシャープなピーク形状で溶出させる技術である．定温法と昇温法による分離結果を図に比較した．昇温法によれば，後ろに溶出する成分のピークが高くなる，すなわちキャリヤーガス中での濃度が高くなる．検出器が高感度になったと同じ効果をもたらすことになる．試料量導入量に制限のあるキャピラリーカラム分離の場合には昇温法は必須の技術である．

同様の効果が昇圧法においても認められるところから，最近では昇圧機構をもった装置が使われだしている．

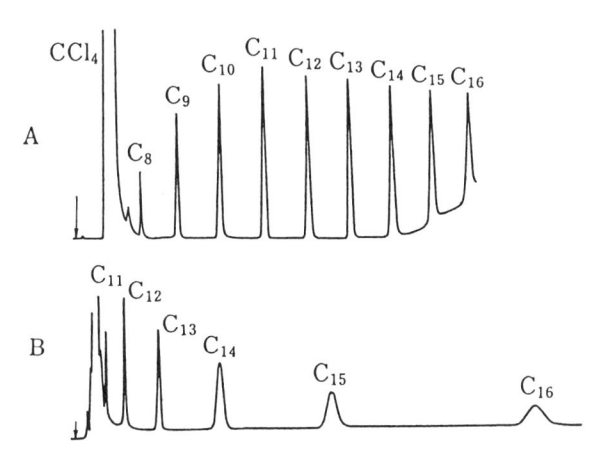

固定相：メチルシリコン SE-30/Chromosorb W AW DMCS (60〜80 メッシュ)(10：90)　カラム：2 m×3 mm i.d.，ステンレス鋼　キャリヤーガス：窒素 30 ml min^{-1}　検出器：FID　分離温度 A：70℃から 6℃/min で昇温，B：110℃

昇温法と定温法による n-C_8〜C_{15} 炭化水素の分離

キャピラリーカラムの威力

充填カラムとキャピラリーカラムの比較を河の水からの溶媒抽出試料に適用した例でみてみよう．下図に示すように充填カラムとキャピラリーカラムとでは確認できる成分ピークの数が 118 と 490 というように大きく違うことがわかる．従来充填カラムでの結果を基に判断されていたことが疑問視される場合もあるであろう．

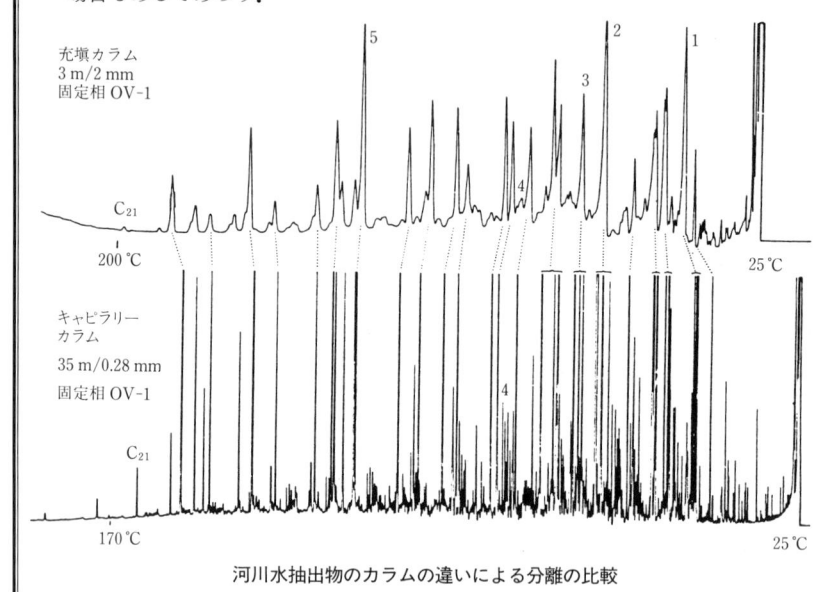

充填カラム
3 m/2 mm
固定相 OV-1

キャピラリーカラム
35 m/0.28 mm
固定相 OV-1

河川水抽出物のカラムの違いによる分離の比較

もう一歩先へ…熱分解ガスクロマトグラフィー

　高分子のような不揮発性物質は，通常 GC の対象にならない．しかしなんらかの方法で揮発性物質に誘導できれば GC の対象になる．その極端な例が熱分解ガスクロマトグラフィーである．熱分解装置の中で，急加熱することにより瞬間的に熱分解し，生成物をオンラインでカラムに導く手法である．生成物のガスクロマトグラム（パイログラムとよぶ）には分解前の試料のモノマー組成，構造，結合に関する情報が含まれている．高分子分析法として重要な手法の一つとなっている．さらに，細菌のパイログラムを得てその種類を判別する試みまであり，利用が広がっている．熱分解法としては，① 石英管，金属管などを小型の電気炉中に置き，その中に μg 量の試料を差し入れる，② 金属フィラメントに試料を付け，電流を流す，③ キューリー点をもつ金属線や板の表面に試料を付け高周波誘導加熱する，④ レーザー光をあてる等の方法がある．いずれもキャリヤーガス雰囲気中で熱分解する．再現性に優れ，2 次反応の起こりにくいことが望まれる．

演習問題

13.1 手近にあった充塡カラムとキャピラリーカラムによる2成分PとQの分離をした結果，次のデータを得た．ピーク形状はどちらも三角形であるとして，どちらのカラムが高い分離度をもつか．

	充塡カラム	キャピラリーカラム
死容積 V_0(ml)	15.0	3.0
空間補正保持容量 $V - V_0$(ml)		
成分P	170	1.1
成分Q	180	1.2
理論段数 N	7 225	25 600

13.2 4種の芳香族炭化水素のガスクロマトグラムを得た．試料導入量（μmol）と面積は以下の表のようであった．これらのデータから使用した検出器の各芳香族炭化水素に対する相対モル感度（ベンゼン＝100）を求めよ．

化合物	導入量(μmol)	ピーク面積(cm²)
ベンゼン	9.00	1.750
トルエン	8.45	1.729
p-キシレン	6.56	1.365
エチルベンゼン	5.89	1.271

13.3 フタル酸ジオクチルを固定相とするGCで，120℃における酢酸エステルの保持データを次表に示す．空欄をうめよ．

化合物	保持比(ベンゼン＝1.00)	保持指標
酢酸メチル	0.326	592
酢酸エチル	0.560	668
ヘプタン		700
酢酸プロピル	1.051	756
酢酸ブチル	2.268	869
酢酸ペンチル	4.550	

14 高速液体クロマトグラフィー

- 装置の構成はどうなっているか
- 分離モードの種類と機構
- 検出器の種類とそれらの特性

　液体クロマトグラフィー (Liquid Chromatography, LC) は 1970 年代に急速な発展を遂げ，現在では分離能，感度，迅速性ともに GC と肩を並べている．発展の過程で，英語の名称は変化しているが，わが国では高速液体クロマトグラフィー（現在対応する英語名：High Performance Liquid Chromatography, HPLC）とよばれ，広い分野で盛んに活用されている．LC の移動相は液体であり，液体に溶解する物質は気体になる物質に比べて圧倒的に数が多い．そこで，GC に比べて HPLC はより多くの化合物を扱うことになる．

14.1　HPLC の分類

　HPLC は通常，分離機構も加味することによって，次の 4 種類の名称を使うことが多い．しかし，分離機構が 1 種類とは限らない場合や明白でない場合もある．そこですべての LC がこの分類にあてはめられるわけではない．
　（1）　液-液クロマトグラフィー（分配クロマトグラフィーともよばれる）
　（2）　液-固クロマトグラフィー（吸着クロマトグラフィーともよばれる）
　（3）　イオン交換クロマトグラフィー
　（4）　サイズ排除クロマトグラフィー

　HPLC では固定相の種類だけでなく，移動相の種類や組成を変えることでも分離状況を変えることができる．分析条件を決めるさい選択の幅が GC よりも広いと言える．また，移動相組成を分析中に変化させる手法（勾配溶離法，グラジェント法などとよぶ）で GC の昇温法や昇圧法と同じ様な効果を得ることができる．

14.2 液体クロマトグラフ

図14.1に液体クロマトグラフの基本的な構成例を示した．液体を移動相とするところからカラムにこれを加圧送入するため，定流量高圧ポンプが使われる．カラム充塡剤がGCの場合と比較して数μmと微粒子であり，抵抗が大きいところから，高圧（数10 MPa）をかけて送入する．カラムは耐圧性である必要があり，通常はステンレス鋼管（内径〜5 mm，長さ数〜数10 cm）に充塡剤がつめられる．試料溶液は高圧の移動相液体中に導入されることになる．カラムからの分離成分は移動相溶液として検出器に導かれる．検出器は，試料成分の種類，濃度等によって使い分けられる．

14.3 送液系

送液系は移動相貯槽，移動相脱気装置，高圧ポンプ（最高圧力40 MPa程度），圧力計などからなっている．高圧ポンプには一定流量を得やすく，脈流の少ないものが要求される．一般にシリンジ式ポンプまたはプランジャー式ポンプが用いられている．

移動相には，溶存ガスの含まれていないことが重要である．溶存ガスがもとで気泡が生じると，ポンプでの送液に差し支えたり，分離，検出に悪影響を及ぼす．通常，加熱，減圧，ヘリウム通気などの方法で脱気したものを利用する．

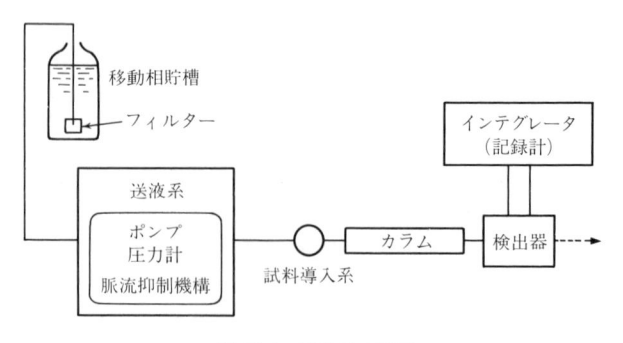

図 14.1 HPLCの概要

高圧定流量ポンプ

高圧ポンプにはガス圧利用式，シリンジ式，プランジャー式(往復運動式)など種々考案，利用されている．ガス圧利用式は移動相貯槽に高圧ガスを導き，その圧力によって移動相を押し出すものと，プランジャー式ポンプのピストンをガス圧で駆動するものとがある．シリンジ式はシリンジ内に移動相を取り，プランジャーをモーターを使って一定速度で押し出すことにより一定流量を得る方式である．プランジャー式ポンプは一番よく使用されている方式である．図に示すようにモーターでピストン(プランジャー)を往復運動させることにより入口弁から移動相を吸入し，出口弁から押し出す方式のものである．

いずれの方式でも一定流量を得やすく，再現性よく，しかも脈流の少ないものがよい．脈流が生じないように，2個のプランジャーを組み合わせ，その動作をコンピューターで制御する例も多い．

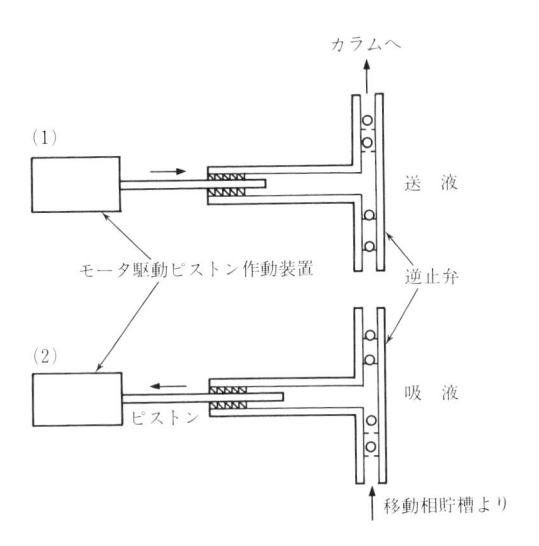

プランジャー式ポンプの送液原理

14.4 試料導入部

　高圧で流れている移動相中に直接試料を導入するのは難しい．HPLCの場合，試料導入バルブを用いる方法が主として用いられる．図14.2に1例を示す．針の先端を平らにしたマイクロシリンジを使って，移動相で満たされたループ中に試料を導入（移動相がその分あふれ出る）した後，バルブを操作してループを移動相流路に組入れ，中の試料をカラムに導く．試料導入量はループの容積より小さい量とするか，大量にループに導いて移動相を追い出し，置換してループの容積に相当する量を導入するかのどちらかとなる．

14.5 カ ラ ム

　HPLC用のカラムは内径数 mm，長さ数〜数 10 cm の主としてステンレス鋼管

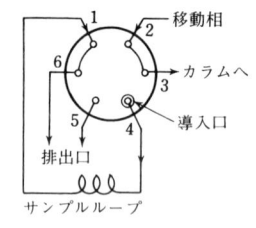

(1) サンプルループへの試料導入

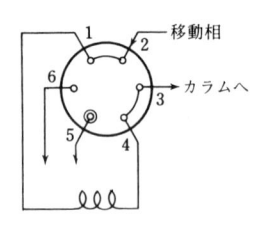

(2) サンプルループからカラムへの試料導入

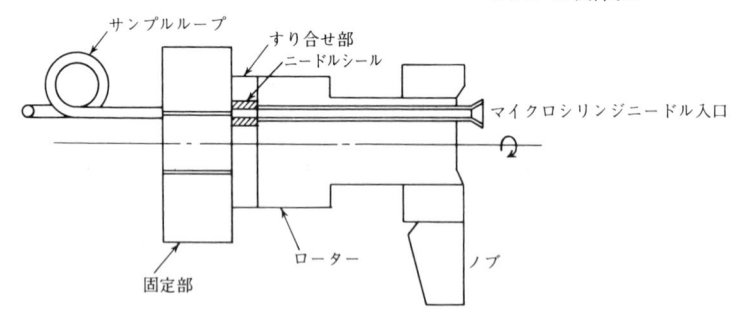

図 14.2　HPLC用試料導入機構例
　　　　日本化学会編，"実験化学ガイドブック"，p.229, 丸善(1984).

に充塡剤を詰め，両端にステンレス鋼製焼結フィルターを取り付けたものが使われる．充塡剤の粒径は数〜数 10 μm ほどと小さい．式 (12.13) を解析すると，充塡剤の直径が小さいほど，カラム効率が高められることがわかる．一方，粒径を小さくすると移動相送入のための圧力を高めなければならなくなる．多用されているシリカゲルを基材にした充塡剤では 5 μm 前後の粒径のものの使用が普通である．その場合の焼結フィルターの孔径は 2 μm くらいのものが使われる．

図 14.3 にはシリカゲルをオクタデシルシリル化した化学結合型充塡物を用い

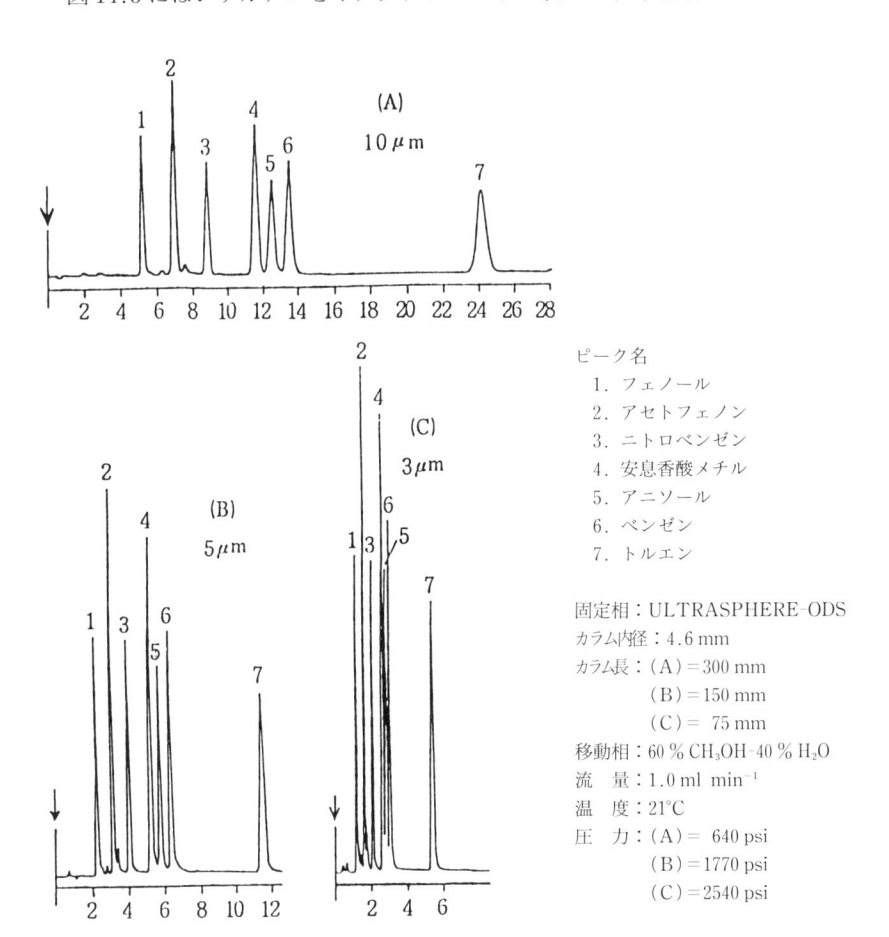

ピーク名
1. フェノール
2. アセトフェノン
3. ニトロベンゼン
4. 安息香酸メチル
5. アニソール
6. ベンゼン
7. トルエン

固定相：ULTRASPHERE-ODS
カラム内径：4.6 mm
カラム長：(A) = 300 mm
　　　　 (B) = 150 mm
　　　　 (C) = 75 mm
移動相：60 % CH_3OH-40 % H_2O
流　量：1.0 ml min^{-1}
温　度：21°C
圧　力：(A) = 640 psi
　　　　 (B) = 1770 psi
　　　　 (C) = 2540 psi

図 14.3　充塡剤粒径の影響
N.H.C. Cooker, K. Olsen, *J. Chromatogr. Sci.*, 18, 512 (1980).

る逆相クロマトグラフィー（後述）における粒径の影響を示す．粒径の小さいものほど短いカラムを用いている．分離時間の短縮が分離効率を下げることなく行えることがわかる．

14.6　HPLCの分離モードとHPLC用充填剤
14.6.1　液-液および液-固クロマトグラフィー

　液-液クロマトグラフィー用固定相には移動相に溶けにくい固定相液体を担体の上に塗布したもの，あるいは担体に固定相液体を化学的に結合させたものが用いられる．現状では後者が圧倒的に多く使われている．担体には主としてシリカゲルが用いられている．

　固定相液体を塗布した充填剤の場合，使用中に固定相液体が流出することはさけられない．そこであらかじめ固定相液体を溶解した移動相を使用したり，分離カラムと同じ固定相液体をもったプレカラムをつないでおき，固定相液体の損失分を補ったりする手段がとられる．

　シリカゲルやポリマー粒に種々の官能基を化学結合させた充填剤は，塗布したもののように固定相が流出しないため使いやすい．オクタデシル基，オクチル基のようなアルキル基やフェニル基，アミノプロピル基，シアノプロピル基，アクリルアミド基等を化学結合させた充填剤がある．これらのうち，オクタデシル基を化学結合したシリカゲル（ODS）の利用は際立って多い．

　他の分離系における充填剤でも同じことがいえるが，ポリマー系とシリカ系の充填剤を比較すると，ポリマー系のほうが広いpH範囲で使用できるのに対し，シリカ系のほうはpH 7.5ないし9程度より低いところで使わないとシリカ層が劣化してしまう．また酸性側でもシリカ系はpH 1以下で使うことは好ましくない．液-固クロマトグラフィー（LSC）用の無機系充填剤としてはシリカゲルが代表的で，良く使われる．その他のものとしてはヒドロキシアパタイトやチタニヤなどがある．有機系充填剤には多孔性のスチレン系，酢酸ビニル系，ポリエチレングリコール系などいろいろなポリマー充填剤が使われる．

14.6.2 順相クロマトグラフィーと逆相クロマトグラフィー

歴史的にシリカ（極性固定相）-弱極性移動相の組合せによる分離が，弱または無極性固定相-強極性移動相の組合せによる分離よりも先に発展したところから，固定相液体の極性が移動相の極性よりも強い場合を順相クロマトグラフィー（Normal Phase Chromatography, NPC），その逆を逆相クロマトグラフィー（Reversed Phase Chromatography, RPC）とよんでいる．

a. 順相クロマトグラフィー（NPC）

シリカゲルおよびシリカゲルに極性基を化学結合させたものが充填剤としてよく用いられる．表14.1に極性基の例を示す．

表 14.1 よく使われる極性基の例

基	構 造	極性
ジオール	$-(CH_2)_3-OCH_2-\overset{OH}{C}H-\overset{OH}{C}H_2$	小 ↑
シアノ	$-(CH_2)_3-C\equiv N$	
ジメチルアミノ	$-(CH_2)_3-N(CH_3)_2$	
アミノ	$-(CH_2)_n-NH_2 \quad n=3, 4$	↓
ジアミノ	$-(CH_2)_3-NH(CH_2)_2NH_2$	大

移動相に関してはその極性が強いものを選ぶと固定相液体との親和力が強いため，吸着あるいは溶解していた成分を追い出す能力が強くなる．したがって，溶出が速くなる．一般に，炭化水素，エーテル，エステル，ケトン，アルデヒド，アルコール，酸の順に溶出力が強くなる．そこで，複雑な組成をもった試料を扱う場合に，移動相の極性が次第に強くなるように組成をゆっくり変えていく方法（グラジエント法）が有効となる．

NPCは，親油性化合物，たとえば脂質をステロール，トリグリセリド，脂肪酸，リン脂質に類別するとか，多環芳香族炭化水素を縮合環数ごとに分ける場合，また天然物あるいは医薬品などの異性体分離などに有効である．有機溶媒の選択により分離後の濃縮（溶媒の揮散）を容易にできること，粘度の低い溶媒を使って比較的低圧で分離を行えることなどの特徴をもっている．

b. 逆相クロマトグラフィー（RPC）

ごく普通に用いられている充填剤はシリカゲル表面のシラノール基（SiOH）に

n-アルキルクロロシラン（$Cl_{(1-3)}SiR_{1(0-2)}R_2$）あるいは n-アルキルトリアルコキシシラン [$(R_1O)_3SiR_2$] を反応させて n-アルキルシリルエーテル化させたものである．充填剤表面は疎水性を示すことになる．

しかし，もとのシリカ表面には未反応のシラノール基が残り，親水性を示す．そこで，通常トリメチルクロロシラン（$ClSi(CH_3)_3$）を代表とするトリメチルシリル化剤を用いて処理（エンドキャッピングとよぶ）し，シラノール残量をできるだけ減らす．それでもシラノール基は最初の半分くらいは残るといわれている．一般にアルキル基としてはメチル基，エチル基，オクチル基（C_8），あるいはオクタデシル基（C_{18}, ODS）が用いられる．

充填剤としては，この他に前述の表14.1に示したものや，ポーラスポリマー（スチレン-ジビニルベンゼン共重合体など）も使われる．

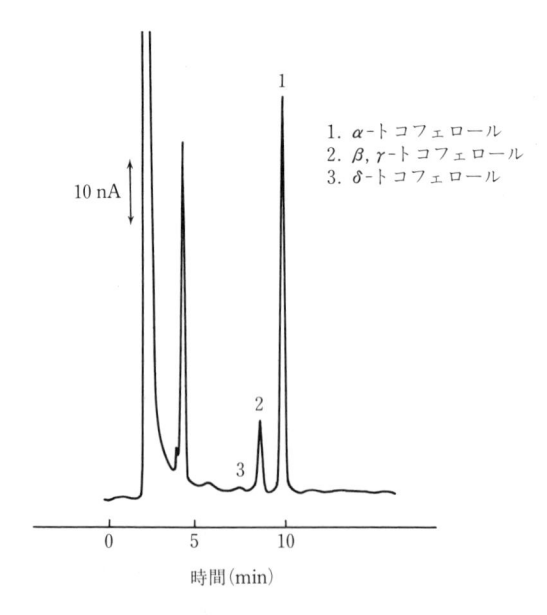

1. α-トコフェロール
2. β, γ-トコフェロール
3. δ-トコフェロール

カラム：TSKgel ODS-80　4.6 mm×15 cm
溶離液：メタノール/25 mM $NaClO_4$=95/5
流　速：0.8 ml min^{-1}
温　度：35°C
検　出：電気化学検出器（印加電圧 800 mV vs. Ag/AgCl）
　　　　（作用電極グラッシーカーボン）

図 14.4　血清中ビタミン E の分離例
東ソー㈱カタログより

RPCにおいて使用される典型的な移動相は，水-メタノール系および水-アセトニトリル系である．水としたが，pHを一定に保つため，リン酸緩衝液などの緩衝液が使われることが多い．通常，試料成分の溶出順序は極性の強いものからということになるが，移動相の極性が弱いほど（メタノールやアセトニトリルの比率が高いほど）無極性成分が速く，逆に極性成分が遅く溶出するようになる．

図14.4にはビタミンEの分離例を示した．

RPCは工夫することにより，中性化合物ばかりでなくイオン性化合物の分離にも適用できる．"イオン化抑制"あるいは"イオン対形成"とよばれる手法が使えるからである．前者は移動相のpHを調整することによりイオン化を抑える方法であり，後者は成分イオンと反対符号のイオンを添加してイオン対を形成させ，中性物質と同様に分離する方法である．

たとえば，弱酸性化合物では移動相pHを2〜5に，また弱塩基性化合物はpH 7〜8に調整することによりイオン化を抑制して分離できる．一方，イオン化を抑制できない強酸，強塩基はもとより，弱酸，弱塩基もイオン化を抑制しないで，対イオンを移動相中に入れ，これとイオン対をつくらせる方法によっても分離することができる．イオン対形成を利用する場合，これをイオン対クロマトグラフィーとよぶ．図14.5には移動相pHと化学種との関係を示した．

14.6.3 イオン交換クロマトグラフィー
(Ion Exchange Chromatography, IEC)

IECは主として水溶性溶媒中のイオンの分離定量に用いられる．試料成分であ

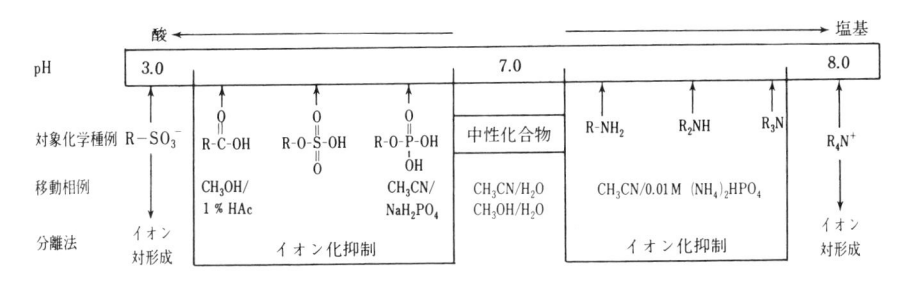

図14.5 移動相pHと分離対象化学種
日本化学会編，"実験化学ガイドブック"，p.233，丸善(1984)．

る陽イオン A^+ と移動相成分である陽イオン S^+ とが互いに固定相のイオン性基 R—（代表例として—SO_3^- や—COO^-）への吸脱着を繰り返しながらカラム中を進行するクロマトグラフィーを，陽イオン交換クロマトグラフィーとよぶ．その逆に，試料成分イオンが陰イオン X^- で，固定相が陽イオン P^+（—$N^+(CH_3)_3$ や —NH_2^+）のとき，陰イオン交換クロマトグラフィーという．

$$A^+ + R^-Y^+ \longrightarrow Y^+ + R^-A^+ \quad \text{（陽イオン交換）}$$
$$B^- + P^+X^- \longrightarrow X^- + P^+B^- \quad \text{（陰イオン交換）}$$

代表的な充填剤には表 14.2 に示すような従来から使われているイオン交換樹脂，および HPLC のために開発されたシリカにイオン交換基を化学結合法でつけたものなどがある*．樹脂のほうがいくぶん粒径の大きいものが使われているが，4〜10 μm が標準的である．

試料中のイオンは，固定相のイオン性基との親和性（選択係数とよぶ）の差に

表 14.2 代表的イオン交換樹脂

種類	強酸性陽イオン交換樹脂	弱酸性陽イオン交換樹脂	強塩基性陰イオン交換樹脂	弱塩基性陰イオン交換樹脂	両性イオン交換樹脂
基質	スチレン-ジビニルベンゼン共重合体 デキストランゲル アクリルアミドゲル	メタクリル酸-ジビニルベンゼン共重合体 デキストランゲル アクリルアミドゲル	スチレン-ジビニルベンゼン共重合体 デキストランゲル アクリルアミドゲル	スチレン-ジビニルベンゼン共重合体 デキストランゲル アクリルアミドゲル	スチレン-ジビニルベンゼン共重合体
交換基	スルホン酸基 ($-SO_3H$)	カルボキシル基 ($-COOH$) リン酸基 ($-PO_3H_2$)	第四級アンモニウム基 I 型 ($-N(CH_3)_3X$) II 型 ($-N{<}^{(CH_3)_2X}_{C_2H_4OH}$)	アルキルアミノ基 ($-N(R)_2$) ($-NH(R)$) ($-NH_2$)	アニオン基とカチオン基 （例） $-N(R)-CH_2COOH$
有効pH範囲	全領域	中性〜塩基性	全領域	酸性〜中性	全領域

---

* イオン交換体としてはポリマー系の方が安定で寿命が長い．さらにポリマー系のものはイオン交換容量がシリカ系のものに比べて 5〜10 倍大きいという特徴をもっている．一方シリカ系のものはカラム効率が高いという特長をもっている．ポリマー系の欠点は，膨潤性であり，架橋度，移動相に使う緩衝液の種類，イオン強度，pH，温度などによって膨潤度が異なることにある．

表 14.3 各種イオンのイオン交換体との親和性の強さ

親和性	1価陽イオン	2価陽イオン	陰イオン
小 ↑ ↓ 大	Li^+ H^+ Na^+ NH_4^+ K^+ Rb^+ Cs^+ Ag^+ Tl^+	Be^{2+} Mn^{2+} Mg^{2+} Zn^{2+} Co^{2+} Cu^{2+} Cd^{2+} Ni^{2+} Ca^{2+} Sr^{2+} Pb^{2+} Ba^{2+}	OH^-, F^- CH_3COO^- $HCOO^-$ $H_2PO_4^-$ HCO_3^- Cl^- NO_2^- HSO_3^- CN^- Br^- NO_3^- HSO_4^- I^- SO_4^{2-}

よって分離される。各イオンについて表14.3に示すような順序で上から下へ親和力が強くなるため、溶出はこの順序で遅くなる。なお、2価イオンは1価イオンより親和力が強い。

　もし陽イオンを対象とし、Na^+ を含む移動相を用いていたのを K^+ を含むように変えると、各イオンの溶出を速くすることができる。

　通常、移動相には緩衝液が用いられる。緩衝液の役割はイオン平衡状態を保つための対イオンの供給、イオン強度およびpH維持である。なお、時としてメタノールやエタノールなどの有機溶媒が選択性、試料の溶解促進のために加えられることがある。保持値は塩の種類、濃度、pHによって変わる。すなわち、塩濃度が高くなると溶出が速まる。pHについては、試料成分がイオンとならないpHでは成分は保持されずに溶出するし、完全解離する条件ではpHの影響は受けない。一般に、移動相のpHは目的成分の pK_a を考慮し、$pH = pK_a + 1.5$ を目安とするとよい。なお、ここでも緩衝液の濃度やpHを分離の過程で変化させるグラジェント溶離法がしばしば使われる。

14.6.4　イオンクロマトグラフィー (Ion Chromatography, IC)

　IECの一種であるが、非常によく使われている手法にICがある。
　初期の装置の構成は分離用イオン交換カラムとその反対のイオン交換性をもつ

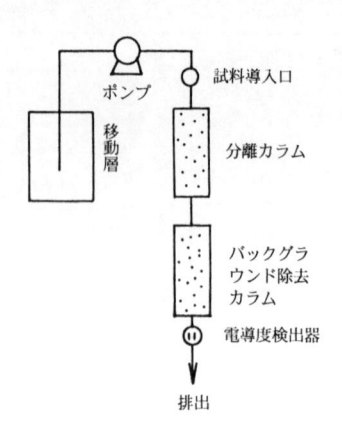

図 14.6 初期のイオンクロマトグラフの構成

バックグラウンド除去カラム（サプレッサーカラム）とをつなぎ，電導度検出器で検出するものであった．図14.6にその概要を示す．

具体的には，陰イオン分析の場合はサプレッサーカラムとして陽イオン交換カラムを，陽イオン分析の場合は陰イオン交換カラムを分離カラムの後ろに接続し，次のようなイオン交換を行わせる．

陰イオン分析：NaOH（溶離液）＋樹脂-H^+ ⟶ 樹脂-Na^+＋H_2O

陽イオン分析：HCl（溶離液）＋樹脂-OH^- ⟶ 樹脂-Cl^-＋H_2O

すなわち，サプレッサー中で溶離液が電導度を示さないように水に変えてしまうことにより，目的イオンだけを測定できる．ただし，サプレッサーカラムには除去イオンが蓄積してしまうため，ときどき再生しなければならないという問題がある．

IC はその手法を種々改良したものが現れている．最近ではサプレッサーカラムの代りにイオン交換膜を使い，再生をしないでも連続使用のできるサプレッサーが使われている．また，緩衝液に解離度の小さいものを利用することにより，分離用カラム1本しか使わないものもある．検出も電気伝導度ばかりでなく，吸光度検出器その他による検出を行う例も多い．そこで，IEC と IC との境はなくなり，通常の名称には IC が使われるようになってきた．

図 14.7 には 10 種の無機陰イオン分離に適用した例を示す．

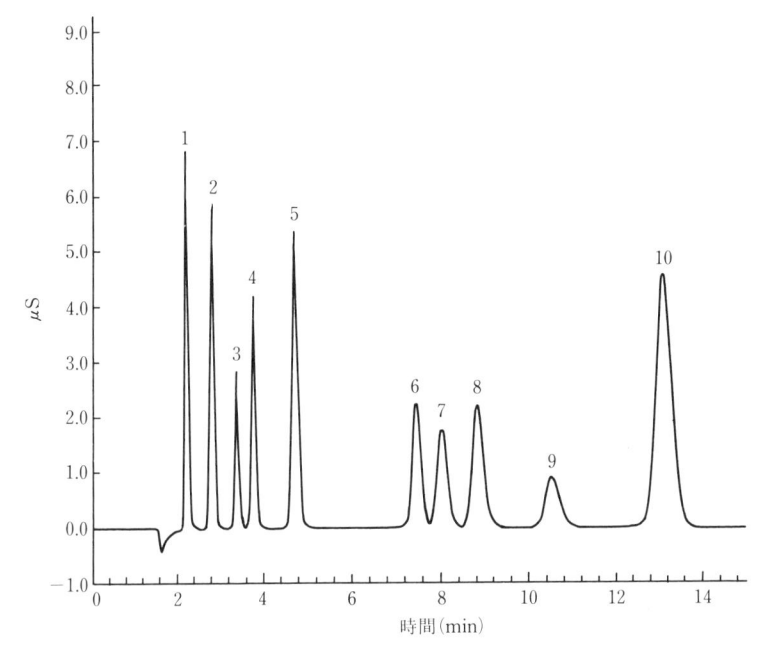

Dionex Ion Pac AS 12 A 陰イオン交換カラム(200 mm×4 mm i. d.)による10種陰イオンの分離例
1：F^- 3 mg l^{-1}, 2：ClO_2^- 10 mg l^{-1}, 3：BrO_3^- 10 mg l^{-1}, 4：Cl^- 4 mg l^{-1}, 5：NO_2^- 10 mg l^{-1},
6：Br^- 10 mg l^{-1}, 7：ClO_3^- 10 mg l^{-1}, 8：NO_3^- 10 mg l^{-1}, 9：PO_4^{3-} 10 mg l^{-1}, 10：SO_4^{2-} 20 mg l^{-1}
溶離液：0.3 mM $NaHCO_3$〜2.7 mM Na_2CO_3
1.5 ml min^{-1}.
ガードカラム：Ion Pac AG-12 A
サプレッサー：ASRS-1
検　出：電導度検出器
試料導入量：25 μl

図 14.7　無機陰イオン分離例
J. Weiss, *et al*, *J. Chromatogr*., **706**, 81-92(1995).

14.6.5　サイズ排除クロマトグラフィー
(Size Exclusion Chromatography，SEC)

立体排除クロマトグラフィーとよばれることもある．

SECは分子ふるい効果によって大きさの異なる分子を分離する方法である．充填剤には三次元網目構造をもったポリマー系ゲル（たとえばポリスチレンゲル）や多孔性シリカゲルが主に用いられる．

いま，もっとも単純に，充填剤の内部がすべて同じ形，同じ大きさをもつ円錐形の孔から成り立っているとする．試料成分分子はその大きさに応じ，孔に全然入れないもの，ある深さまでは入れるもの，および孔内部を自由に動けるものの3種に分けることができる（図14.8）．

溶出してくる順序は大きすぎて孔内にまったく入れないもの，孔内のある深さまでは入れるもの，および孔内を自由に動けるものとなり，大きな分子ほど速く溶出する．

理想的な分離条件においては分子ふるい作用以外の，充填剤，移動相，試料成分間の相互作用は起こらず，保持容量 V_e は充填剤内部の溶媒体積 V_i と

$$V_e = V_0 + KV_i$$

になる関係でなければならない．この様子を図14.9に示した．ここで，分配係数 K は $0 \leq K \leq 1$ であり，試料成分は V_0 と V_e の間に溶出することになる．

移動相には試料成分をよく溶かすことと同時に充填剤を膨潤状態で使うため，充填剤と類似の極性をもつものがよい．

市販されている充填剤には水系移動相で使うもの，有機溶媒系移動相で使うもの，また，孔径も大小さまざまなものが用意されており，対象とする分子の大きさ，特性に応じて選択する．

図14.10にはアルキルアルコールの分子量ごとの分離例を示す．より高分子量のオリゴマー，ポリマー，タンパク質のような生体高分子の分離に活躍している．

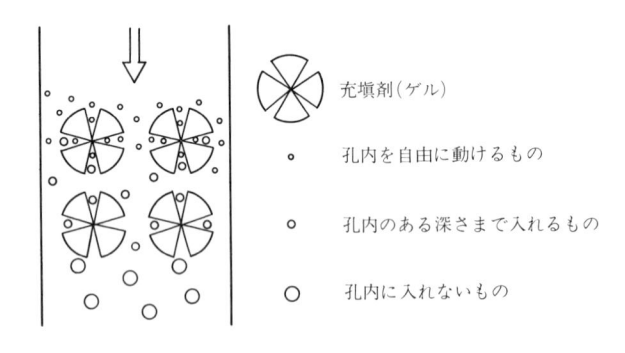

図 14.8 SEC の分離原理

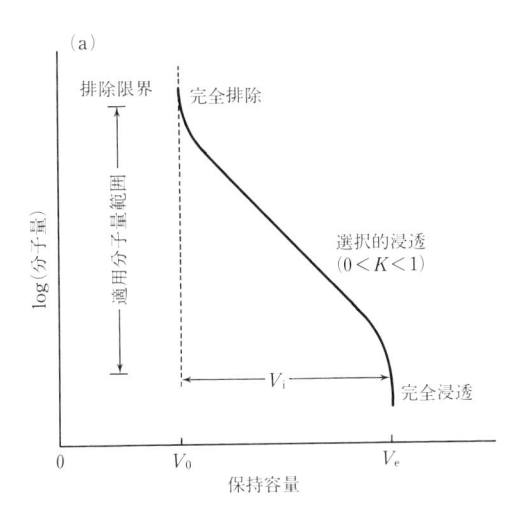

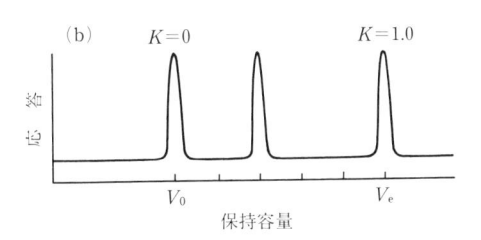

図 14.9　SECにおける検量線(a)とクロマトグラフ(b)

14.6.6　分離法の選択

　LCの場合，移動相および固定相それぞれの種類と特性はさまざまなものを選択できる．そこで移動相と固定相の組合せはGCの場合と比べずっと多い．試料の特徴をもとに，適当と思われる分離法を選択することが必要である．図14.11には分子量，溶媒への溶解性を考慮した分離法選択の目安を示した．過去の分離データを調査利用することも重要な分離法選択の手段である．なお，GCの場合と違う点は，同じ充填剤と考えても，メーカー，ロットの違いにより分離特性が異なることが多い点に注意する必要がある．

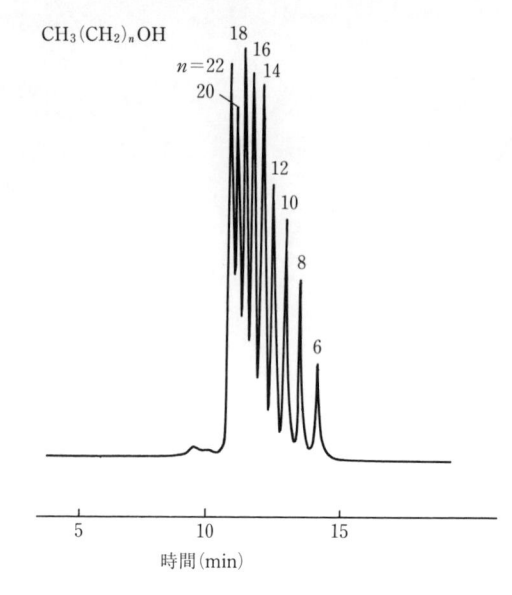

CH₃(CH₂)ₙOH … ピーク n=22, 20, 18, 16, 14, 12, 10, 8, 6

カラム：TSKgel G 1000 H$_{XL}$
　　　　7.8 mm×30 cm×2本
溶離液：THF
流　量：1.0 ml min^{-1}
検出器：RID

図 14.10　アルキルアルコールの分離例
　　　　　東ソー㈱カタログより

試料				固定相例	移動相例
分子量 >2000	水に可溶		サイズ排除クロマトグラフィー	ポリビニルアルコールゲル ポリヒドロキシエチルメタクリレートゲル	水，緩衝液
	水に不溶		サイズ排除クロマトグラフィー	ポリスチレンゲル	THF，ヘキサン
分子量 <2000	水に可溶	弱イオン性	逆相クロマトグラフィー（イオン化抑制法）	ODS ポリスチレンゲル	緩衝液-メタノール
			イオン交換クロマトグラフィー	イオン交換体	緩衝液
		強イオン性	逆相クロマトグラフィー（イオン対クロマトグラフィー）	ODS	対イオン水溶液-メタノール
	水に不溶	極性	順相クロマトグラフィー	ODS -(CH₂)₃CN 化学結合相	ヘキサン，ジクロロメタン
		非極性	逆相クロマトグラフィー	ODS ポリスチレンゲル	水-メタノール，アセトニトリル
		分子量に差	サイズ排除クロマトグラフィー	シリカゲル ポリスチレンゲル	THF，クロロホルム メタノール/THF

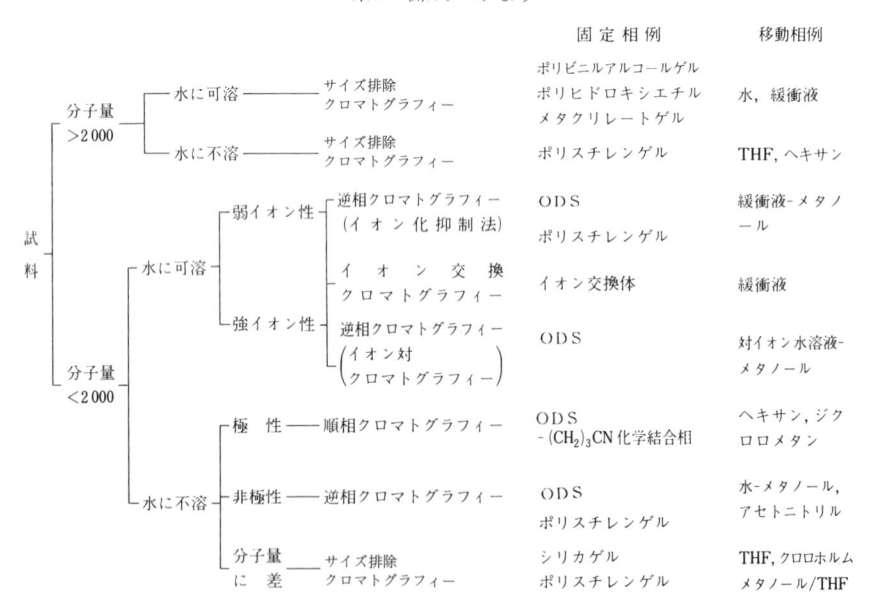

図 14.11　HPLC分析における分離法選択の目安
　　　　　日本化学会編，"実験化学ガイドブック"，p.230，丸善(1984)．

移動相用溶媒の特性

HPLC分析での移動相選択のさいには溶出力(ε_0),誘電率,屈折率,吸光波長,分配係数,その他に注意し,何回か試行を繰り返して最適条件を決定する.表にHPLC分析において移動相としてよく使われる溶媒の特性を示した.

HPLCでよく使われる溶媒の特性

溶媒	順相系での溶出力 ε_0 Al_2O_3[a]	SiO_2[a]	誘電率 [D]	粘度(20℃) [cP]	屈折率 (20℃)	カットオフ波長 [nm]
ペンタン	0.00	0.00	1.84	0.235	1.358	200
ヘキサン	0.01	0.01	1.88	0.33	1.375	200
ヘプタン	0.01	0.01	1.92	0.42	1.388	200
2,2,4-トリメチルペンタン	0.01	0.01	1.94	0.50	1.391	200
シクロヘキサン	0.04	—	2.02	0.98	1.426	210
四塩化炭素	0.18	0.11	2.24	0.97	1.466	265
ジイソプロピルエーテル	0.28	—	3.88	0.37	1.368	220
トルエン	0.29	—	2.38	0.59	1.496	290
塩化プロピル	0.30	—	7.7	0.35	1.389	225
ベンゼン	0.32	0.25	2.28	0.65	1.501	290
臭化エチル	0.37	—	9.34	0.39	1.421	230
ジエチルエーテル	0.38	0.38	4.33	0.23	1.353	220
クロロホルム	0.40	0.26	4.8	0.57	1.443	250
ジクロロメタン	0.42	0.32	8.93	0.44	1.424	250
THF	0.45	—	7.58	0.46	1.407	220
ジクロロエタン	0.49	—	10.7	0.79	1.445	230
アセトン	0.56	—	21.4	0.32	1.359	330
1,4-ジオキサン	0.56	0.49	2.21	1.54	1.422	220
酢酸エチル	0.58	0.38	6.11	0.45	1.370	260
ニトロメタン	0.64	—	35.09	0.65	1.382	380
アセトニトリル	0.65	0.5	37.5	0.37	1.344	210
ピリジン	0.71	—	12.4	0.94	1.510	310
1-プロパノール	0.82	—	21.8	2.3	1.38	200
エタノール	0.88	—	25.8	1.2	1.361	200
メタノール	0.95	—	33.6	0.6	1.329	200
エチレングリコール	1.11	—	37.7	19.9	1.427	200
水	大	—	80.4	1.00	1.333	180
酢酸	大	—	6.1	1.26	1.372	260

a) 固定相

日本化学会編,"実験化学ガイドブック" p.231-232,丸善(1984).

14.7 検 出 器

HPLC用検出器としては示差屈折率検出器，紫外-可視吸収検出器，蛍光検出器，電気化学検出器等が主なものである．最近はGCと同様に質量分析計と直結した装置も市販，利用されている．その他の検出器としては赤外分光光度計，光散乱検出器，化学発光検出器，原子発光検出器，原子吸光検出器などが利用されている．表14.4には主なHPLC用検出器の特性の比較をした．

以下にそれらの概要を説明する．

14.7.1 示差屈折率検出器 (Differential Reflactive Index Detector, RID)

GCにおけるTCDのようにどんな化合物にも応答を示す検出器として広く用いられている．屈折率 n の物質中を通る光（強さ I_0，入射角 θ）を屈折率 n' の物質に入射した時の屈折光（強さ I，屈折角 θ'）との間には次の関係がある．

$$n\sin\theta = n'\sin\theta' \quad \text{(Snellの法則)}$$

$$\frac{I}{I_0} = \frac{1}{2}\left(\frac{2\sin\theta'\cos\theta}{\sin(\theta+\theta')}\right)^2 + \left(\frac{2\sin\theta'\sin\theta}{\sin(\theta+\theta')\cos(\theta-\theta')}\right)^2 \quad \text{(Fresnelの法則)}$$

これらの関係から，原理的に屈折率の変化の測定法として，θ を一定にしておいて θ' を測定する方法（偏光型）と I の変化を測定する方法（Fresnel型）とが可能となる．

図14.12(a)には偏光型屈折率検出器の，(b)にはFresnel型屈折率検出器の例を示した．偏光型においては検出器に焦点を結ばせておき，零点調節器の動きを検出記録する方法，あるいは焦点を検出器が追跡移動するようにしておき，検出器の位置変化を記録する方法の2通りがある．Fresnel型では試料側セルを透過した光の強さと参照側セルのそれとを比較することにより検出が行われる．

両者とも内容積が 10 μl 以下のものがつくられており，屈折率変化が 10^{-7} 以下という場合でも検出できる．表14.4に示した，よく使用される溶媒の20℃における屈折率が参考にできる．

表 14.4 主な HPLC 用検出器の比較

	紫外吸収検出器 (UVD)	示差屈折率検出器 (RID)	蛍光検出器 (FID)	電気化学検出器 (ECD)	電導度検出器 (ECD)
検出原理	紫外線に対する吸光度の変化を測定。測定波長は任意に設定できるものが多い。また装置によっては可視部の吸光度変化も測定できる。	移動相と試料成分の間の屈折率の差を測定。	試料成分が紫外光を吸収して発するより波長の長い蛍光の強度測定を行う。	定電位電解により還元性あるいは酸化性物質の還元または酸化電流を測定する。	電気伝導度の変化を流路中においた微小電極を用いてとり出す。
用途	紫外吸収性化合物	汎用	蛍光性化合物	イオン種	イオン種
応答の温度依存性	無視できる	約 1×10^{-4} RIU/℃	無視できる	—	2%/℃
ノイズ	± 0.001 ODU	1×10^{-7} RIU	$\pm 0.1\sim0.15$ mV	100 pA	$\pm 5\times10^{-4}$ μS
検出下限	1×10^{-9} g/ml フェナントレン/ヘキサン	9×10^{-9} g/ml スクロース/水	1×10^{-9} g/ml 硫酸キニーネ	10^{-9} g/ml ノルアドレナリン/水	$\sim 1\times10^{-8}$ g/ml 塩化ナトリウム/水
直線領域	5×10^3	5×10^3	5×10^3	5×10^2	1×10^6
動作範囲	$0.01\sim2.54$ ODU	$1\times10^{-7}\sim5.1\times10^{-3}$		$0.1\sim1000$ nA	$1\sim1000$ μS
温度調節	通常不要	± 0.01℃	通常不要	通常不要	± 0.005℃
勾配溶離	紫外吸収性のない移動相に限定される。	限られた場合以外は不可。	制限あり	制限あり	制限あり

日本化学会編, "実験化学ガイドブック", p.234, 丸善 (1984).

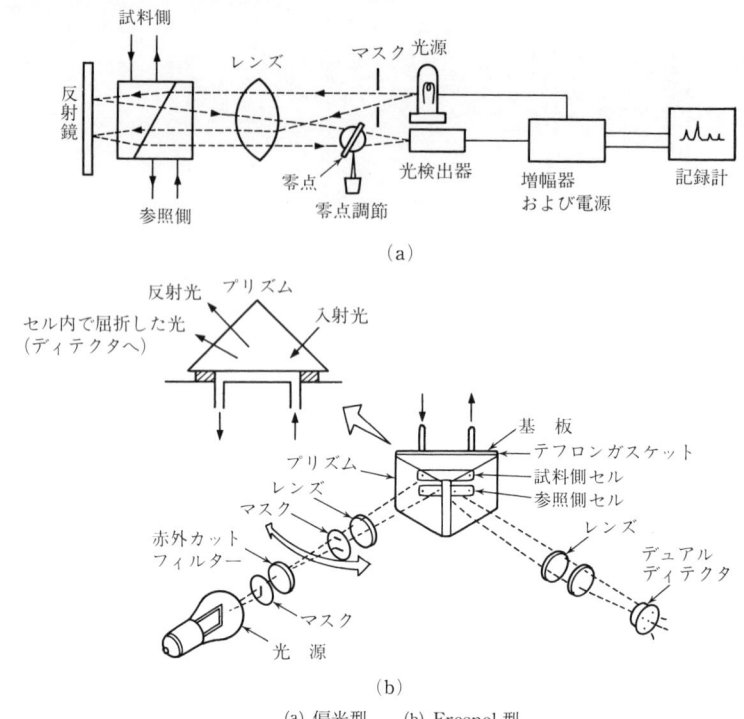

(a) 偏光型 (b) Fresnel 型
図 14.12　2種の示差屈折率検出器例

14.7.2　紫外-可視吸収検出器（UV-VIS Absorption Detector）

　重水素ランプなどからの紫外線，あるいはタングステンランプからの可視光線を回折格子等で分光し，溶出液にあてて吸光度を測定するものである．吸収セル（フローセル）の内容積が 10 μl 以下のもの，すなわち光路長～10 mm，直径 1 mm 程度のものが多用されている．しかし，カラム径の減少に伴い，今後容積が小さくなる傾向にある．フローセルの構造例を図 14.13 に示す．

　UV-VIS 検出器では被検成分の吸光係数によって感度が決まる．化合物によってはピコモル（10^{-12} mol）以下の量まで検出できることがある．もちろん，使用にあたっては測定波長に吸収をもつ移動相は使えない（p. 201 の表のカットオフ波長以下は不可）．

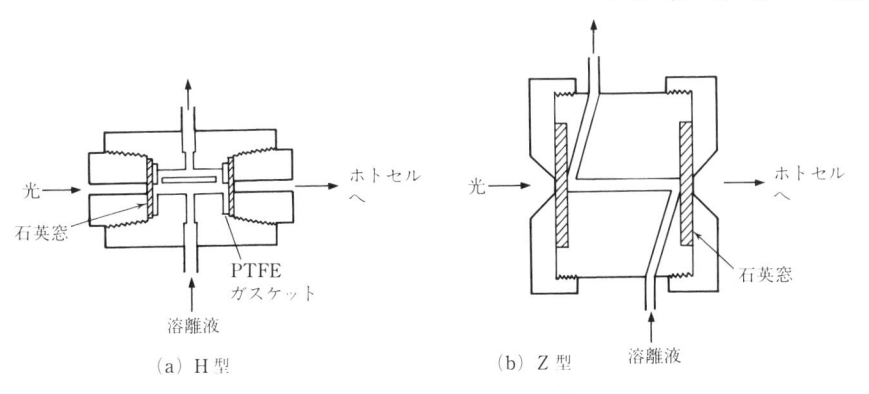

図 14.13 フローセル構造例

(a) H型 — 光, 石英窓, PTFEガスケット, 溶離液, ホトセルへ
(b) Z型 — 光, 石英窓, 溶離液, ホトセルへ

なお，紫外吸収性のない化合物でも誘導体化により紫外吸収性の官能基を結合させることにより紫外吸収性をもたせることが可能な場合がある．そこで多くの誘導体化試薬が開発，市販されている．これらの試薬を使って誘導体化する場合，クロマトグラフィーにかける前に行う方法（プレカラム誘導体化）と，カラムを出たのち，流路中で試薬を混合して誘導体化する方法（ポストカラム誘導体化）の2種の方法が使われる．

14.7.3 蛍光検出器

蛍光を測定する方法は高い選択性と感度をもつ．言い換えると，限られた化合物については高い感度で検出できる手法である．最近，とくに生体関連化合物，たとえばビタミンやステロイドの微量検出に活用されている．この検出器は励起光（紫外光が多い）を照射し，発光を測定するが，励起光の照射方向と発光を測定する方向との角度が180°の場合と90°の場合とがある．

大きな蛍光強度を得るためには強力な励起光が必要である．そこで最近ではHe-Cdレーザーのような光源を用いる例も多い．

この検出器の場合にもプレカラム誘導体化，あるいはポストカラム誘導体化を行って蛍光物質として定量する方法の開発がさかんに行われている．たとえば，アミノ基をもった化合物はフルオレスカミンや o-フタルアルデヒドなどとポストカラム反応させることにより，10^{-12} mol レベルの検出が可能となることが知られている．

14.7.4 電気化学検出器 (Electrochemical Detector, ECD)

ECDには目的成分の全量を定電位で電解し，流れた電気量を測定するクーロメトリー検出器と，目的成分の一部を定電位電解してその流れる電流を測定するアンペロメトリー検出器とがある．いずれも電気化学的に活性な物質を電位設定を変えることにより，選択的かつ高感度に検出できるという特徴をもっている．図14.14には各種有機官能基の電気化学的活性領域を示した．また図14.15にはECDの1例を示した．ECDによれば数pgのカテコールアミンの定量が行えるという．

ECDを利用する場合もプレカラムあるいはポストカラム誘導体化が利用されることがある．なお，ICでとくに重要なイオンによる電導度の変化を測定する電気伝導度検出器もECDの一つである．

14.7.5 質量分析計

HPLCに質量分析計を接続する場合，移動相液体の除去が1番の難題であった．しかし，最近では移動相に塩などを含まなければ接続が可能になり，小さな分子ばかりでなくタンパク質や核酸等の生体高分子の分析などでも大いに活躍し

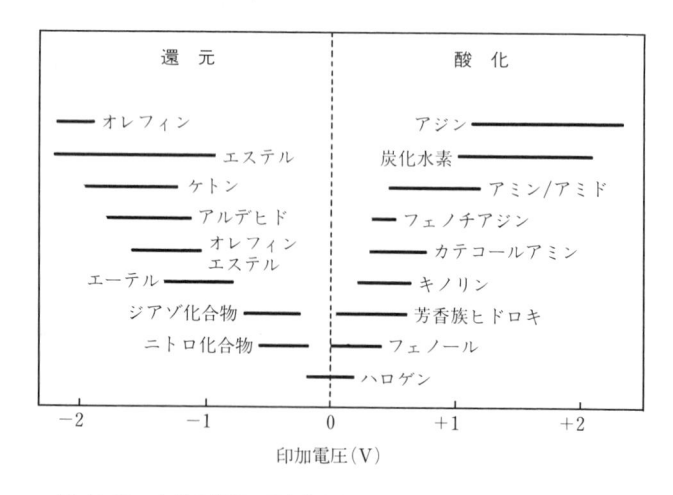

図 14.14　有機官能基の電気化学的活性領域
B. Leet, C. J. Little, *J. Chromatogr. Sci.*, **12**, 747 (1974).

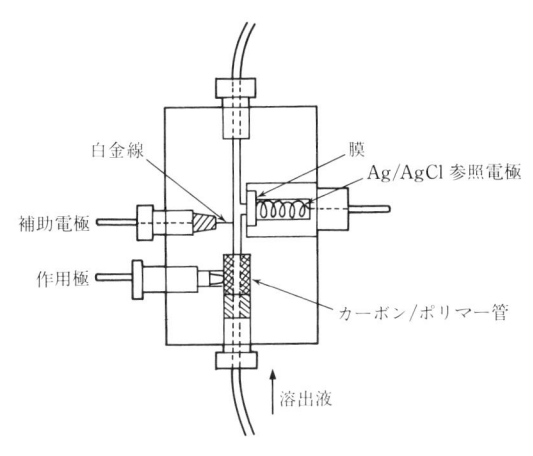

図 14.15 ECD の構造例

ている．溶媒を揮散させ，また装置の真空度を保つための排気装置の発達，各種イオン化法の開発，イオン分離系の発達などによるものである．

これらの装置では通常，MS に導く前にインタフェイスとよぶ移動相除去装置を必要とする．同時にイオン化が行われる場合もある．よく知られた方法はフリットから HPLC 溶出液にマトリックス液を混合して浸出させ，キセノンやアルゴン原子を高速で衝突させる高速原子衝突イオン化法（FAB-MS）がある．また，HPLC カラム出口で気化室に噴霧，溶媒を揮散，イオンを生成させるが，この際

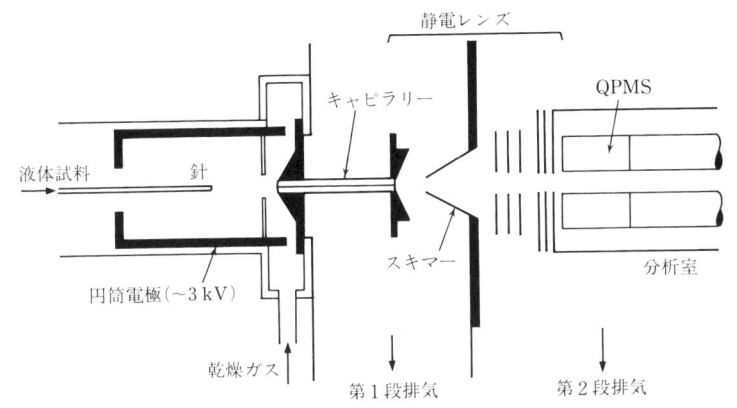

図 14.16　エレクトロスプレイイオン化装置の1例
C. M. Whitehouse, *et al*, *Anal. Chem.*, **59**, 675(1985).

熱(サーモイオン化)，数 kV の電圧(エレクトロスプレイイオン化)，コロナ放電(大気圧イオン化)，レーザー光（レーザーイオン化）などを利用する方法などがある．

MS には従来からよく使われてきた四重極型 MS(QPMS)のほかに，QPMS の類似法であるイオントラップ MS，飛行時間型 MS（TOF-MS）なども加わり，適用例も増加している．図14.16にエレクトロスプレイイオン化装置の1例を示す．

LC-MS の感度は試料，分離条件その他の条件によって異なるが，GC-MS には劣る．通常，ng 領域での検出が可能である．

もう一歩先へ……試料予備処理への利用

液体クロマトグラフィーに使う充填剤を使った試料予備処理法がある．環境試料や生体試料等に含まれる希薄成分の捕集，あるいは分析を妨害する成分が存在する時，その除去を行うのに使うなどである．たとえば水中の疎水性有機化合物は，ODS を充填したカラムに水試料を通すことにより濃縮捕集できることが多い．捕集した後，目的成分を溶解しやすい溶媒を使って追い出して HPLC 分析することがよく行われる．同様にイオンを対象とするとき，イオン交換カラムを使えば濃縮が行える．これらの目的に使用するため，各種"固相抽出カラム"が市販されている．

さらに，サイズ排除クロマトグラフィー用ゲルは小分子を最後に溶出する．そこでゲルを試料中に入れてゲルに塩を捕集する（脱塩する）ことが可能である．

サイズ排除クロマトグラフィーは試料成分を大まかにその大きさに従って予備分離するのにも使われる．

演習問題

14.1 次のA群の試料を分離したい．B群のどの手法を使うのが適当か．

　　　　　　A 群　　　　　　　　　　　　B 群
(a) スチレン重合体(重合度2〜10)　　(イ) イオンクロマトグラフィー(IC)
(b) ナフタレン，アントラセン，　　 (ロ) 逆相クロマトグラフィー(RPC)
　　 ピレン混合物　　　　　　　　　 (ハ) サイズ排除クロマトグラフィー
(c) カルボン酸混合物　　　　　　　　　　(SEC)
(d) Cl^-, NO_3^-, SO_4^{2-}　　　　　　　(ニ) イオン対クロマトグラフィー

14.2 硝酸カリウムと砂糖の混合物 3.00 g を 100 ml の水溶液とし，その 1 ml をとり，H型とした陽イオン交換カラムに通した．溶出液を 0.01 M の水酸化ナトリウム水溶液で滴定したところ当量点は 5.30 ml であった．最初の混合物中の硝酸カリウムの割合はいくらか．

14.3 サイズ排除クロマトグラフィーにおいて，スクロース(小さい分子)とブルーデキストラン(巨大分子)の保持容量がそれぞれ 70.5 ml と 7.8 ml であった．分配係数が 0.36 の物質の保持容量はいくらと推測されるか．

15 SFCとその他のクロマトグラフィー

- 超臨界流体とは
- 超臨界流体を移動相とする効果
- 薄相クロマトグラフィーの内容

15.1 超臨界流体クロマトグラフィー
(Supercritical Fluid Chromatography, SFC)

物質を臨界圧力,臨界温度以上にした時,気体でも液体でもない状態,超臨界流体となる.この流体を移動相に使うクロマトグラフィーが超臨界流体クロマトグラフィー(SFC)である.SFCの歴史は1962年までさかのぼることができるが装置上の問題もあり発展が遅れていた.しかし,LCの技術の進歩と共に発展をみた.

当然のことであるが,SFCではGCやHPLCとはちがった新しい分離特性を得ることができる.

15.1.1 超臨界流体移動相

表15.1に超臨界二酸化炭素の物性を気体および液体と比較した.その密度は気体の数100倍であり,液体に近く,物質を溶解する力が強い.また,粘度は気体に近く,カラム中を流すさいの抵抗が小さい.そこで圧力損失も小さい.一方,拡散係数は液体より約2桁大きいが,気体より約2桁小さい.そこで迅速で,効率の高い分離が行える.二酸化炭素を使う場合が多いが,二酸化炭素は高沸点化合物や不安定化合物を比較的低温で取り扱え,溶媒の毒性,廃棄の問題がほとんど生じないという特長をもっている.二酸化炭素のほかにペンタンもよく使われる.

SFC に使えそうな物質

SFC 用に利用を試みられた物質は多数ある．下表には SFC に使えそうな物質とそれらの沸点，臨界点，臨界点における密度データを示した．

超臨界流体化のさいの物性

移動相	沸点 (°C)	臨界点 温度 (°C)	臨界点 圧力 (atm)	臨界点 密度 (g cm^{-3})
一酸化二窒素	−89	36.5	71.4	0.457
二酸化炭素	−78.5[a]	31.3	72.9	0.448
二酸化硫黄	−10	157.5	77.6	0.524
六フッ化硫黄	−63.8[a]	45.6	37.1	0.752
アンモニア	−33.4	132.3	111.3	0.24
水	100	374.4	226.8	0.344
メタノール	64.7	240.5	78.9	0.272
エタノール	78.4	243.4	63.0	0.276
2-プロパノール	82.5	235.3	47.0	0.273
プロパン	−44.5	96.8	42.0	0.220
ブタン	−0.5	152.0	37.5	0.228
ペンタン	36.3	196.6	33.3	0.232
ヘキサン	69.0	234.2	29.6	0.234
2,3-ジメチルブタン	58.0	226.3	31.0	0.241
エチルメチルエーテル	7.6	164.7	43.4	0.272
ジクロロジフルオロメタン (フロン-12)	−29.8	111.7	39.4	0.558
ジクロロフルオロメタン (フロン-21)	8.9	178.5	51.0	0.522
トリクロロフルオロメタン (フロン-11)	23.7	196.6	41.7	0.554
ジクロロテトラフルオロエタン (フロン-114)	3.5	146.1	35.5	0.582

a) 昇華点

表 15.1 超臨界二酸化炭素の特性比較

移動相	状態	条件		密度(g cm^{-3})	拡散係数 (cm^2 s^{-1})	粘度 (cp)
		温度(℃)	圧力(atm)			
ヘリウム	気体	200	1.5	$2×10^{-4}$	0.1〜1	0.02
二酸化炭素	低密度超臨界流体	100	80	0.15	10^{-3}	0.02
	高密度超臨界流体	35	200	0.8	10^{-4}	0.1
水	液体	20	1	1	10^{-5}	1

15.1.2 装 置

　SFC装置の構成はHPLCの場合と類似している．カラムには充填カラムを使う場合とキャピラリーカラムを使う場合とがある．二酸化炭素を使う場合について述べると，ボンベ詰め液体二酸化炭素を送液するにはポンプヘッドの十分な冷却が必要である．キャピラリーカラムの場合には消費量が少ないため，ボンベからシリンジポンプへ一度移し，シリンジポンプから押し出す方式も使われている．カラムを臨界温度以上に加温するために恒温槽が使用される．さらに，カラム出口まで臨界圧力以上に保つため背圧（バックプレッシャー）を調節する必要がある．充填カラムではバックプレッシャーバルブの設置，キャピラリーカラムの場合には空のキャピラリーや先端にフリットを付けたキャピラリーレストリクターがつながれる．なお，検出も超臨界状態で行う場合には検出器の後ろに設置される，耐圧性の検出器を使用しなければならない．図15.1には二酸化炭素を移動相

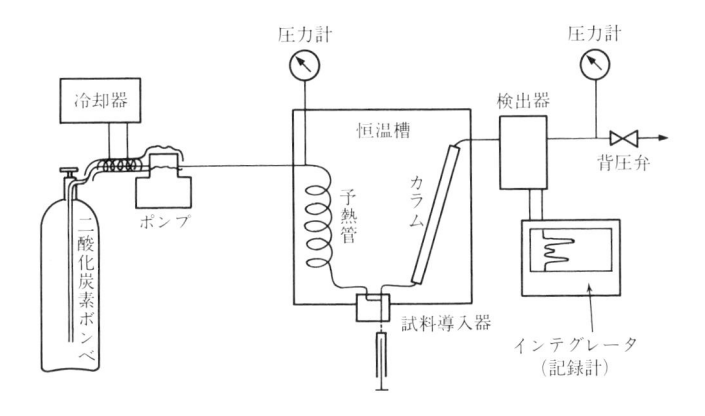

図 15.1 充填カラム用SFC装置構成

とする充塡カラムを使う超臨界流体クロマトグラフの構成例を示した．

充塡カラムの場合，シリカゲルや化学結合型充塡剤を代表とするHPLC用充塡剤が使われる．キャピラリーカラムの場合には化学結合型固定相をもつ，GCの場合より内径の小さなものが使われる．

検出器にはUV-VIS検出器，FIDがよく使われる．他のHPLCあるいはGC用検出器，さらには質量分析計との結合も可能である．いずれの場合もカラム出口圧力が高いことを考慮した接続が必要である．

15.1.3 分離特性

図15.2に二酸化炭素の圧力，温度，密度の関係を示した．Aの領域が超臨界流体の存在領域であるが，臨界点付近での圧力の少しの変化で密度が変わる．したがって，溶解性を大きく変えられることがわかる．GCでの昇温法や昇圧法，HPLCでのグラジエント溶離法と同様な手法として密度，圧力，あるいは移動相

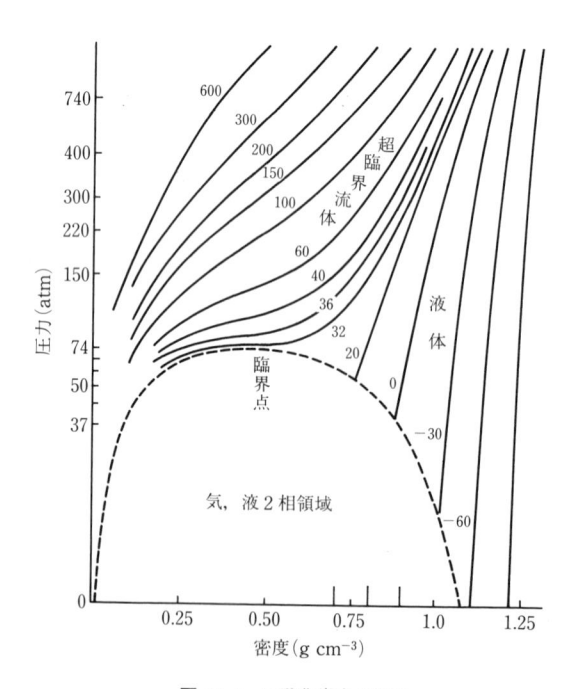

図 15.2 二酸化炭素の相図

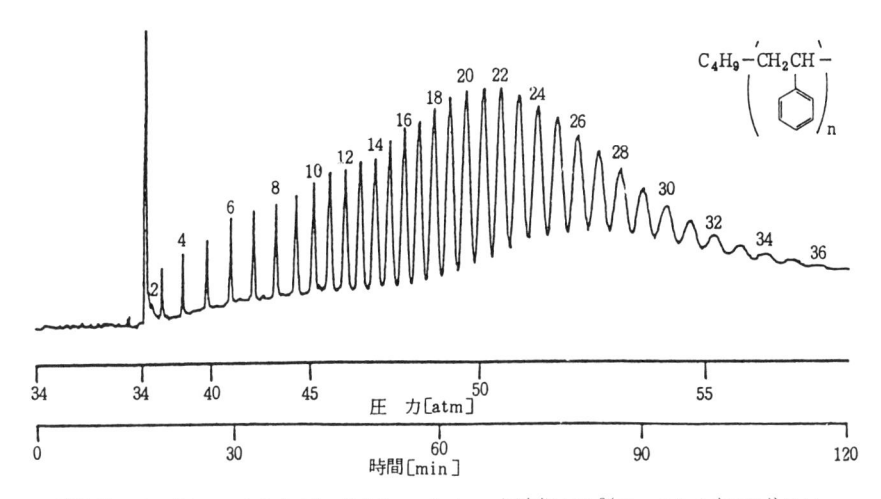

図 15.3　スチレンオリゴマーのクロマトグラム例
移動相：ペンタン　カラム：9 m×0.1 mm i.d.　固定相：50％フェニルメチルシリコン
分離温度：210℃　検出器：UV検出器(250 nm)
P. A. Peaden, M. L. Lee, *J. Liq. Chromatogr.*, 5, 179(1982).

への添加剤であるモディファイヤー濃度を変化させてのグラジエント溶離法が可能となる．

図 15.3 にはスチレンオリゴマーの分離に適用した例を示す．オリゴマーは GC ではそのまま分析できず，HPLC では分離が難しい試料の一つである．

15.2　薄層クロマトグラフィー (Thin Layer Chromatography, TLC)

LC の一種に TLC がある．シリカゲル，活性アルミナ，イオン交換体などをガラス板やプラスチックシートの上に 0.1～0.3 mm 程度，薄く塗布した薄層板を用いる．試料は下端に近いところにスポットまたは線状に添加される．展開溶媒とよばれる移動相は下から毛細管現象で上昇させるか，上からゆっくり流す．いずれの分離の場合も密閉した容器中で行われる．

試料を四角い薄層板のコーナーの一点に添加し，第一の展開溶媒で展開，乾燥後，第二の展開溶媒で直角方向に展開するいわゆる 2 次元展開法も行われている．

通常，展開は溶媒の先端が適当な距離を進んだところで停止する．分離された成分スポットの検出は，① 硫酸を噴霧して炭化する，② 発色試薬を噴霧，発色

させる，③ 蛍光試薬を担持させた薄層板で分離を行った後，紫外光下で検出したりする，などによる．定量は炭化量（黒化度），吸光度などを測定して行う．

保持値は式(12.5)で示した R_f 値で表示される．

TLC は定性的な知見を得る目的に使われることが多かったが，最近は固定相，展開法などの技術が進歩したところから高性能薄層クロマトグラフィー（HPTLC）とよばれることもある．

15.3　ペーパークロマトグラフィー（Paper Chromatography, PC）

TLC の薄層板の代りに沪紙を使う方法である．沪紙の表面に吸着した水が分離に関与しているといわれている．近年，信頼性の高い HPLC が気軽に使え，また迅速であるため，利用されなくなってきた．

> **もう一歩先へ……超臨界流体抽出**
>
> 超臨界流体の特性を考えると，迅速な物質移動が行われるところから，固体からの抽出のような，従来液体では時間がかかる抽出の迅速化が可能である．よく使われる流体はやはり二酸化炭素であるが，二酸化炭素は無極性であり，極性化合物の抽出には難がある．そこでこれにモディファイヤーとよぶ極性をもった溶媒を少量添加して使うことも多い．二酸化炭素を使うと，抽出後，抽出成分と二酸化炭素の分離が圧力を大気圧に戻すだけでよいということになる．実際は少量の溶媒中に吹き込んで，回収率を確保することが多い．また，オンラインで，SFC や GC に導き，連続的に抽出物を分離定量することも可能である．少量の試料を使えばよく，今後の発展が期待される．

演習問題

シリカゲルを固定相とする薄層板上で，成分 A と B の分離をメタノールを移動相（展開溶媒とよぶ）として行った．A，B の R_f 値はそれぞれ 0.73 と 0.45 であった．この分離をシリカゲル充填カラム，メタノール移動相を使い，カラムクロマトグラフィーを行うと，両成分の保持係数 k はいくつになると予測されるか．

16 キャピラリー電気泳動

- キャピラリー電気泳動の種類
- キャピラリーゾーン電気泳動の原理
- ミセル動電クロマトグラフィーの原理

　キャピラリー電気泳動（Capillary Electrophoresis, CE）は電気泳動をキャピラリー内で行う分析法の総称である．その中には等電点電気泳動（Capillary Isoelectric Focusing, CIEF），等速電気泳動（Capillary Isotachophoresis, ITP），キャピラリーゾーン電気泳動（Capillary Zone Electrophoresis, CZE），キャピラリーゲル電気泳動（Capillary Gel Electrophoresis, CGE）および動電クロマトグラフィー（Electrokinetic Chromatography, EKC）が含まれる．

　本章では最近発展の著しいCZEとEKCについてのみ扱う．なお，等電点電気泳動はキャピラリー内にpH勾配をつくり，両端に電圧をかけると試料成分は電気泳動し，それぞれが中性になる点，すなわち等電点に相当するpHに到達すると移動しなくなる．そこで，一端から押し出すなどして検出セルに通す方法である．等速電気泳動はリーディング電解液とターミネーティング電解液とよぶ不連続な緩衝液に挟まれて試料成分帯が分離する現象を利用した分離法である．また，キャピラリーゲル電気泳動はゲルによる分子ふるい効果を利用して試料分子をそのサイズに従って分離するものである．

16.1　キャピラリーゾーン電気泳動
　　　（Capillary Zone Electrophoresis, CZE）

16.1.1　装　置

　図16.1にはキャピラリー電気泳動装置の概要を示す．これはCZEばかりでなく，次に述べる動電クロマトグラフィー（EKC）にも，またキャピラリーにゲル

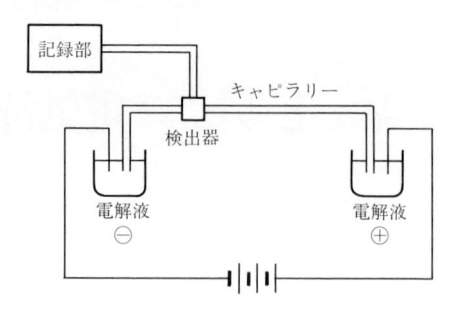

図 16.1 CZE 用装置の概要

を充填すればキャピラリーゲル電気泳動にも使われる．通常，キャピラリーは内径数 10 μm，長さ数 10 cm のものである．キャピラリーの両端は分離用緩衝液を入れたバイアル等の容器に電極と共に入れる．検出器はキャピラリーの負極端寄り（正極端寄りのこともある）に設置する．キャピラリーの外側のポリアミド等の層をはがして吸光度をそこではかるなどする．印加する電圧は〜30 kV 程度である．ジュール熱が発生するのでキャピラリーの放熱速度に見合った電圧を選ぶ必要がある．

16.1.2 分離の原理

CZE を理解するには電気浸透流（electroosmotic flow）について知っておく必要がある．CZE は通常溶融シリカキャピラリーを使って行われる．中に緩衝液を満たして使うが，内表面はシラノール基の解離などにより負に帯電する．そこで，電気的に中性を保つために内部液は壁面の電荷に見合う正電荷を帯びる．すなわち，負電荷と正電荷とは壁面で，電気二重層を形成することになる．キャピラリーの両端に電圧をかけると，正電荷で囲まれている液体は全体として負極方向に移動を開始する．これを電気浸透流とよぶ．同時に，液中に溶解している他の正および負イオンはそれぞれ，負極および正極方向へ電気泳動する．電気浸透流はいわゆる栓流となり，管径方向での速度分布をもたないという特徴をもつ．電気浸透流の原理を図 16.2 に示す．

電気浸透流速 v_{eo} は次式で表される．

$$v_{eo} = -\frac{\varepsilon \zeta}{\eta} E \tag{16.1}$$

16.1 キャピラリゾーン電気泳動

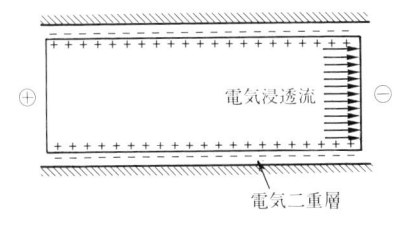

図 16.2 電気浸透流の発生

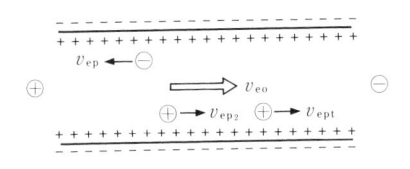

図 16.3 分離の原理

ここで，ε は誘電率，ζ はキャピラリー内壁のゼータ電位，η は粘性率，E は電場の強さを表す．温度や，キャピラリー内表面の状態により電気浸透流速が影響を受けることがわかる．

一方，試料成分イオンが溶液中に存在する場合，各イオンは電場の影響により，電荷の正負に従い，また，互いに異なった速度で移動することになる．この場合のsイオンの泳動速度 $v_{ep}(s)$ は次式で表される．

$$v_{ep}(s) = \mu_{ep}(s)E = \mu_{ep}(s)\frac{V}{L} \tag{16.2}$$

ここで，$\mu_{ep}(s)$ は電気泳動移動度，V は印加電圧，L はキャピラリーの全長である．CZE では電気浸透流とイオンの泳動とが同時に起こるのが普通である．そこで，イオンの移動速度 v_s は

$$v_s = v_{ep}(s) + v_{eo} = (\mu_{ep}(s) + \mu_{eo})E \tag{16.3}$$

μ_{eo} は電気浸透流による移動度である．pH 6 以上では μ_{eo} のほうが $\mu_{ep}(s)$ よりも絶対値が大きい．したがって，電気浸透流の方向と逆の正極方向に向かって泳動する陰イオンもその速度の絶対値が電気浸透流速より小さいため，負極に向かって移動する場合がほとんどとなる．

CZE の分離の原理を図 16.3 に示す．

16.1.3 分　離

　分離のさいキャピラリーの両端への印加電圧は 20～30 kV であり，ジュール熱が発生する．そこで，キャピラリーは放熱の役割も果たしている．

　分離成分を検出するために使われる典型的な検出器は紫外-可視吸収検出器である．通常，熔融シリカキャピラリーの外面のポリイミド被覆を取り除いてその場で検出をする．蛍光検出器，質量分析計との結合など，HPLC に使われる検出器が利用されることも多い．ただし，管径が小さいため，扱える試料量も少ない．そこでさらに高感度な検出法の開発が待たれる．

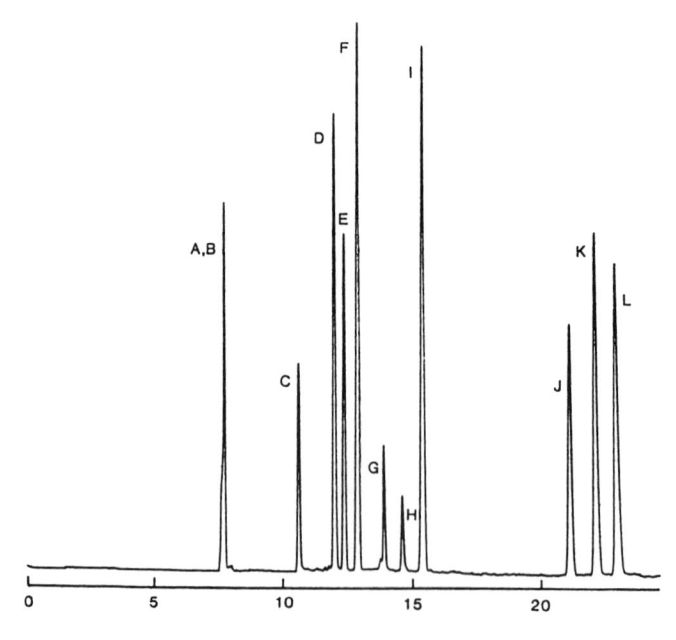

A：不明成分
B：ε-誘導体化リシン
C：ジ誘導体化リシン
D：ロイシン
E：セリン
F：グリシン
G ⎫
H ⎭ 不明成分
D：ジ誘導体化シスチン
J：グルタミン酸
K：アスパラギン酸

キャピラリー：100 cm×内径 75 μm
緩衝液：0.05 M リン酸緩衝液(pH 7)
印加電圧：30 kV

図 16.4　CZE によるダンシル誘導体化アミノ酸の分離例

前述のようにCZEでの緩衝液の流れは栓流であり，ポンプからの送液の場合と違って管径方向の速度分布がない．そこで，理論段数が非常に大きく，高い分離効率をもっている．1 m あたり20万段程度は容易に達成できる．また，分離はpH，緩衝液の種類と組成，添加剤，温度により制御することができる．

図16.4にはCZEによる分離例を示す．

16.2 動電クロマトグラフィー
   (Electrokinetic Chromatography, EKC)

CZEの緩衝液中に分離用キャリヤーとよばれるイオンまたはイオンの集合体を添加し，分離を行う方法である．分離用キャリヤーは溶質と相互作用するもので，その相互作用の平衡が迅速に成立するものであることが要求される．図16.5に分離の原理を示す．この方法によれば，CZEの対象にならない中性物質同士の分離が可能となる．中性物質は分離用キャリヤーと結合していない時は電気浸透流に乗って移動するだけであるが，分離用キャリヤーと結合している時には電気泳動による移動が加わった動きをするからである．移動速度はキャリヤーとの結合の平衡定数に依存することになり，異なる平衡定数をもつ中性物質同士の分離が可能となる．分離用キャリヤーとしてミセルを用いる手法が多用されているが，その場合ミセル動電クロマトグラフィー(Micellar Electrokinetic Chromatography, MEKC)とよぶ．ミセルの代りにシクロデキストリン類，あるいはそれらの誘導体を用いての分離，とくに光学異性体の分離も有力な方法である．

図16.6にMEKCの適用例を示す．MEKCは低分子量化合物に対して高い分

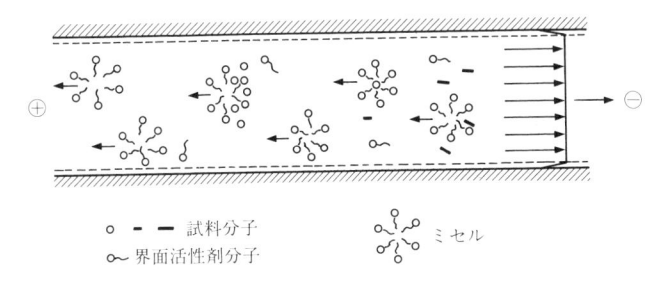

図 16.5 陰イオン活面活性剤ミセルを使うEKCによる分離の原理

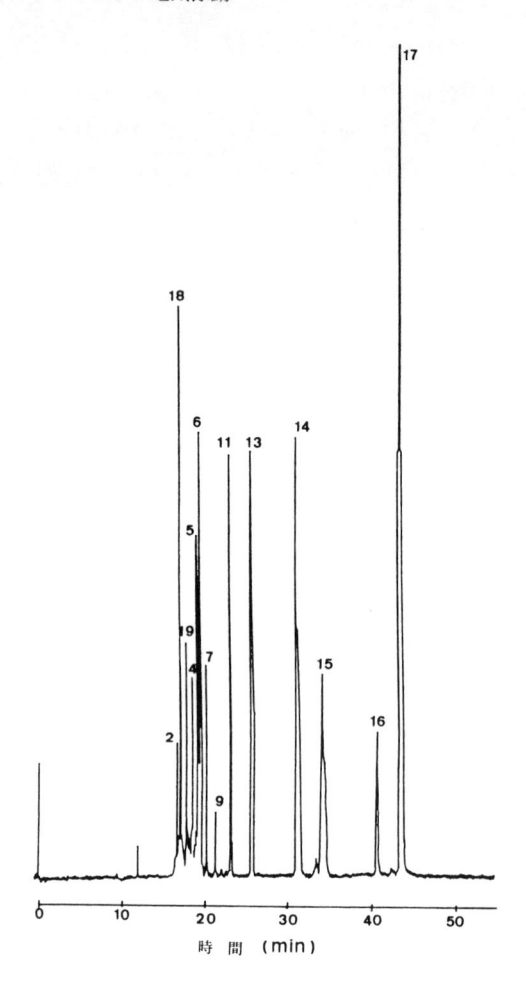

試　料：シトクロム c の加水分解により生成したアミノ酸（o-フタルアルデヒド誘導体）
緩衝液：0.05 M ホウ酸緩衝液(pH 9.50)-15％メタノール-2％テトラヒドロフラン-0.05 M
　　　　ドデシル硫酸ナトリウム
キャピラリー：86 cm×内径 50 μm
検出器：蛍光検出器

図 16.6　MEKC の適用例

離能を示す．

なお，EKCの分離の原理は分離用キャリヤーをクロマトグラフィー固定相に見立てることで，クロマトグラフィーと同様に扱うことができる．また，中性物質が分離用キャリヤーと結合した時イオン性をもち，電気泳動すると考えればCZEと同様に取り扱うことができる．

キャピラリーへの試料の導入法

試料は通常，キャピラリーの一端から数～数 10 nl 程度を導入する．その方法はいろいろ提案されているが，試料溶液中に一端を入れて試料溶液を加圧導入する方法，他端から吸引する方法，試料容器ごと持ち上げて他端との落差をつけて導入する方法，他端との間に電圧をかけて電気浸透流と電気泳動により導入する方法などがある．電圧をかける方法はイオンによって移動度が異なるので，試料組成がそのまま反映されないという欠点がある．また，いずれの方法も人が操作すると導入時間その他の正確な制御が難しいため再現性が悪い．そこで市販の装置では自動化されている場合が多い．

もう一歩先へ

CZEにおける電気浸透流の向きを逆にすることも可能である．内表面が正に，内部液が負になればよい．この目的でよく使われるのは陽イオン界面活性剤である．臭化セチルトリメチルアンモニウム (CTAB) や臭化テトラデシルトリメチルアンモニウム (TTAB) を緩衝液に加えることにより，キャピラリー内表面の電気2重層の構造を変え，浸透流の向きを逆にできる．この場合，試料は負極側から導入する．分離されるさいに陽イオンから先に溶出することになる．なお，電気浸透流の向きを逆にするための添加剤には市販品もある．電気浸透流を生じさせないで分離したい場合もある．その場合，内壁をポリマーで処理する，pH 4.5 の緩衝液中に 0.02 M 塩化 S-ベンジルチウロニウムを加える，などの例もある．

演習問題

CZEで分離した成分を電気化学検出器（図 14.15 参照）と接続したい．どのような工夫が考えられるか．

付表1 弱酸，弱塩基（共役酸）の pK_a

化合物	化学式	pK_{a1}	pK_{a2}	pK_{a3}	pK_{a4}
(酸)					
硫酸	H_2SO_4	強酸	1.59		
トリクロロ酢酸	CCl_3COOH	−0.46			
チオ硫酸	$H_2S_2O_3$	0.60	1.72		
ジクロロ酢酸	$CHCl_2COOH$	1.30			
シュウ酸	$H_2C_2O_4$	1.37	3.81		
ニトリロ三酢酸	(NTA)*	1.89	2.49	9.37	
エチレンジアミン四酢酸	(EDTA)*	1.99	2.67	6.16	10.26
リン酸	H_3PO_4	2.15	7.20	12.35	
ヒ酸	H_3AsO_4	2.19	6.94	11.5	
フタル酸	$C_6H_4(COOH)_2$	2.76	4.92		
クロロ酢酸	$CH_2ClCOOH$	2.86			
フッ化水素酸	HF	3.17			
ギ酸	HCOOH	3.75			
安息香酸	C_6H_5COOH	3.99			
酢酸	CH_3COOH	4.76			
8-キノリノール	(Hq)*	4.85	9.95		
2-テノイルトリフルオロアセトン	(Htta)*	6.23			
炭酸	H_2CO_3	6.34	10.25		
硫化水素	H_2S	7.07	12.92		
ホウ酸	H_3BO_3	8.95			
シアン化水素酸	HCN	9.22			
フェノール	C_6H_5OH	9.89			
(塩基)					
1,10-フェナントロリン	(phen)*	−1.6	4.9		
ジエチレントリアミン	(dien)*	4.34	9.13	9.94	
アニリン	$C_6H_5NH_2$	4.62			
ピリジン	C_5H_5N	5.33			
エチレンジアミン	$NH_2(CH_2)_2NH_2$	7.42	10.14		
アンモニア	NH_3	9.24			
エチルアミン	$(C_2H_5)NH_2$	10.67			
ジエチルアミン	$(C_2H_5)_2NH$	10.98			

* 略号を示した．構造は本文中に示されている．

付表2　錯体の生成定数

金属イオン	$\log \beta_1$	$\log \beta_2$	$\log \beta_3$	$\log \beta_4$	$\log \beta_5$	$\log \beta_6$
配位子＝F⁻						
Al^{3+}	6.1	11.15	15.0	17.7	19.4	19.7
Cu^{2+}	0.7					
Fe^{3+}	5.2	9.2	11.9			
Hg^{2+}	1.0					
Th^{4+}	7.7	13.5	18.0			
UO_2^{2+}	4.5	7.9	10.5	11.8		
Zn^{2+}	0.7					
配位子＝Cl⁻						
Ag^+	2.9	4.7	5.0	5.9		
Cd^{2+}	1.6	2.1	1.5	0.9		
Cu^{2+}	0.1					
Fe^{3+}	0.6	0.7				
Hg^{2+}	6.7	13.2	14.1	15.1		
Pb^{2+}	1.2	0.6	1.2			
Zn^{2+}	−0.2	−0.6	0.2			
配位子＝Br⁻						
Ag^+	4.2	7.1	8.0	8.9		
Cd^{2+}	1.56	2.10	2.16	2.53		
Hg^{2+}	9.1	17.3	19.7	21.0		
Pb^{2+}	1.1	1.4	2.2			
Zn^{2+}	−0.6					
配位子＝I⁻						
Ag^+	13.9	13.7				
Cd^{2+}	2.4	3.4	5.0	6.2		
Hg^{2+}	12.9	23.8	27.6	29.8		
Pb^{2+}	1.3	2.8	3.4	3.9		
配位子＝NH₃						
Ag^+	3.40	7.40				
Ca^{2+}	−0.2	−0.8	−1.6	−2.7		
Cd^{2+}	2.60	4.65	6.04	6.92	6.6	4.9
Co^{2+}	2.05	3.62	4.61	5.31	5.43	4.75
Cu^{2+}	4.13	7.61	10.48	12.59		
Fe^{2+}	1.4	2.2				
Mg^{2+}	0.23	0.08	−0.36	−1.1		
Mn^{2+}	0.8	1.3				
Ni^{2+}	2.75	4.95	6.64	7.79	8.5	8.5
Zn^{2+}	2.27	4.61	7.01	9.06		

付表 2　続き

金属イオン	$\log \beta_1$	$\log \beta_2$	$\log \beta_3$	$\log \beta_4$	$\log \beta_5$	$\log \beta_6$
配位子＝tta$^-$ [a]						
Cu^{2+}	5.38	9.31				
Ni^{2+}	4.29	6.56				
VO^{2+}	5.70	10.01				
配位子＝phen[b]						
Co^{2+}	7.25	13.95	19.90			
Cu^{2+}	9.25	16.00	21.35			
Fe^{2+}	5.9	11.1	21.3			
Ni^{2+}	8.8	17.1	24.8			
Zn^{2+}	6.55	12.35	17.55			
配位子＝EDTA(Y^{4-})						
Ca^{2+}	10.59					
Cd^{2+}	16.46					
Co^{2+}	16.31					
Cu^{2+}	18.80					
Fe^{2+}	14.33					
Fe^{3+}	25.1					
Hg^{2+}	21.80					
La^{3+}	15.50					
Mg^{2+}	8.69					
Mn^{2+}	14.04					
Ni^{2+}	18.62					
Zn^{2+}	16.50					
配位子＝NTA(Y^{3-})						
Ca^{2+}	6.41					
Cd^{2+}	9.83					
Co^{2+}	10.38					
Cu^{2+}	12.96					
Fe^{2+}	8.84					
La^{3+}	10.36					
Mg^{2+}	7.0					
Mn^{2+}	7.44					
Ni^{2+}	11.54					
Zn^{2+}	10.66					

[a]　2-テノイルトリフルオロアセトネート
[b]　1,10-フェナントロリン

付表3　標準電極電位($E°$)

電　極　反　応	$E°$(V)
$S_2O_8^{2-}+2\,e^- \rightleftharpoons 2\,SO_4^{2-}$	2.01
$H_2O_2+2\,H^++2\,e^- \rightleftharpoons 2\,H_2O$	1.776
$MnO_4^-+4\,H^++3\,e^- \rightleftharpoons MnO_2+2\,H_2O$	1.695
$Ce^{4+}+e^- \rightleftharpoons Ce^{3+}$	1.61
$MnO_4^-+8\,H^++5\,e^- \rightleftharpoons Mn^{2+}+4\,H_2O$	1.51
$Cl_2+2\,e^- \rightleftharpoons 2\,Cl^-$	1.3595
$Cr_2O_7^{2-}+14\,H^++6\,e^- \rightleftharpoons 2\,Cr^{3+}+7\,H_2O$	1.33
$O_2+4\,H^++4\,e^- \rightleftharpoons 2\,H_2O$(液体)	1.229
$IO_3^-+6\,H^++5\,e^- \rightleftharpoons 1/2\,I_2+3\,H_2O$	1.195
Br_2(液体)$+2\,e^- \rightleftharpoons 2\,Br^-$	1.0652
$Ag^++e^- \rightleftharpoons Ag$	0.799
$Hg_2^{2+}+2\,e^- \rightleftharpoons 2\,Hg$	0.788
$Fe^{3+}+e^- \rightleftharpoons Fe^{2+}$	0.771
$H_3AsO_4+2\,H^++2\,e^- \rightleftharpoons HAsO_2+2\,H_2O$	0.559
$I_2+2\,e^- \rightleftharpoons 2\,I^-$	0.5355
$O_2+2\,H_2O+4\,e^- \rightleftharpoons 4\,OH^-$	0.401
$Cu^{2+}+2\,e^- \rightleftharpoons Cu$	0.337
$IO_3^-+3\,H_2O+6\,e^- \rightleftharpoons I^-+6\,OH^-$	0.26
$AgCl+e^- \rightleftharpoons Ag+Cl^-$	0.2222
$Sn^{4+}+2\,e^- \rightleftharpoons Sn^{2+}$	0.154
$Cu^{2+}+e^- \rightleftharpoons Cu^+$	0.153
$S+2\,H^++2\,e^- \rightleftharpoons H_2S$(水溶液)	0.142
$S_4O_6^{2-}+2\,e^- \rightleftharpoons 2\,S_2O_3^{2-}$	0.09
$2\,H^++2\,e^- \rightleftharpoons H_2$	0(基準)
$Pb^{2+}+2\,e^- \rightleftharpoons Pb$	-0.126
$Sn^{2+}+2\,e^- \rightleftharpoons Sn$	-0.136
$Ni^{2+}+2\,e^- \rightleftharpoons Ni$	-0.250
$Cd^{2+}+2\,e^- \rightleftharpoons Cd$	-0.4029
$Cr^{3+}+e^- \rightleftharpoons Cr^{2+}$	-0.408
$Fe^{2+}+2\,e^- \rightleftharpoons Fe$	-0.4402
$S+2\,e^- \rightleftharpoons S^{2-}$	-0.447
$2\,CO_2$(気体)$+2\,H^++2\,e^- \rightleftharpoons H_2C_2O_4$(水溶液)	-0.49
$Zn^{2+}+2\,e^- \rightleftharpoons Zn$	-0.7628
$Mn^{2+}+2\,e^- \rightleftharpoons Mn$	-1.180
$Al^{3+}+3\,e^- \rightleftharpoons Al$	-1.662
$Mg^{2+}+2\,e^- \rightleftharpoons Mg$	-2.363
$Na^++e^- \rightleftharpoons Na$	-2.714
$Ca^{2+}+2\,e^- \rightleftharpoons Ca$	-2.84

付表4　難溶性塩の溶解度積

化学式	K_{sp}	化学式	K_{sp}
AgBr	5.2×10^{-13}	FeS	5×10^{-18}
AgCl	1.78×10^{-10}	Ga(OH)$_3$	2×10^{-36}
Ag$_2$CrO$_4$	4.1×10^{-12}	HgS	4×10^{-53}
AgI	1.5×10^{-16}	La$_2$(C$_2$O$_4$)$_3$	2.0×10^{-28}
Ag$_2$S	5.7×10^{-51}	LaF$_3$・1/2 H$_2$O	1.4×10^{-18}
Al(OH)$_3$	3×10^{-32}	MgNH$_4$PO$_4$	2.5×10^{-13}
BaSO$_4$	1.1×10^{-10}	Mg(OH)$_2$	4×10^{-11}
CaCO$_3$	9.9×10^{-9}	Mn(OH)$_2$	5×10^{-13}
CaC$_2$O$_4$・H$_2$O	2.6×10^{-9}	MnS	1.4×10^{-15}
CaF$_2$	4.0×10^{-11}	Ni(dmg*)$_2$	4×10^{-24}
Ca$_3$(PO$_4$)$_2$	2.0×10^{-29}	Ni(OH)$_2$	2×10^{-17}
CdS	1×10^{-28}	NiS	3×10^{-21}
Co(OH)$_2$	2×10^{-14}	PbCl$_2$	1.0×10^{-4}
CoS	7×10^{-23}	PbS	3.4×10^{-28}
Cr(OH)$_3$	5×10^{-31}	PbSO$_4$	1.1×10^{-8}
CuI	5.0×10^{-12}	SnS	8×10^{-29}
Cu(OH)$_2$	6×10^{-19}	SrCO$_3$	1.6×10^{-9}
CuS	8×10^{-36}	SrC$_2$O$_4$	5.6×10^{-8}
Fe(OH)$_2$	2×10^{-15}	Zn(OH)$_2$	3×10^{-16}
Fe(OH)$_3$	1×10^{-38}	ZnS	3×10^{-22}

＊　ジメチルグリオキシム

演習問題の解答

1章

1.1
(i) $(0.9011-0.0001)/233.39 \times 142.04 = 0.5483$ g
(ii) $(0.9011-0.0001)/233.39 \times 32.066 = 0.1238$ g
(iii) $(0.9011-0.0001)/233.39/25 \times 1000 = 0.1544$ M

1.2 操作手順　①試料のひょう量
　　　　　　　②希 HCl に溶解
　　　　　　　③ジメチルグリオキシム（エタノール）溶液を加え，NH_3 で中和
　　　　　　　④沪過と洗浄
　　　　　　　⑤110℃で乾燥，恒量とする
　　　　　　　⑥ひょう量
　　　計算方法　Ni(%)＝沈殿の質量×0.2032×100/試料の質量

1.3 [HCl]＝$0.2/105.99/36.55 \times 2 \times 1000 = 0.1033$ M

1.4 [$KMnO_4$]＝$0.1/134.00/31 \times 2/5 \times 1000 = 0.009629$ M

1.5 Zn(%)＝$0.01 \times 35.55/1000 \times 65.39/0.3 \times 100 = 7.75$ %

2章

2.1 溶液中には Na^+，HSO_4^-，SO_4^{2-} が存在し得るので
　　　マスバランス　　$0.1 = [HSO_4^-] + [SO_4^{2-}]$
　　　チャージバランス　$0.1 + [H_3O^+] = [HSO_4^-] + 2[SO_4^{2-}] + [OH^-]$

2.2 溶液中には Na^+，$H_2CO_3(CO_2)$，HCO_3^-，CO_3^{2-} が存在し得るので
　　　マスバランス　　$0.1 = [H_2CO_3] + [HCO_3^-] + [CO_3^{2-}]$
　　　チャージバランス　$0.2 + [H_3O^+] = [HCO_3^-] + 2[CO_3^{2-}] + [OH^-]$

2.3 NH_4Cl : $K_a = \dfrac{[H_3O^+][NH_3]}{[NH_4^+]}$

　　　Na_2CO_3 : $K_{a1} = \dfrac{[H_3O^+][HCO_3^-]}{[H_2CO_3]}$

　　　　　　　　$K_{a2} = \dfrac{[H_3O^+][CO_3^{2-}]}{[HCO_3^-]}$

2.4 式(2.11)より　[H_3O^+]＝4.08×10^{-4} M
　　　式(2.13)より　[H_3O^+]＝4.08×10^{-4} M　　検証：[H_3O^+]≫[OH^-] が成立
　　　式(2.14)より　[H_3O^+]＝4.17×10^{-4} M　　検証：C_a≫[H_3O^+] は成立しない

2.5 式(2.11)より　[H_3O^+]＝3.39×10^{-5} M
　　　式(2.13)より　[H_3O^+]＝3.39×10^{-5} M　　検証：[H_3O^+]≫[OH^-] が成立
　　　式(2.14)より　[H_3O^+]＝4.17×10^{-5} M　　検証：C_a≫[H_3O^+] は成立しない

2.6 式(2.20)を用いて　[H_3O^+]＝1.32×10^{-9} M　　検証：[OH^-]≫[H_3O^+] が成立
　　　よって　pH＝8.88

2.7 溶液中には Na^+，$H_2CO_3(CO_2)$，HCO_3^-，CO_3^{2-} が存在し得るので

マスバランス $\quad 0.1=[H_2CO_3]+[HCO_3^-]+[CO_3^{2-}]$
$\qquad\qquad\qquad = ([H_3O^+]/K_{a1}+1)[HCO_3^-]+[CO_3^{2-}]$
$[H_3O^+]/K_{a1}\ll 1$ なら次のように近似できる
$\qquad\qquad\qquad 0.1=[HCO_3^-]+[CO_3^{2-}]$
チャージバランス $\quad 0.2+[H_3O^+]=[HCO_3^-]+2[CO_3^{2-}]+[OH^-]$
K_{a2} を用いて式(2.20)が導かれる $\quad [H_3O^+]=2.42\times 10^{-12}$ M $\quad$ よって pH=11.62
検証：$[OH^-]\gg [H_3O^+]$ および $[H_3O^+]\ll K_{a1}$ が成立．

2.8 $NH_3(B)$ の全濃度を C_b M とすると，マスバランスとチャージバランスは
$\qquad C_b=[HB^+]+[B]$ $\qquad\qquad\qquad\qquad\qquad\qquad\qquad\qquad\qquad$ （1）
$\qquad [HB^+]+[H_3O^+]=[OH^-]$ $\qquad\qquad\qquad\qquad\qquad\qquad\qquad$ （2）
よって $\quad K_a=\dfrac{[H_3O^+][B]}{[HB^+]}=\dfrac{[H_3O^+](C_b+[H_3O^+]-[OH^-])}{[OH^-]-[H_3O^+]}$ $\qquad$ （3）
式（3）は式（2.17）と同形であり，近似の手順も同じになる．

2.9 $NH_4Cl(HB^+Cl^-)$ の全濃度を C_a M とすると，マスバランスとチャージバランスは
$\qquad C_a=[HB^+]+[B]$ $\qquad\qquad\qquad\qquad\qquad\qquad\qquad\qquad\qquad$ （1）
$\qquad [HB^+]+[H_3O^+]=C_a+[OH^-]$ $\qquad\qquad\qquad\qquad\qquad\qquad$ （2）
よって $\quad K_a=\dfrac{[H_3O^+][B]}{[HB^+]}=\dfrac{[H_3O^+]([H_3O^+]-[OH^-])}{C_a-[H_3O^+]+[OH^-]}$ $\qquad$ （3）
式（3）は式（2.10）と同形であり，近似の手順も同じになる．

2.10 式(2.25)の近似1より $\quad [H_3O^+]=(-(C_b+K_a)+((C_b+K_a)^2+4K_aC_a)^{0.5})/2$
NaOH 5 ml $\quad C_a=0.01\times 100/105-0.02\times 5/105=8.57\times 10^{-3}$ M
$\qquad\qquad C_b=0.02\times 5/105=9.52\times 10^{-4}$ M
$\qquad\qquad [H_3O^+]=1.35\times 10^{-4}$ M $\quad \therefore \quad$ pH=3.87
NaOH 25 ml $\quad C_a=0.01\times 100/125-0.02\times 25/125=4.00\times 10^{-3}$ M
$\qquad\qquad C_b=0.02\times 25/125=4.00\times 10^{-3}$ M
$\qquad\qquad [H_3O^+]=1.72\times 10^{-5}$ M $\quad \therefore \quad$ pH=4.76
NaOH 45 ml $\quad C_a=0.01\times 100/145-0.02\times 45/145=6.90\times 10^{-4}$ M
$\qquad\qquad C_b=0.02\times 45/145=6.21\times 10^{-3}$ M
$\qquad\qquad [H_3O^+]=1.92\times 10^{-6}$ M $\quad \therefore \quad$ pH=5.72

3 章

3.1 金属イオンの電荷を省略して
Brønsted-Lowry $\quad \underset{酸}{M(H_2O)_n}+\underset{塩基}{H_2O}\rightleftharpoons \underset{塩基}{M(OH)(H_2O)_{n-1}}+\underset{酸}{H_3O^+}$
Lewis $\qquad\qquad \underset{酸}{M}+\underset{塩基}{OH^-}\rightleftharpoons M(OH)$

3.2
(i) $\quad C_M=[Cd^{2+}]+[CdI^+]+[CdI_2]+[CdI_3^-]+[CdI_4^{2-}]$
$\qquad\quad =[Cd^{2+}](1+\beta_1[I^-]+\beta_2[I^-]^2+\beta_3[I^-]^3+\beta_4[I^-]^4)$
(ii) $\quad C_I=[I^-]+[CdI^+]+2[CdI_2]+3[CdI_3^-]+4[CdI_4^{2-}]$
$\qquad\quad =[I^-]+[Cd^{2+}](\beta_1[I^-]+2\beta_2[I^-]^2+3\beta_3[I^-]^3+4\beta_4[I^-]^4)$
(iii) $\quad \dfrac{[Cd^{2+}]}{C_M}=\dfrac{1}{1+\beta_1[I^-]+\beta_2[I^-]^2+\beta_3[I^-]^3+\beta_4[I^-]^4}$

$$\frac{[CdI^+]}{C_M}=\frac{\beta_1[I^-]}{1+\beta_1[I^-]+\beta_2[I^-]^2+\beta_3[I^-]^3+\beta_4[I^-]^4}$$

$$\frac{[CdI_2]}{C_M}=\frac{\beta_2[I^-]^2}{1+\beta_1[I^-]+\beta_2[I^-]^2+\beta_3[I^-]^3+\beta_4[I^-]^4}$$

$$\frac{[CdI_3^-]}{C_M}=\frac{\beta_3[I^-]^3}{1+\beta_1[I^-]+\beta_2[I^-]^2+\beta_3[I^-]^3+\beta_4[I^-]^4}$$

$$\frac{[CdI_4^{2-}]}{C_M}=\frac{\beta_4[I^-]^4}{1+\beta_1[I^-]+\beta_2[I^-]^2+\beta_3[I^-]^3+\beta_4[I^-]^4}$$

(iv) $[I^-]=0.001$ のとき $[Cd^{2+}]/C_M=0.80$

$[I^-]=0.01$ のとき $[CdI^+]/C_M=0.65$

$[I^-]=0.1$ のとき $[CdI_4^{2-}]/C_M=0.51$

3.3　$C_{Ag}=[Ag^+]+[Ag(NH_3)^+]+[Ag(NH_3)_2^+]$
　　　　$=[Ag^+](1+\beta_1[NH_3]+\beta_2[NH_3]^2)$　　　　　　　　　　（1）
　　　$C_{NH_3}=[NH_3]+[NH_4^+]+[Ag(NH_3)^+]+2[Ag(NH_3)_2^+]$
　　　　$=[NH_3](1+[H_3O^+]/K_a+\beta_1[Ag^+]+\beta_2[Ag^+][NH_3])$

$[Ag^+]$ が無視できるとき

$$C_{NH_3}=[NH_3](1+[H_3O^+]/K_a)$$

式（1）に代入すると

$$C_{Ag}=[Ag^+](1+\beta_1 C_{NH_3}/(1+[H_3O^+]/K_a)+\beta_2 C_{NH_3}^2/(1+[H_3O^+]/K_a)^2)$$

C_{NH_3} が一定で，pH が低く（H_3O^+ 濃度が高く）なるにつれて NH_3 濃度が減少し，Ag–NH_3 錯イオンの存在割合は低下する．

3.4　$0.01=[H_4Y]+[H_3Y^-]+[H_2Y^{2-}]+[HY^{3-}]+[Y^{4-}]$
　　　　$=[Y^{4-}](1+\beta_{H1}[H_3O^+]+\beta_{H2}[H_3O^+]^2+\beta_{H3}[H_3O^+]^3+\beta_{H4}[H_3O^+]^4)$

ただし，$\beta_{H1}=1/K_{a4}$, $\beta_{H2}=1/K_{a3}K_{a4}$, $\beta_{H3}=1/K_{a2}K_{a3}K_{a4}$, $\beta_{H4}=1/K_{a1}K_{a2}K_{a3}K_{a4}$ である．

pH 6　$[Y^{4-}]=2.25\times10^{-7}$ M

pH 8　$[Y^{4-}]=5.39\times10^{-5}$ M

pH 10　$[Y^{4-}]=3.55\times10^{-3}$ M

3.5　$0.001=[H_4Y]+[H_3Y^-]+[H_2Y^{2-}]+[HY^{3-}]+[Y^{4-}]+[ZnY^{2-}]$
　　　　$=[Y^{4-}](1+\beta_{H1}[H_3O^+]+\beta_{H2}[H_3O^+]^2+\beta_{H3}[H_3O^+]^3+\beta_{H4}[H_3O^+]^4+\beta_1[Zn^{2+}])$

$0.001=[Zn^{2+}]+[ZnY^{2-}]$
　　　$=[Zn^{2+}](1+\beta_1[Y^{4-}])$

3.6　問 3.5 の二つのマスバランスの式を連立方程式として $[Zn^{2+}]$ を求めると

$[Zn^{2+}]=2.99\times10^{-10}$ M

4章

4.1

(i) $E=0.799-0.0592\log(1/[Ag^+])$

(ii) $E=0.2222-0.0592\log[Cl^-]$

(iii) $E=1.695-(0.0592/3)\log(1/([MnO_4^-][H^+]^4))$

(iv) $E=1.005-(0.0592/2)\log[Fe^{3+}]^2/([Fe^{2+}]^2[H_2O_2][H^+]^2)$

(v) $E=0.028-0.0592\log([Fe^{3+}]/([Ag^+][Fe^{2+}]))$

4.2
- (ⅰ) $\log K = [Zn^{2+}]/[Cu^{2+}] = 2\times(0.337+0.7628)/0.0592 = 37.16$
  反応は完全に右に進行する.
- (ⅱ) $\log K = [Ag^+]^2/[Cu^{2+}] = 2\times(0.337-0.799)/0.0592 = -15.61$
  反応は完全に左に進行する.
- (ⅲ) $\log K = [Fe^{2+}][Ag^+]/[Fe^{3+}] = (0.771-0.799)/0.0592$
  $= -0.47$
  反応はいくらか左に進行する.
- (ⅳ) $\log K = [Fe^{3+}]^2/([Fe^{2+}]^2[H_2O_2][H^+]^2) = 2\times(1.776-0.771)/0.0592$
  $= 33.95$
  反応は完全に右に進行する.
- (ⅴ) $\log K = [I^-]^2[S_4O_6^{2-}]/([I_2][S_2O_3^{2-}]^2) = 2\times(0.5355-0.09)/0.0592$
  $= 15.05$
  反応は完全に右に進行する.

4.3 $\log K = [Mn^{2+}]^2[Cl_2]^5/([MnO_4^-]^2[Cl^-]^{10}[H^+]^{16})$
$= 10\times(1.51-1.3595)/0.0592 = 25.42$
$\log K = [Cr^{3+}]^2[Cl_2]^3/([Cr_2O_7^{2-}][Cl^-]^6[H^+]^{14})$
$= 6\times(1.33-1.3595)/0.0592 = -2.99$
MnO_4^- と Cl^- との反応は完全に進行するが,$Cr_2O_7^{2-}$ と Cl^- との反応はほとんど起こらない.

4.4
マスバランス　　$0.005 = [Ce^{4+}]+[Ce^{3+}]$
　　　　　　　　$0.005 = [Cu^{2+}]+[Cu^+]$
また,当量点では$[Ce^{3+}]=[Cu^{2+}]$ および $[Ce^{4+}]=[Cu^+]$
$Ce^{4+}+Cu^+ \rightleftharpoons Ce^{3+}+Cu^{2+}$　　$E_s° = 1.457$
$\log K = [Ce^{3+}][Cu^{2+}]/([Ce^{4+}][Cu^+]) = (1.61-0.153)/0.0592$
$= 24.61$
以上の式より
$[Ce^{4+}] = (-2\times 0.005 + (4\times 0.005^2+4\times 10^{24.61}\times 0.005^2)^{0.5})/2/10^{24.61} = 2.474\times 10^{-15}$ M
$[Cu^{2+}] = 0.005$ M

4.5 $E_{EP} = (1.61+0.153)/2 = 0.882$ V
酸化還元指示薬:ジフェニルアミンあるいは 4-ニトロジフェニルアミンが最適.

5 章

5.1
- (ⅰ) $X = (1.78\times 10^{-10})^{0.5} = 1.33\times 10^{-5}$ M
- (ⅱ) $X = (1.5\times 10^{-16})^{0.5} = 1.2\times 10^{-8}$ M
- (ⅲ) $[H^+]=[OH^-]=1\times 10^{-7}$ として,$X = 1\times 10^{-38}/(1\times 10^{-7})^3 = 1\times 10^{-17}$ M
- (ⅳ) $X = (9.9\times 10^{-9})^{0.5} = 9.9\times 10^{-5}$ M
- (ⅴ) $X = (2.5\times 10^{-13})^{(1/3)} = 6.3\times 10^{-5}$ M

5.2
- (ⅰ) NaCl が低濃度(10⁻³ M 以下)のときは Cl^- の共通イオン効果によって AgCl の溶解度は低下するが,高濃度になると Ag^+ と Cl^- との高次の錯陰イオンが生成し

演習問題の解答　235

溶解度は増加する．
（ii）Ag^+ の共通イオン効果によって AgCl の溶解度は低下する．
（iii）Ag^+ と NH_3 との錯形成（$Ag(NH_3)_2^+$）によって AgCl の溶解度は増加し，NH_3 大過剰では AgCl は沈殿しない．

5.3　$K_{sp} \approx 0.001[C_2O_4]$　　　　　$[C_2O_4] = 2.6 \times 10^{-6}$ M

5.4　$K_{sp} \approx 0.001 \times 0.001[C_2O_4]$　　$[C_2O_4] = 2.6 \times 10^{-3}$ M

5.5　水和イオン半径は（結晶）イオン半径が大きい方が小さくなるので，選択係数は原子番号順に低下し，$La^{3+} > Ce^{3+} \cdots Yb^{3+} > Lu^{3+}$ となる．
　　イオン半径の小さな（原子番号の大きな）ランタノイドイオンの方が錯形成しやすく，EDTA によってより強くマスクされ陽イオン交換されにくくなる．したがって，イオン交換とマスキングの両方の選択性によって分離が高められる．

6 章

6.1　（i）$90 = 100/(1 + 10/V_{org})$　　　$V_{org} = 90$ ml
　　（ii）n 回後に水相に残る割合は $(1/2)^n$．よって 4 回．

6.2
$$\begin{array}{c} \text{有機相} \\ \hline \text{水相} \end{array} \quad \text{Hq} \updownarrow K_D$$

$$H_2q^+ \xrightleftharpoons{K_{H_2q}} H^+ + Hq \qquad Hq \xrightleftharpoons{K_{Hq}} H^+ + q^-$$

6.3　$D = \dfrac{[Hq]_{org}}{[H_2q^+] + [Hq] + [q^-]}$

　　　　$= \dfrac{K_D}{K_{H_2q}^{-1}[H^+] + 1 + K_{Hq}[H^+]^{-1}}$

6.4　$[H^+] \gg K_{H_2q}$ のとき　　　　　$\log D = pH - pK_{H_2q} + \log K_D$
　　$[H^+] \ll K_{Hq}$ のとき　　　　　$\log D = -pH + pK_{Hq} + \log K_D$
　　$[H^+] \ll K_{H_2q}$，$[H^+] \gg K_{Hq}$ のとき　$\log D = \log K_D$
　　以上の近似式を使って図 6.3(b) にならい作図する．

6.5　$\log D$ で 4 の差が必要であり，それぞれの $\log D$-pH プロットは傾き 2 の直線であることより，$pH_{1/2}$ で 2 の差が必要となる．

6.6　$\log D$ で 4 の差が必要であり，それぞれの $\log D$-pH プロットは傾き 3 の直線であることより，$pH_{1/2}$ で 1.33 の差が必要となる．

6.7　式(6.11) より，$pH_{1/2} = -1/3 \times 3.3 - \log(0.001 \times 10^{1.62}/(1 + 10^{1.62}))$
　　　　　　　　　　　　　$= 1.91$
　　$\log D$ 対 pH　　$pH \ll pK_a$ の領域では Htta の酸解離を考慮する必要がないので，pH = 1.91，$\log D = 0$ の点を通る傾き 3 の直線を引けばよい．
　　%E 対 pH　　%E と D の関係式を使い計算する．pH = 1.91，%E = 50 の点を通る．

7 章

7.1　本文 7.1 節参照．
7.2　本文 7.2 節参照．

7.3 本文8～11章を参照にして考えてみよ。

7.4 電池と電解では，アノード，カソードのそれぞれの極の役割は逆になる。電池ではカソードは正極であり，アノードは負極である。一方，電解では，カソードは陰極であり，アノードは陽極である。ただし，本文の記述にあるようにアノードとカソードという名称が一般的に広く使われており，これらは電極で起こる反応を基に定義する。

8章

8.1 116 mg

8.2 イオン電極の構造から考えてみよ。

8.3 電極反応を熱力学的自由エネルギー変化として考えてみよ。

8.4 両方法の応答原理と測定精度を理論的に考え，比較してみよ。

9章

9.1 $Cu^{2+} + 2e^- \rightarrow Cu$ $E_{Cu}° = 0.34$ V
$Zn^{2+} + 2e^- \rightarrow Zn$ $E_{Zn}° = -0.76$ V
したがって，始めに Cu^{2+} が還元され，ついで Zn^{2+} が還元される。
$Ag^+ + e^- \rightarrow Ag$ $E_{Ag}° = 0.80$ V
このため，Ag^+ はこれらのイオンより還元されやすく，Ag が先に析出する。

9.2 仮に Ag^+ が 1.0×10^{-6} M となった場合を仮定すると，
$$E = 0.80 - 0.059 \log(1/10^{-6}) = 0.446 \text{(V)}$$
一方，Cu^{2+} は 0.1 M で存在しているとして，
$$E = 0.34 - (0.059/2) \log(1/0.1) = 0.31 \text{(V)}$$
つまり，銀の還元は 0.446 V でほぼ完了し，銅の還元には 0.31 V の電圧が必要であるので，このことを利用するとよい。

9.3 溶液中のすべての化学種の酸化還元反応を仮定し，整理して，現実に起こる反応を考えてみよ。

9.4 50分35秒
銅の電解中，アノードでは水の電解により酸素が発生するが，銅の析出後はカソードで水素の発生が起こる。

9.5 この方法は電量滴定などを用いる有機溶媒中の水分定量法としてよく利用される。試料はカールフィッシャー試薬とよばれる，ヨウ素，二酸化硫黄，ピリジンを含んだメタノール溶液に混合する。この反応は，
$$H_2O + I_2 + 3 C_5H_5N + SO_2 + CH_3OH = 2 C_5H_5N \cdot HI + C_5H_5N \cdot CH_3OSO_3H$$
であり，水(H_2O)が存在すると，ヨウ素はヨウ化物イオンの形となる。これを電量滴定し，ヨウ素(I_2)の発生に伴う電気量を測定する。

10章

10.1 2.2×10^{-4} M

10.2 10.2節参照。

10.3 たとえばサイクリックボルタンメトリーを考えてみよ。

10.4 10.4節参照。

10.5 電極反応を考えてみよ。

演習問題の解答　*237*

11 章

11.1　電極面積 A cm^2, 電極間距離 L cm とした場合, L/A をセル定数という. この関係を測定結果に際してどのように利用するかを考えてみよ.

11.2　一般に, 当量点までの溶液電導度の減少と当量点後の溶液電導度の増加は, 滴定量に対して直線的となる. この二つの直線を外そうとして交点を求め, 当量点を決定する. pH 指示薬を用いる滴定より, 明確かつ容易に当量点を決定できる. このときの溶液電導度変化の関係式を考えてみよ. 弱塩基を用いた滴定では, 当量点以後の直線の傾きが小さい.

11.3　$\alpha = 0.038$, $K = 1.5 \times 10^{-4}$ M

12 章

12.1　図 12.7 を参考にせよ.
最適移動相速度 $= 1.87$ cm s^{-1}　　H の極小値 $= 0.22$ cm

12.2　式(12.2)を使う. 同一のカラムを使っての話なので, V_s は両物質に共通である. そこで, Q

12.3　式(12.7)を利用する. 23400 段

12.4　各ピーク面積（＝ピーク高×ピーク幅）を相対モル感度で割ると各成分の補正面積（モル単位で, そろえた量に相当）が求められる. そこで, 各成分の補正面積を求め, 合計補正面積で各補正面積を割る.
A：22.1％, B：13.7％, C：34.6％, D：29.6％

13 章

13.1　理論段数と保持容量とからピーク幅が求められる. そこで両成分の保持容量の差とピーク幅の和（それぞれ ml 単位）とから式(12.15)を使い, 分離度を求める. 充塡カラム.

13.2　モル感度＝ピーク面積/成分のモル量であり, 各化合物がベンゼン（基準）のモル感度の何倍になるかを調べる.
ベンゼン：100, トルエン：104, p-キシレン：107, エチルベンゼン：111

13.3　保持比の対数を縦軸に, 保持指標を横軸にとり, グラフを描いて求めるのも 1 法.
ヘプタン：0.700, 酢酸ペンチル：969

14 章

14.1　(a)—(ハ), (b)—(ロ), (c)—(ニ), (d)—(イ)

14.2　硝酸カリウムからのカリウムイオンはイオン交換樹脂上の水素と交換されて硝酸となって溶出する.
17.8％

14.3　巨大な分子はカラム中を素通りし, 小さい分子は $K = 1$ の所に溶出する. 14.6.5 参照.

30.4 ml

15 章

図 12.2 の時間 T で止める方法と距離 L で止める方法とを参考,比較する.
0.36 と 1.22

16 章

キャピラリー出口,直接では高電圧がかかっているので電気化学的に難しい.どんな工夫が考えられるだろうか.

索 引

あ

アノーディックストリッピング
　　　ボルタンメトリー　135
アノード　93
R_f 値　152
アンペロメトリー　94
イオノホア　104
イオン会合試薬　83
イオン強度　103
イオンクロマトグラフィー　195
イオン交換　72
イオン交換クロマトグラフィー　193
イオン選択性電極　102
イオン対クロマトグラフィー　193
イオン電極　102, 104
イオン電極法　107
移動相　147
移動相用溶媒　201
Ilkovič の式　127
液-液分配　77
液体クロマトグラフ　186
液膜電極　104
HPLC　185
HPLC 用検出器　202
　──の比較　203
HPLC 用充塡剤　190
HPLC 用カラム　188
エレクトログラビメトリー　94
エレクトロスプレイイオン化　208
塩　基　13
塩　橋　107
炎光光度検出器　177

エンドキャッピング　192
ORP 測定　101
ODS　190

か

化学結合型固定相　171
化学的酸素要求量　60
化学平衡　15
拡散電流　127
隔膜電極　104
ガスクロマトグラフ　163
ガスクロマトグラフィー　163
カソード　93
カットオフ波長　201
活　量　92, 103
活量係数　18, 103
過電圧　114
過マンガン酸カリウム滴定　57
ガラス電極　104
カラム　146
カラム効率　153
ガルバニ式隔膜電極　136
ガルバノスタット　96
カールフィッシャー水分計　120
還元剤　49
甘こう電極　106
緩衝溶液　22
感　度　98
基準電極　96, 105
揮発法　7
逆相クロマトグラフィー　191
逆滴定　46
キャパシティーファクター　151

キャピラリーカラム　166, 168
キャピラリーゲル電気泳動　217
キャピラリーゾーン電気泳動　217
キャピラリー電気泳動　217
　——装置　217
キャリヤーガス　163
吸着剤　167
吸着指示薬　71
共沈　65
共通イオン効果　67
強電解質　21
協同効果　84
共役塩基　14
共役酸　14
極限当量電導度　140
極大抑制剤　125
キレート　35
キレート効果　35
キレート試薬　35
キレート滴定　42
銀-塩化銀電極　106
金属イオン抽出　82
金属指示薬　45
矩形波ポーラログラフィー　131
クラーク形電極　136
グルコースセンサー　137
クロマトグラフ　149
クロマトグラフィー　145
クーロメトリー　94
蛍光検出器　205
限界電流　125
検出器　174
高圧ポンプ　186
光学異性体　162
高速液体クロマトグラフィー（→ HPLC）　185
高速原子衝突イオン化法　207
酵素電極　137
交流ポーラログラフィー　131
固-液平衡　63
固体膜電極　104
固定相　147

固定相液体　167
コンダクトメトリー（→電導度分析法）

さ

サイクリックボルタムグラム　133
サイクリックボルタンメトリー　133, 134
サイズ削除クロマトグラフィー　197
錯形成平衡　36
サプレッサー　196
サーモイオン化　207
作用電極　96
酸　13
酸位性溶媒　83
酸塩基指示薬　28
酸塩基滴定　108
酸解離指数　17
酸解離定数　16
酸化還元滴定　54, 108
　——試薬　57
酸化還元反応　49
酸化還元平衡　52
酸化剤　49
酸化ジルコニア酸素電極　136
参照電極　97, 105
酸素電極　137
残余電流　125
ジェットセパレーター　180
紫外-可視吸収検出器　204, 220
示差屈折率検出器　202
GC-MS　178
指示電極　108
質量分析計　178
弱酸　19
終点　27
充填カラム　166
充填剤粒径　189
重量分析　2, 3
重量分析係数　6
順相クロマトグラフィー　191
昇圧法　181
昇温法　181

試料導入　165
　　──機構　188
　　──バルブ　188
　　スプリット/スプリットレス──　165
試料予備処理　208
水素炎イオン化検出器　175
水平化効果　14
スチレンオリゴマー　215
ストリッピングボルタンメトリー
　134
絶対検量線法　158
全安定度定数　37
全生成定数　37
選択係数　73, 194
全補正保持時間　150
全補正保持容量　150
相洗浄　78
相対重量感度　159
相対モル感度　159
速度論　152

た

対極　96
多孔性ポリマー　169
ダニエル電池　51, 93
担体　166
段理論　152
逐次安定度定数　37
逐次生成定数　37
チャージバランス　20
抽出平衡　87
抽出率　77
中和滴定　25
超臨界流体　212
超臨界流体抽出　216
超臨界流体クロマトグラフ　214
超臨界流体クロマトグラフィー　211
直示天びん　2, 3
沈殿生成　63
沈殿成長　64
沈殿滴定　70, 109

沈殿平衡　66
沈殿法　3
　　均一──　65
Tswett, Mikhail　146
定性分析　1, 156
定電圧源　96
定電位電解法　116
定電流源　96
定量精度　6
定量分析　1, 158
滴定曲線　25
滴定法　7
電位差測定　99
電位差滴定　108
電位差分析　95
電位差分析法　99
電位窓　117
電解質　96
電解重量分析法　95, 111
電解電量分析法　95, 111
電解分析法　111
電気泳動　113
電気泳動移動度　219
電気化学検出器　206
電気化学測定系　96
電気化学反応　91
電気化学分析　91
電気化学分析法　95
電気浸透流　218, 219
電気的中性の原理　18
電気分解法　6
電極　96
　　──の選択　117
電極電位　99
電極反応　92
電極法　141
電子対供与体　15
電子対受容体　15
電子天びん　2, 3
電子捕獲検出器　176
電磁誘導法　141
電池　92, 94

242　索　引

電導度検出器　180
電導度測定　141
電導度分析法　95, 139
天びん　2
電流-電位曲線　124
電量測定法　118
電量滴定法　112
電量分析法　111
等速電気泳動　217
動電クロマトグラフィー　217, 221
等電点電気泳動　217
当量電導度　140

な

内標準法　159
内部電解法　116
二重液絡電極　107
熱イオン化検出器　178
熱伝導度検出器　175
熱分解ガスクロマトグラフィー　183
Nernstの式　52
濃淡電池　101
ノーマルパルスポーラログラフィー　133

は

バイオセンサー　137
薄層クロマトグラフィー　215
波　高　125
バックグラウンド電位　127
バックプレッシャーバルブ　213
パルスポーラログラフィー　133
ハロゲン化物イオン　85
van Deemterの式　153
反応電流　130
半波電位　125, 128
pH　22
pH標準溶液　108
比較電極　96
光イオン化検出器　180
ピーク面積　158

被検成分追加法　160
比電導度　139
微分パルスポーラログラフィー　133
比保持容量　172
標準酸化還元電位　100
標準水素電極　105
標準添加法　160
標準電極電位　50
標準溶液　9
　　二次──　9
ひょう量　2
ひょう量形　3
Fajans法　71
Faraday過程　118
Faraday電流　118
Faradayの法則　118
復極剤　127
プランジャー式ポンプ　187
プレカラム誘導体化　205
Fresnel型屈折率検出器　202
Brønsted-Lowry酸塩基　13
プロトン供与体　13
プロトン受容体　13
分析操作手順　4
分配係数　73, 79, 148
分配定数　79, 82
分配等温線　152
分配比　77
分離度　155
分離用キャリヤー　221
平衡定数　15, 18
偏光型屈折率検出器　202
変色域　28
保持時間　150
保持指標　173
保持値　150
保持特性　170
保持比　151
保持容量　150
補助電極　96
ポストカラム誘導体化　205
ポテンシオスタット　96

ポテンシオメトリー　94
ポーラログラフィー　95, 123
ポーラログラフ式隔膜電極　136
ポーラログラム　126
ボルタンメトリー　94, 95, 123

ま

マイクロシリンジ　165
膜電位　101
膜電極　102
マスキング　41
マスキング剤　4, 42, 89
マスバランス　19
ミセル動電クロマトグラフィー　221
無限希釈　18
モディファイヤー　216
Mohr法　71

や

溶解度　66
溶解度積　66
ヨウ素滴定　58
溶存酸素　60
溶媒抽出分離　77
溶媒の特性　201
容量電流　129
容量分析　7
　――用標準試薬　9

ら

理論分解電圧　114
リン酸　24
Lewis酸塩基　15, 33
レーザーイオン化　208
レストリクター　213

井村　久則（いむら　ひさのり）（理学博士）
1976年　金沢大学理学部化学科卒業
1981年　東北大学大学院理学研究科化学専攻博士後期課程修了
1981年　東北大学理学部化学科助手
1989年　茨城大学理学部化学科助教授
1995年　茨城大学理学部地球生命環境科学科教授　現在に至る

鈴木　孝治（すずき　こうじ）（工学博士）
1977年　慶應義塾大学工学部応用化学科卒業
1982年　同博士課程修了
1982年　慶應義塾大学理工学部助手
1988年　同大学専任講師
1993年　慶應義塾大学理工学部助教授
1998年　慶應義塾大学理工学部教授　現在に至る

保母　敏行（ほぼ　としゆき）（工学博士）
1963年　東京都立大学工学部工業化学科卒業
1968年　同大学大学院工学研究科博士課程修了
1968年　東京都立大学工学部助手
1985年　東京都立大学工学部助教授
1987年　東京都立大学工学部教授
1997年　東京都立大学大学院工学研究科教授
2004年　東京都立大学名誉教授　現在に至る

基礎化学コース
分 析 化 学 Ｉ

平成 8 年 8 月30日　　発　　　行
令和 4 年 4 月30日　　第14刷発行

著作者　　井　村　久　則
　　　　　鈴　木　孝　治
　　　　　保　母　敏　行

発行者　　池　田　和　博

発行所　　丸善出版株式会社
　　　　　〒101-0051 東京都千代田区神田神保町二丁目17番
　　　　　編集・電話（03）3512-3263／FAX（03）3512-3272
　　　　　営業・電話（03）3512-3256／FAX（03）3512-3270
　　　　　https://www.maruzen-publishing.co.jp

© Hisanori Imura, Koji Suzuki, Toshiyuki Hobo, 1996

組版印刷・三美印刷株式会社／製本・株式会社松岳社

ISBN 978-4-621-08195-2 C3343　　　　　Printed in Japan

本書の無断複写は著作権法上での例外を除き禁じられています。

基礎化学コース タイトル一覧

基礎

無機化学	平野眞一	2,900 円
有機化学 I	山岸敬道	2,800 円
有機化学 III	山岸敬道・山口素夫・彌田智一	2,400 円
物理化学 I	田中一義	
物理化学 II	阿竹　徹・齋藤一弥	
分析化学 I	井村久則・鈴木孝治・保母敏行	3,200 円
分析化学 II	北森武彦・宮村一夫	3,000 円
生命化学 I	小宮山真・八代盛夫	2,800 円
生命化学 II 第2版	渡辺公綱・姫野俵太	3,800 円

基礎専門

電気化学	渡辺　正・金村聖志・益田秀樹・渡辺正義	2,500 円
高分子化学 II	松下裕秀	2,800 円
光化学 I	井上晴夫・高木克彦・佐々木政子・朴　鐘震	3,200 円
光化学 II	井上晴夫・高木克彦・佐々木政子・朴　鐘震	
熱力学	阿竹　徹・加藤　直・川路　均・齋藤一弥・横川晴美	2,800 円
量子化学 I	井上晴夫	2,900 円
界面化学	近澤正敏・田嶋和夫	3,000 円

コンピューター

コンピューター・化学数学 I	飯塚悦功・兼子　毅・原田　明	
コンピューター・化学数学 II	平尾公彦・山下晃一	
コンピューター・化学数学 III	平尾公彦・山下晃一・北森武彦・越　光男・堤　敦司	

(税別)